U0288337

春华秋实 化学格致

——纪念北京师范大学化学学科创立110周年

北京师范大学化学学院　组编

图书在版编目(CIP)数据

春华秋实 化学格致:纪念北京师范大学化学学科创立110周年/北京师范大学化学学院组编. ——北京:北京师范大学出版社,2022.8

ISBN 978-7-303-28001-8

Ⅰ.①春… Ⅱ.①北… Ⅲ.①北京师范大学－校史 Ⅳ.①G659.281

中国版本图书馆CIP数据核字(2022)第129733号

营销中心电话 010-58804637
北师大出版集团期刊社 https://www.bnuacademic.cn/index

CHUNHUA QIUSHI HUAXUE GEZHI: JINIAN BEIJING SHIFAN DAXUE HUAXUE XUEKE CHUANGLI 110 ZHOUNIAN

出版发行:北京师范大学出版社 www.bnup.com
北京市西城区新街口外大街12-3号
邮政编码:100088

印　　刷:北京玺诚印务有限公司
经　　销:全国新华书店
开　　本:787 mm×1 092 mm 1/16
印　　张:14.5
字　　数:362千字
版　　次:2022年8月第1版
印　　次:2022年8月第1次印刷
定　　价:88.00元

策划编辑:范林 武佳　　责任编辑:葛子森 乔会
美术编辑:迟鑫　　装帧设计:迟鑫
责任校对:康悦　　责任印制:迟鑫

前　言

2022年，是北京师范大学建校120周年，北京师范大学化学学科创立110周年。百十芳“化”行致远，砥砺前行续新篇。百十年来，北京师范大学化学学科在一次次历史浪潮的冲击下，克服困难，坚韧不拔，一步一个脚印、风尘仆仆地随着中华人民共和国前进的步伐走到了新时代的今天。经过几代教职工的不懈努力，如今的北京师范大学化学学院已成为门类齐全、特色鲜明、优势突出、产学研成效显著，具有重要影响的化学教育和研究机构，形成了“崇德、敬业、探微、创新”的院训精神。

北京师范大学化学学科历史悠久，有卓越的办学声誉，可追溯到1912年成立的北京高等师范学校理化部，1922年建立的化学系是我国高等院校最早建立的化学系之一。1952年，辅仁大学化学系并入北京师范大学化学系，2005年，北京师范大学化学系撤系建院，并更名为北京师范大学化学学院。为纪念北京师范大学化学学科创立110周年，展示办学成就，重温学科进程，宣传学院文化，继承和弘扬北京师范大学化学学科的优良传统，激发北京师范大学化学人的自豪感和使命感，激励我们不忘初心继续前进，应广大师生和校友期盼，北京师范大学化学学院组织编写了《春华秋实　化学格致——纪念北京师范大学化学学科创立110周年》。作为高校化学学科发展的一个历史缩影，为全面梳理北京师范大学化学学科发展历史和成果，本书具体分为“北京师范大学化学学科发展”“百年人物”“学科优势和贡献”和“新时代发展”四篇，共十三章。兹将每篇简要说明如下。

北京师范大学化学学科发展。北京师范大学化学学科的百十年发展是沧桑和坚韧的。百十年来，在社会发展的各个时期，北京师范大学化学学科始终同中华民族争取独立、自由、民主、富强的进步事业同呼吸、共命运，在我国化学人才培养、科学研究、社会服务等方面做出了重要贡献，是有重大影响力的化学学科。该篇以历史发展为主线，记录了学科发展脉络、演变轨迹、纪年发展，展示学科在师范教育、红色历史、化学发展等方面的历史和贡献。

百年人物。在北京师范大学化学学科创建和发展进程中，培养和造就了一大批杰出和优秀的人才，包括两院院士和知名学者等，他们为祖国的发展、为北京师范大学化学学科的发展贡献了重要力量。该篇收录了化学学科成立以来的主要负责人、部分代表性人物、中华人民共和国成立后在化学系和化学学院工作的教职工、中华人民共和国成立后的部分校友名单等，展示了北京师范大学化学学科在人才培养等方面的贡献。

学科优势和贡献。百十年来，尤其是改革开放以来，北京师范大学化学人团结一致，努力拼搏，为一流学科建设、优秀人才培养和服务社会重大需求做出了贡献，形成了自己的特色和优势。化学学院现设有无机化学、有机化学、理论和物理化学、高分子化学与物理、分析化学、放射性药物化学、化学教育 7 个学科方向，是化学一级学科博士学位授权单位，其中，物理化学是国家重点学科，无机化学和有机化学是北京市重点学科。本篇梳理了北京师范大学化学学科发展中形成的特色和优势：理论与计算化学优势突出，放射性药物化学等产学研成效显著，能量转换与存储材料研究聚焦前沿，化学教师教育引领发展，实验教学体系先进。这些特色和优势展现出北京师范大学化学学科的学术底蕴，为一流学科建设与发展提供了坚实的支撑。

新时代发展。北京师范大学化学学科的历史积淀和厚重底蕴展现了其卓越的教学科研水平和办学实力。新时代新阶段，全院师生不忘初心，自信自强，北京师范大学化学学科进入了快速发展时期，现有国家级各类人才 60 余人次，教学科研成绩不断涌现。本篇深入展示了现阶段学院的师资力量、机构设置、科研平台、人才培养、社会服务、未来发展等。

北京师范大学化学学科百余年取得了令人瞩目的成绩，创立 110 周年是学科发展的重要里程碑。我们深感何其有幸，躬逢其盛，征途漫漫，唯有奋斗。我们通过奋斗，披荆斩棘，创造了辉煌；我们还要继续奋斗，勇往直前，创造更加灿烂的辉煌！

祝愿北京师范大学化学学科的未来更加美好！

北京师范大学化学学院

2022 年 6 月

目录
CONTENTS

第一篇

北京师范大学化学学科发展

第一章　学院历史总体介绍

1902 年，北京师范大学的前身——京师大学堂师范馆成立，开创了中国近现代高等师范教育之先河。百廿年间，名称迭易，隶属屡更。然自成立之时，学校即以造就师范院校，培养中等学校教师与教育行政人员及研究专门学术为宗旨。

北京师范大学化学学科是我国高等院校中最早建立的化学学科之一，也是北京师范大学历史最为悠久的学科之一。自 1902 年成立之时，学校就开设了有关化学的课程。1904 年，京师大学堂师范馆改称京师大学堂优级师范科。1908 年，京师大学堂优级师范科独立为京师优级师范学堂，这是中国高等师范学校独立设校的开始。1912 年，教育部令改京师优级师范学堂为北京高等师范学校，下设理科第二部，后改称物理化学部，北京师范大学化学学科自此发端，迈出了迄今 110 年征程的第一步。1922 年，北京高等师范学校化学学科单独建系，是中国最早设立化学系的三所国立大学之一，吸引了一批海外留学人员回国任教。1923 年学校升格为国立北京师范大学校，重新修订组织大纲，及至 1924 年 6 月，本科中设立化学系，统一学制为 4 年。1927 年和 1928 年，学校经过两次整合改制后，于 1929 年重新独立设置，称国立北平师范大学。1931 年，国立北平大学女子师范学院与原国立北平师范大学合组为国立北平师范大学。学校分设教育学院、文学院、理学院，其中理学院包括数学系、物理系、化学系、生物系、地理系 5 系，院址设于原第一部，即国立北平师范大学旧址。1937 年 7 月，全面抗日战争爆发，国立北平师范大学被迫西迁，与国立北平大学、国立北洋工学院、北平研究院组合为西安临时大学(校址西安)，后改为国立西北联合大学(校址汉中)，西北联大的师范学院下设理化系。1939 年 8 月，西北联大师范学院、医学院各自独立设置，原由国立北平师范大学等改组成的教育学院独立为国立西北师范学院，陆续迁至兰州继续办学。抗日战争胜利后，学校于 1946 年返京复校，为北平师范学院，部分师生回迁北平，西北师范学院永设兰州，北平师范学院设化学系等 12 个系。1948 年，学校改称北平师范大学。1949 年 1 月，北平和平解放，9 月，北平改称北京，学校也相应改称北京师范大学，仍设有化学系。

中华人民共和国成立后，中国教育翻开了新的一页。1952 年，全国高等院校实行院系调整，辅仁大学主体并入北京师范大学，辅仁大学化学系也由此并入北京师范大学化学系，北京师范大学化学学科不断发展壮大，逐步走在科技进步的前列。位于西城区定阜街 1 号的原辅仁大学校园在此后 36 年里一直作为北京师范大学化学系的所在地。1988 年，位于北京师范大学海淀校园的化学楼竣工，化学系从西城校园正式迁入海淀校园。2005 年，化学系撤系建院，成立化学学院，化学学科迎来了跨越式发展时期。2012 年，化学学科迎来百年华诞，百年的持续风雨，百年的化学积淀，百年的持续发展，北京师范大学化学学科已形成专业设置合理、富有特色的学科体系。

进入新时代，北京师范大学进一步明确了建设“综合性、研究型、教师教育领先的中国特色世界一流大学”的办学定位，正着力构建“高原支撑、高峰引领”的学科发展体系和以北京校区和珠海校区为两翼的一体化办学格局，提出了“三步走”的战略构想，明确到 21 世纪中叶进入世界一流大学前列。北京师范大学化学学院紧紧抓住跨越式发展的大好时

▲ 北京师范大学化学学科发展历史

机，自信自强、守正创新，在人才培养、科学研究、社会服务等领域均取得了丰硕成果。2019 年，学院还与烟台开发区共建京师材料基因组工程研究院。2021 年，在珠海校区成立了化学系和先进材料研究中心，在昌平建立了科技创新与转化中心。

学院已经发展为特色鲜明，优势突出，产学研成效显著，具有重要影响的化学教育和研究机构。

一、格致先河(1912—1952 年)

(一)发展历程

1. 北京师范大学发展历程及化学学科的建立和发展

北京师范大学创始于 1902 年(清光绪二十八年)京师大学堂附设之师范馆。化学学科是北京师范大学历史最悠久的学科之一。京师大学堂师范馆最初的课程中便有化学，成为中国近代科学教育的先驱之一。

早在 1902 年，首届考入京师大学堂师范馆的学生中，便有学习化学学科的学生。其中一位便是中国著名的化学教育家、中国化学教育的开拓者、中国化学会欧洲支会的发起人和组织者之一——俞同奎。据史考，京师大学堂师范馆(优级师范科)开设课程 14 门：伦理学、经学、教育学、习字、作文、算学、中外史学、中外舆地、博物学、物理学、化学、外国文学、图画、体操。学生入学第二年开始分科，所设学科分为四类，其中分类科第三类主要修习方向为算学、物理和化学。1910 年(清宣统二年)，学校建成理化教室及实验室，为学生实验学习提供场所。

1912 年 5 月 15 日，教育部令改京师优级师范学堂为北京高等师范学校，以陈宝泉为校长筹备开校事宜。同年 8 月，按教育部颁布直辖学校暂行章程，原京师优级师范学堂的“公共科”改称“预科”，分类科的“类”改称“部”：旧第一类改称文科第二部甲班，新第一类改称文科第二部乙班，旧第三类改称理科第二部甲班，新第三类改称理科第二部乙班，第四类改称理科第三部，文科第一部和理科第一部暂时空缺。半年之后(1913 年 2 月)，按照教育部颁布的高等师范学校规程，文科第二部改称英语部，理科第二部改称物理化学部，理科第三部改称博物部。鉴于北京高等师范学校物理化学部与理科第二部为相同部门的不同名称，故将1912年作为理化部的创始之年，是化学学科建立之始。

化学学科是北京师范大学历史最悠久的学科之一，京师大学堂师范馆最初的课程中便有化学，并建成了理化教室及实验室。1912年，教育部令改京师优级师范学堂为北京高等师范学校，下设理科第二部，后改称物理化学部，是化学学科建立之始。

1921年，北京高等师范学校呈准教育部本科兼收女生。同年5月，增设数学及化学研究科，定为2年毕业，授以学士学位。

1922年5月，学校改订课程编制，本科分为4年科和6年科两种。4年科设教育系、国文系、英文系、史地系、数理系、理化系、生物系、体育系，4年毕业；6年科设教育系、国文系、英文系、史地系、数学系、物理系、化学系、生物学系，6年毕业，授予学士学位。此为化学学科单独建系之始，是我国国立高校最早建立的化学系之一。在建系之初，化学系就提出了“造就高级中等学校化学教师及初级中学化学与理化教师，并培养学生研究及解决化学问题之能力”的人才培养目标。以此为目标，化学系十分重视人才培养工作，制订了科学的教学计划。化学系还十分重视实验教学，建立了较为先进的实验室，为培养学生的动手能力和实验能力提供了保障。

1922年5月，学校改订课程编制，本科分为4年科和6年科两种，4年科中仍设理化系，6年科中始建化学系，此为化学学科单独建系之始。1923年国立北京师范大学校成立后重新修订组织大纲，及至1924年6月，本科中设立化学系，统一为4年制。

1923年6月，首届化学研究科学生毕业，总计7人。1923年7月，北京高等师范学校改为国立北京师范大学校，重新修订组织大纲，于1924年6月实施。本科分设教育系、国文系、英文系、历史系、地理系、数学系、物理系、化学系、生物学系，学制4年，并设体育专修科及手工图画专修科。

1928 年，北京师范大学化学系成立后招收的本科第一届学生毕业，共计 10 人。其时，北京 9 所国立高等学校已经合并为国立京师大学校(1927 年 8 月)，之后几年校名更迭，直至 1931 年原国立北平师范大学与国立北平大学女子师范学院合并为国立北平师范大学。合并前的国立北平师范大学改为国立北平师范大学第一部，原国立北平大学女子师范学院改为国立北平师范大学第二部。

1931 年 11 月 1 日，北平师范大学送呈教育部文：“本校遵照大学组织法，就两部旧有各学系归纳为教育学院文学院理学院……理学院包括地学系，数学系，物理学系，化学系……”这是有关院系的设置与归并的复文。行文中并有“对于旧有学系，不便骤然归并”，体现了院校系合并过程存在的阻力和压力。至于“理学院……在原第一部，研究院移于广安门内本校租赁……”体现了院系所在位置，同时也反映出原来学校的建制特点。

1931年，原国立北平师范大学与国立北平大学女子师范学院合组为国立北平师范大学，分设教育学院、文学院、理学院。其中的理学院包括数学系、物理系、化学系、生物系、地理系五系，院址设于原第一部，即国立北平师范大学旧址。

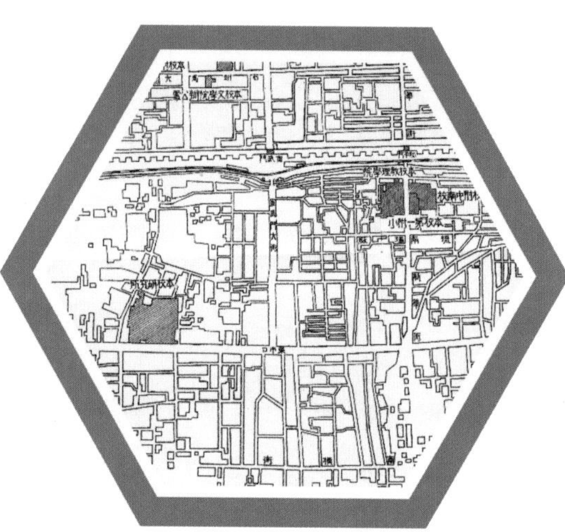

1937 年，日寇占领北平，国立北平师范大学转移到西北，与国立北平大学、国立北洋工学院、北平研究院组合为西安临时大学，后南迁汉中城固县，更名为西北联合大学。此时的化学系由三校一院的化学学科合并组建而成。

1937年，日寇占领北平，国立北平师范大学转移到西北，与国立北平大学、国立北洋工学院、北平研究院组合为西安临时大学，后更名为西北联合大学。西北联大的师范学院下设理化系，原国立北平师范大学化学系的师生们在那里工作和学习。

1938 年 7 月，西北联大教育学院改称师范学院后亦增设化学与物理合二为一的理化系。此时期西北联大的化学学科是四院并行：一是文理学院化学系，二是师范学院理化系，三是农学院农业化学系，四是工学院化工系。可见，这一时期西北联大已经形成了化

学基础学科与交叉应用的多学科体系。原国立北平师范大学化学系的师生在师范学院理化系等工作和学习。

1938 年，学校迁往城固后，西北联大的办学条件异常艰苦，没有电灯，一切物质的享受均谈不上。图书设备的购置不仅有经费上的捉襟，购买也至为不易。教室大都由旧庙宇、教堂和祠堂改建，“水煮白菜和沙子”的伙食印象，刻进联大学生的记忆。艰苦的条件成为同学们更加上进的动力，“挤图书馆”“抢教室座位”成为生活常态。化学系也积极开展科学研究，坚持继续办学。化学系主任刘拓教授利用城固的土特产资源指导青年教师和学生研制蜡烛、烤胶和造纸等。例如，发现陕南的构树纤维很长可以制纸，于是采集标本、分离粗皮、软化细皮，经蒸煮等手续后，制成质料洁白平滑的白纸，并将制作过程写成论文；汉中十八里铺盛产甘蔗，刘拓教授带领学生协助该地糖房，研究其所制糖浆不能结晶的原因，发现其脱色方法陈旧，转化糖太多，漏盆中温度过低，致使结晶与母液不能分离，刘拓教授专长于结晶分离的理论与方法研究，为本地农民挽回了损失，并将其研究成果撰写成论文《糖液中加石棉粉过滤之效果》。

1939 年 8 月，西北联大师范学院、医学院各自独立设置，原由北平师范大学等改组成的师范学院，改名国立西北师范学院，院长由李蒸担任，1940 年迁至兰州办学，直至 1946 年复校。9 年间，学校在西北坚持教学活动与学术研究，支持和延续了我国的高等教育。

抗日战争胜利后，1946 年春，学校师生陆续迁回北平，部分教师留在西北，任西北大学和西北师范学院教师。西北联大首创了西北地区高等化学教育的基本格局。西北联大时期的北平师大，成为开发西北教育、服务西北社会建设的先锋和主力，支持了西北的高等教育事业发展。

1946 年 11 月，迁回北平的学校开学。1949 年 1 月北平解放，9 月北平改称北京，学校也相应改为北京师范大学。在那个动荡的年代，化学系虽经历风雨，几经辗转，却一直为培养化学教育和研究人才默默奉献、勤奋耕耘，为今天的化学学院留下了宝贵的精神财富。

1950 年 8 月 30 日，在举国上下喜气洋洋迎接中华人民共和国诞生一周年之际，北京师范大学拟改换校徽。林砺儒校长致函毛泽东主席，请主席题字。不日，毛主席为北京师范大学题写的校名送到学校。毛主席共写了三行，横书，由上至下一行较一行字稍大，右上角写有“送师大林校长”，并在其中一行字后画一圆圈，写着“一般用”，即表示他较满意这一行题字。北京师范大学成为毛主席早期题写校名的高等学校之一。

1952 年，为适应社会主义建设的需要，党中央和政府以培养工业建设人才和学校师资为重点进行大规模院系调整，辅仁大学并入北京师范大学，辅仁大学化学系并入北京师范大学化学系。

2. 辅仁大学发展历程及化学系的建立

辅仁大学于 1925 年由罗马教廷天主教会创办，前身是北京公教大学附属辅仁社，后罗马教廷委派美国本笃会承办。全美本笃会大会决议，委派美国圣文森院院长司泰来负责。后司泰来委派本笃会教士奥图尔来中国筹办，并做未来之校长。1927 年更名为北京辅仁大学，曾与北大、清华、燕京并称北平四大名校，是一所由罗马天主教会创办的大学。

北京西城区定阜街 1 号为辅仁大学旧址，原为涛贝勒府，如今此地为北京师范大学辅仁校园。1925 年 3 月，学校以 16 万元租金永租李广桥西街 10 号旧涛贝勒府(现在为北京第十三中学校址)作为校址，共计 64 亩。1930 年，因原有校舍不敷使用，学校在旧涛贝勒府花园西旁空地(原学校西边)增建一座二层楼，四角及中心分为三层，共有房间 500 余间，设置办公室、图书馆、实验室、教室等，兼有可容纳 1 000 多人的大礼堂。大学迁入新校后，原校址供附中使用。同时大学开辟新门，为定阜街 1 号。再后来在今兴华胡同租住、新建宿舍和操场，这基本是 1952 年院校合并时的辅仁大学风貌。院校合并后，该校舍成为北京师范大学化学系所在地。

由于抗日战争的爆发，各大学纷纷迁址，辅仁大学因承办者美国本笃会被美德两国圣言会接替，以及其他原因，一直未被日伪接管，也因此成为当时的国民政府唯一承认的大学。当时的大学教师一部分随学校迁址，也有少量因故不能随迁，又不愿意在日伪管辖的大学任教，纷纷转入辅仁大学。许多青年得知辅仁大学是当时国民政府唯一承认的学校，基于爱国思想，不甘心去读日伪控制的大学，又一时不能离开沦陷区，纷纷投考辅仁大学。由于辅仁大学每年录取人数有限，因此当时入学考试竞争很大，学校业务水平也日益提高。这段时间是辅仁大学的鼎盛时期，学校发展迅速。

辅仁大学开始时只设文科专业。至 1929 年，按照当时教育部条例，大学必须有 3 个以上学院，辅仁大学增设理学院和教育学院，将原来的文科各系改为文学院，合为 3 个学院，共 12 个系，其中理学院包含数学系、物理系、化学系、药学系和生物系。

(二)北京师范大学化学学科课程、师资和毕业生情况

1. 课程设置

中国的大学化学学科开设之初，教材主要采用从日文翻译过来的教材，后逐渐学习英美各国，采用从美国翻译过来的教材。当时，由于我国的化学工业不发达，化学教育没有形成自己的教育理念，只能参考国外的同类院系设置授课内容和授课时间。师范大学独立后，课程设置遵从英美习惯。化学系除学习化学方面的知识外，还需要学习一些其他相关课程。“本院各系课程，分为三组。(一)修养类，(二)专业类，(三)教材类。前二类除主科教学法(如数学教学法、物理教学法等)一门外，其余均各系相同。至第三类则因各系性质而异，并分主科副科两种。每系学生，除主科外，尚需习一副科(唯一数学为主科者可不习副科)。”

我们以 1934 年学校对课程设置的说明、学分的规定为例。化学系第一学年必修科目包括社会科学概论、卫生、体育、教育概论、有机化学、定性分析化学、普通物理学、普通物理学实验。第二学年必修科目包括哲学概论、体育、教育心理、理论化学、工业化学、定量分析化学、有机制备化学、无机制备化学。第三学年必修科目包括体育、普通教学法、教育统计与测验、参观、高等无机化学、有机分析化学、理论化学实验。第四学年必修科目包括党义、中等教育、教育史、教育行政、儿童及青年心理、师范教育、化学教学法、参观、实习、食物化学等。

在当时，虽然社会动荡，国家经济捉襟见肘，但学校开设的选修课程同样丰富多彩。1934 年化学系选修科目包括农业化学、农业化学实验、生物化学、生物化学实验、高等有机化学、高等理论化学、化学工艺制造、工业分析化学、食物分析化学、国防化学、自然科学概论等。

从上述课程设置可知学校教育课程与目标一致。当时的“本系设置要旨”内容为：“本

系课程，包括无机化学、有机化学、理论化学及应用化学数部。”课程设置注重化学基本知识与训练，以及化学在个人生活(如衣、食、住、行，日常用品，自然现象等)各方面之应用。凡以化学为主科者，必须习完本系必修科 62 学分，选修科 41 学分之至少 10 学分，始得毕业。又提到以化学为主科者，最好以物理学为副科。通过之前的化学系课程设置可以发现，现在的化学教学与当时有很大的延续性。

学分设置方面，化学系本系必修学分为：第一学年 19 学分，第二学年 25 学分，第三学年 14 学分，第四学年 4 学分，共 62 学分。另外，第一学年，修养类 8 学分，专业类 4 学分，本系必修 19 学分，必修合计 31 学分。四年总计：修养 16 学分，专业 24 学分，专业特殊 10 学分，本系必修 62 学分，选修 41 学分，副科 20～30 学分，必修合计 112 学分，选修合计 34 学分，总计 146 学分。

中华人民共和国成立以前的化学系有相当数量的课程与现今不同，各科目内容跟现在也有所不同，如工业化学、农业化学、国防化学等，以及贯穿各个学年的教育类课程，这体现出了当时的国情和学校对于人才培养的定位。另外，当时的化学信息量相对较少，许多理论都是在以后的岁月中发现的，故教材内容的编排也跟现在有所不同，如当时设置的农业化学、国防化学等。部分课程的主要内容如下。

理论化学：原子及分子学说，气体、固体及各种溶液之性质，热化学，电化学，光化学，胶体化学之法则，化学平衡，化合速度，原子构造等。

工业化学：讨论各种重要无机化学工业(如酸类、碱类、盐类、洋灰、玻璃、陶器、钢铁等工业)及有机化学工业(如煤气、煤膏、石油、油脂、胰子、树胶、油漆、淀粉、糖、酒、纸、革工业)。

化学工艺制造：配制化妆品及其他日常化学用品(如胰子、墨水、复写纸、晒图纸、鞋油、干电瓶、电镀品等)。

工业分析化学：气体分析，水之分子及细菌检查，煤与石油之分析及热值测定，纸、棉、丝、毛、油漆、煤膏、沥青等之检查。

农业化学：关于土壤、肥料及驱除病虫害及利用农产品等讨论。

农业化学实习：重要农产品之制造，土壤、肥料、病虫害药剂等分析、配制与使用。

生物化学：关于讨论动植物各种重要组织之化学结构及其生理病理上的化学变化。

生物化学实验：重要脂肪、碳水化合物、蛋白质反应与提制，酵素的作用，尿屎血的检验等。

高等无机化学：根据元素周期表对各原质(即元素)及其化合物做详细系统的讨论，特别注重对罕见金属、放射性原质及复盐、过酸等的研究。

高等有机化学：讨论关于有机化学的重要学派、特殊反应、最近进展及其研究方法等。

高等理论化学：根据热力学原则及原量论，讨论化学上各种法则。

食物化学：人体中的各种有机无机养料的消化与利用，热能的发生与消耗，维生素的性质及功用，日常饮食的标准与病时营养的调节等。

食物分析：米粮、蔬菜、瓜果、鱼肉、油脂、饮料、调味品等的分析与检验。

国防化学：各种重要毒气炸药的制法、性质、防御等。

在西北联合大学时期，师范学院理化系开设的化学课程有普通化学(附实验)、定性分析及实验、定量分析及实验、有机化学及实验、理论化学及实验，选修课开设了化学史。

此时期理化系开设的化学科目很少，但特别注重化学实验课程的开设。西北联大化学学科的建设为西北地区化学学科体系的建构奠定了基础。

在西北联大各校独立合作时期，化学课程设置分必修科目与选修科目，课程方向更加全面系统。由于战乱，国内教学用书非常稀缺，另外很多教授大都是国外留学归来的学者，此时期，教师与学生所用的课程教材主要以教授自编的讲义、笔记和国外化学教材为主，参考书主要是国外知名学者的著作。

除此之外，在西北联大其他系也开设了一些化学课程。例如，家政系的课程设置，在基本科目中开设了有机化学，每周讲授 3 小时，实验 1 次 2 小时余，占 4 学分，定性定量分析化学，每周讲授 2 小时，实验 2 次，每次 2 小时余，占 4 学分；在专业科目中开设了生理化学，每周讲授 2 小时，实验 2 次，每次 2 小时余，占 4 学分，食物分析化学，每周讲授 2 小时，实验 2 次，每次 2 小时余，占 4 学分；在选修科目中开设了家庭工业化学，每周实验 2 次，每次 2 小时余，占 4 学分。

西北联大还举办了许多学术演讲，如成立了防空防毒讲习班，由化学系刘拓担任指导，学生讲演毒气的性质、种类、特征、威力以及如何防毒、治疗、消毒、防火等内容。

2. 任教情况

曾在北京师范大学任教化学的有从欧美归来的留学生，也有毕业于国内大学以及本校的学生。

民国时期，海外学子学成归国，许多留在大学任教。当时的北平师范大学化学系，海外归国学子的比例达 4.3%，位列国立高校前列。

1937 年前，在北平师范大学化学学科任教的留学人员的任教时间如下：

丁绪贤，1917—1919 年

张贻侗，1919—1937 年(后随校西迁)

吴承洛，1921—1927 年

经亨颐，1922—1923 年

陈裕光，1922—1925 年

虞宏正，1927—1928 年(1937 年后，历任西安临时大学、西北联合大学教授)

张星烺，1928 年

杨秀夫，1929 年

刘　拓，1930—1937 年(后随校西迁)

王　晨，1933—1936 年

赵学海，1935—1937 年(后随校西迁)

这些任教教师，不少是国内知名学者，有些在国际上享有很高的地位。

3. 毕业生概况

自学校初建至院系合并，北京师范大学化学系培养了许多优秀毕业生，他们有的走上家乡的教育岗位，为中国的基础教育奠定了基础，有的成为优秀的科技人才和科研专家，为中国化学工业发展奉献了一生。

资料显示，学科分类并正式培养理化学生是在 1912 年。1912 年 8 月，各科改为部或班。其中旧第三类改为理科二部甲班，新第三类改为理科二部乙班。后理科二部改称物理化学部。

1913 年 6 月，理化部共有 26 名毕业生。

1914年5月，修改招生方式，改为本校招生加各省推荐选送相结合。同年12月，第二届理化部共有26名毕业生。

1916年6月，理化部共有24名毕业生。

1917年6月，理化部共有31名毕业生。

1918年6月，理化部共有22名毕业生。

1919年6月，理化部共有22名毕业生。

1920年6月，理化部共有26名毕业生。

1920年2月，开教育研究科，2年毕业，授教育学士学位(本校最早的研究科)。

1921年5月，开数学、化学研究科，2年毕业，授学士学位。

1921年6月，理化部共有25名毕业生。

1922年2月，教育研究科16人授本校学士学位，这也成为本校最早授予学位的学生。

1922年5月，修改课程编制，本科分为两种：4年科有理化系；6年科设化学系，授学士学位。

1922年6月，理化部共有29名学生毕业。

1923年6月，化学研究科7名学生毕业，理化系61名学生毕业。

1924年6月，理化系28名学生毕业。

1925年6月，化学研究科10名学生毕业，理化系20名学生毕业。

1928年6月，化学系10名学生毕业，为“师范大学化学系本科毕业之始”。

以上是北京师范大学化学学科创立早期的学生毕业情况。

(三)辅仁大学化学系课程、师资和毕业生情况

1. 课程设置

辅仁大学化学系在国内外有一定知名度，在当时华北地区享有很高的声誉。辅仁大学化学系入学门槛高，升级、毕业都很严格，培养学生要求基础扎实，实验动手能力强，外语好。

辅仁大学完善的实验设备也是非常有名的。化学实验室建设在当时是比较先进的，如小型煤气发生设备、低温设备(属物理系)等都是其他院校不具备的，半微量天平、白金坩埚、玻璃砂漏斗等在当时高校中都是最先进的，试管也全是进口的，实验室非常宽敞。这些对于学生的能力培养具有十分重要的意义。

辅仁大学化学系在办学的20多年时间里，课程由少到多，覆盖范围由窄到宽，由基础相对薄弱到逐步加强，大致可以分为三个阶段。

第一阶段，1929年建系至1933年，化学基础课只设置无机化学及定性分析、定量分析、有机化学、物理化学、无机工业化学、有机工业化学，不仅课时少，而且没有单独设立实验课。选修课基本上属于工业应用课程，如油脂、技术化学、商业化学、实业工艺、火药研究、肥料、铁、糖、酸碱等。

第二阶段，1934年至1942年，这个时期课程设置的特点是明显加强了基础课的实验内容和数理基础教学，并且在无机化学、分析化学、有机化学及物理化学的基础上，增设了几门提高课程，如高等无机化学、高等无机定性分析及实验、高等定量分析实验、有机定性分析、高等化学分析等。课程的变化，有利于加强学生基础理论水平，增强学生实验动手能力。

第三阶段，1942年以后，在基础课加强实验的基础上，学校进一步增加提高课的内容，而且扩大边缘学科课程，使得基础进一步加宽加深。例如，1948年辅仁大学化学系课程设置包括国文、一年英文、逻辑学、体育、化学概论及无机化学、初级定性分析化学、大学物理、大学物理实验、初等微积分、二年英文、无机定性实验、无机定性分析实验、无机定量实验、无机定量分析实验、微分方程、一年德文、化学概论及无机化学实验、物理化学(1)、高等无机化学(1)、物理化学(2)、高等无机化学(2)、有机化学、有机化学实验、二年德文、有机定性分析、有机定性分析实验、有机燃烧实验、有机化学实验法、电化学、物理化学实验、化学讨论、重要无机药物(选)、药物及合成(选)、药物化学、生理化学(选)、生理化学实验(选)、胶体化学(选)、科学德文(选)、过滤法(选)、热力学(选)、实用电化学(选)、工业化学(1)(选)、工业化学(2)(选)、工业分析化学(选)、高等物理化学(选)、油脂蜡研究(选)、工业发酵学(选)、工业发酵学实验(选)。

2. 任教情况

辅仁大学化学系教学质量一直较高，实验教学和理论教学不断加强，这与辅仁大学化学系在20多年的发展中一批知名教授的努力分不开。

系主任卜乐天(Brill)，德籍教授，在德国获得博士学位。在主持化学系工作时，他始终重视学科基础实验教学。当时他每天下午都有实验课，而且要求非常严格。到学期末，实验课不仅有实验原理的口试，而且有操作考试。实验课若不及格，是要补修的，甚至可能因此推迟毕业时间。卜乐天教授长期担任化学概论及无机化学、物理化学的授课工作，尤其是他讲授的化学概论及无机化学，十几年一直坚持在阶梯教室上大课。能容纳100多人的阶梯教室常常爆满，其中有一半是其他大学来旁听的老师。他讲课的特点是边讲边由助教做演示实验，帮助学生更容易了解无机化学的基本概念，为听课的学生打下坚实的基础。卜乐天教授不仅以他自己的授课方式和热情给同学们留下了深刻的印象，他的办学思想对化学系的发展也起到了重要作用。

郝岑教授，奥地利人，毕业于维也纳大学，获哲学博士学位。他于1937年到辅仁大学化学系任教，一直教授无机定性分析、无机定量分析及实验。他规定无机定性分析实验要做UNKNOWN(未知物)分析，1年内要求学生分析21个未知物，包括元素周期表的主要元素。只要有几个错误，这门课就不及格，不能升级或毕业。这种教学方法独树一帜，在其他院校极为罕见。由于严格的实验要求，学生实验动手能力很强，给辅仁大学化学系带来很高声誉。

萨本铁教授，毕业于美国威斯康星大学，获哲学博士学位。1935年来辅仁大学执教前曾任清华大学教授，1945年离校到北京大学任教，在校期间主要担任有机化学有关课程的授课工作，如有机化学、食物化学、焦煤燃料、有机化学解析等。萨本铁教授以研制成功维生素K而蜚声国内外。

张锦教授，1950年从美国回国到辅仁大学执教。她是美国伊利诺伊大学博士毕业生，是我国整个化学领域较早的女博士之一。她在辅仁大学的两年时间里，以自己的学术水平和声望受到学生的尊重。

除本校教师外，还有一大批知名教授来辅仁大学兼职授课。例如，清华大学的张子高教授讲授高等无机化学，北京大学袁翰青教授讲授有机化学及化学史，北京大学张青莲教授讲授高等无机化学，冯新德教授讲授有机化学，邢其毅教授讲授有机分析化学实验和分布，严仁荫教授讲授无机分析化学，刘思炽教授讲授生物化学，孙承谔教授讲授物理化学等。

3. 毕业生概况

辅仁大学化学系从 1929 年开始设立并招生，开始只招收男生，至 1939 年才增招女生。1941 年秋，设化学研究所招收研究生。从 1929 年至 1952 年院系调整前后有 23 届，共招收本科生 800 多人，毕业学生 400 多人，还有部分学生未毕业就参加了工作。从 1941 年至 1947 年，研究生共招收 5 届，招生 20 人。

23 年时间，辅仁大学化学系为国家培养了大量人才。例如，郝履成，浙江嘉兴市人，1930 年毕业后留校任教，两年后赴美研究发酵学，获艾奥瓦大学博士学位，曾任联合工业研究所所长，台湾化学会、化学工程学会理事长；吴祖坪，浙江嘉兴市人，1934 年化学系毕业，任酒精厂厂长，创建台湾史脱谷纸业公司，任董事长；彭涛，江苏鄱阳县人，1935 年化学系毕业，“一二·九”运动主要组织者和领导者，中华人民共和国成立后当选中国共产党第八届中央委员会候补委员，任化学工业部部长；邢其毅，原籍贵州，生于天津，1933 年在辅仁大学化学系毕业后赴美留学，1936 年获得美国伊利诺伊大学博士学位，同年赴德国慕尼黑大学进行博士后研究，20 世纪 40 年代末 50 年代初，曾在辅仁大学任教授。

作为国立大学最早设立的化学系之一，北京师范大学化学系学制屡更，教材屡易，课程设置始终追随时代变化，而又始终体现重视师范教育的特点。辅仁大学化学系虽成立较晚，但随着发展由弱到强，课程设置中也逐渐地加强了实验、理论提高和边缘学科等，形成了自己的特色。

二、砥砺前行(1952—2005 年)

(一)社会主义革命和建设时期

中华人民共和国成立初期的院系合并，北京师范大学化学系师生组成主要包括原北京师范大学和辅仁大学的化学系师生。

合并后的化学系设址于西城区定阜街辅仁校园，辅仁校园的环境十分优美，在校门口可以看到的是一座中国宫殿式的楼宇，东南西北四角各矗起一座三层角楼，整座建筑中轴线明确，完全对称，体现了中国宫殿庄重森严的气势。主楼后面便是雅致的中国古典风情花园，直到 1988 年，海淀校园内化学楼竣工，化学系才从辅仁校园迁出。

1952年，为适应社会主义建设的需要，中央和政府以培养工业建设人才和学校师资为重点进行大规模院系调整，辅仁大学并入北京师范大学。合并后的化学系设址于西城区定阜街辅仁校园，中西合璧的校园成为几代化学人魂牵梦萦的地方。

两校合并后，各自的优势和传统整合到一起，延续了化学系数十年发展的辉煌历程。北京师范大学化学系的师生以极大的热情投入建设中华人民共和国的时代热潮中，以自己的教育和科研优势为中华人民共和国的建设默默奉献。

1958 年，学校将包括化学系在内的 4 个理科系的学制由中华人民共和国成立之初的 4 年改为 5 年，并于 1960 年增设了放射化学专业。后续北京师范大学化学学科经过了“文化大革命”时期教育秩序的破坏，在十分困难的情况下，北京师范大学化学系师生员工忠于职守，坚持教学和科研工作。

另外，1958 年后，北京新建高校，如北京师范学院(首都师范大学的前身)、北京化工大学、北京工业大学等缺少教师，化学系调去了一些干部教师，成为新建高校的骨干。后续中央广播电视大学建化学系，北京师范大学化学系也为他们开设无机化学、有机化学等课程。

中华人民共和国成立以后到“文化大革命”以前，北京师范大学化学系为国家培养输送了 1 300 多名本科毕业生，这些学生大部分都被分配到全国各省市中等学校工作。与此同时，教育部指定北京师范大学化学系持续举办了针对中学教师的专修班，针对高校教师的进修班和针对科研人员的专业化学研究班，这些人完成学业回到工作岗位后多数成为业务骨干。这一时期，北京师范大学被兄弟院校公认为高师院校的排头兵，化学学科同样如此。

1976 年，长达 10 年的“文化大革命”终于结束。1978 年 3 月和 4 月，全国科学大会和全国教育工作会议相继在北京召开，“社会主义现代化的关键是科学技术现代化，科学技术人才的培养基础在教育”，这样的观念逐渐成为全社会的共识，饱经忧患的神州大地终于迎来了科学的春天。化学系在新的历史时期，抓住机遇，攻坚克难，不断前进，逐步走在科技进步的前列。

到 1981 年，化学系有教授 5 人，副教授 22 人，还有讲师 75 人，工程师 5 人，在读学生 368 人，研究生 22 人。本科学制 4 年，除设有无机化学、有机化学、分析化学、物理化学和化学工程等基础学科教研室外，还设有量子化学、放射化学(包括辐射化学)、感光树脂研究室和一座可供生产和教学实习的化工厂。开设课程除本科生必修的各基础课程外，还结合科研开展的特点，开设电子电工学、量子化学、放射化学、辐射化学、仪器分析、电化学、有机结构理论、络合物化学和稀土化学等 20 余门选修课。科研成果在国内外杂志上均有发表。化学图书资料比较齐全，仪器设备足以满足教学科研的需要。在 1981 年教育部设立的第一批博士点中，有机化学和物理化学两个专业榜上有名。量子化学研究室在刘若庄、傅孝愿，放辐化研究室在刘伯里、陈文琇，有机化学教研室在陈光旭等的带领下不断取得新成果。为适应不断变化的新形势，化学系新成立了感光树脂研究室、应用化学研究所、高分子材料研究室。这些研究所(室)承担了国家和北京市大量的科研任务并取得了一系列重要研究成果。1949 年至 1981 年，化学系共培养毕业生 2 000 余人，研究生 100 余人，他们多数成为中等化学教育、科研机构和高等院校的骨干。

(二)改革开放变革时期

改革开放后，北京师范大学化学教育与科学研究的不断发展，为我国化学基础教育、化学学科发展以及工业生产领域输送了大量优秀人才，对推动中国化学发展起到积极作用，做出了突出的贡献。化学系成为我国实现四化、培养化学教育和科技人才的重要基地之一。

1976 年 7 月 7 日，校党委办公室发出“关于重新建立教研室”的通知。1977 年，化学系重建教研室。1988 年，位于海淀校园的化学楼竣工，化学系正式迁入。

1988年，位于北京师范大学本部的化学楼竣工，化学系正式迁入。化学楼建筑面积18 232.2平方米，使用面积13 677.6平方米，地上9层楼，地下1层楼，是化学系行政办公、教学科研的主要场所。化学楼的启用，为化学系的快速发展提供了良好的契机。

根据 1987 年制订的化学专业教学计划，化学系本科生学制 4 年，其教学计划颇具特色。一是在一年级增加了普通化学课程，并将无机化学与有机化学实行二次循环制。无机(一)与有机(一)在一年级开设，无机(二)与有机(二)在三年级开设，其间讲授了分析化学、物理化学、结构化学等课程。这样做有利于学生较好地掌握无机化学及有机化学的基础知识和基本理论，使理论性较强的学科与无机化学、有机化学得到广泛的联系，达到加强基础、深化理论的目的。二是在三、四年级增设了 4 种不同类型的选修课，其中包括一些中级实验课程，以利于学生知识的提高与拓宽。三是加强学生的实践环节和动手能力的培养，在三、四年级安排了 2 周化工认识实习、4 周教育实习及四年级下整个学期的毕业论文工作。这个教学计划从 1987 年即开始实行，取得了较好效果，曾获北京市教学成果奖一等奖和国家级教学成果奖二等奖。

1987 年制订的化学专业教学计划中专业主干课程包括普通化学、普通化学实验、无机化学(一)、无机化学(二)、无机化学实验、无机合成实验、分析化学、分析化学实验、基础仪器分析、基础仪器分析实验、有机化学(一)、有机化学(二)、有机化学实验、有机合成实验、物理化学、物理化学实验、物质结构、化工基础、化工基础实验、中级实验。1993 年制订的化学专业教学计划中专业主干课程包括普通化学、普通化学实验、元素无机化学、无机化学实验、有机化学(一)、有机化学(一)实验、分析化学、分析化学实验、物理化学(一)、物理化学(二)、仪器分析基础、仪器分析实验、物理化学实验、有机化学(二)、有机化学(二)实验、结构化学(一)、结构化学(二)、中级无机化学、化学工程基础、物理化学(三)、化学工艺基础、化学工程基础实验。

到 1993 年，北京师范大学全校有 17 个系、31 个本科专业、14 个研究所。化学系设有无机、分析、有机、物化、量化、工化、教学法 7 个教研室；为加强科技开发研究还设有 1 个应用化学研究所，包含放射与辐射化学、高分子材料、感光性高分子、无机材料、精细化工 5 个研究室。化学系与应用化学研究所实行系所合一的体制。物理化学(量化)、有机化学、放射化学 3 个学科可授予硕士及博士学位。无机化学、分析化学、高分子化学与物理、化学学科教育等学科均可授予硕士学位。此时有教授 16 人(其中博士生导师 5 人)、副教授 57 人。化学楼内设有大型精密仪器 40 多台。系资料室藏书 28 000 余册及数百种国内外期刊。全系教职工担负着约460名本科生、100余名研究生、600余名函授生及几十名进修教师的教学和研究指导工作。

20世纪90年代初期，基础研究与应用研究是化学系工作重点之一，经过多年工作，在基础研究上各个教研室的研究方向都已逐步形成。

以刘若庄、傅孝愿教授为代表的量子化学研究室的研究方向为应用量子化学。他们在“分子间作用力及氢键本质的研究”及“中间体、过渡态及反应途径势能面的研究”方面，取得了显著的成绩，分别获得1987年国家教委科技进步二等奖及1989年国家自然科学三等奖。他们的工作受到了国际学术界的重视。日本化学家著文认为刘、傅带领的研究集体是中国最活跃的研究中心。刘、傅应邀于世界理论有机化学家联合会及太平洋化学大会量化学术讨论会上分别做报告。当时该研究室承担了国家自然科学基金重大项目，对反应途径的动态学分析、涉及激发态的光化反应及一维导电有机高聚物的理论等进行深入研究。

以刘伯里、陈文琇教授为代表的放射与辐射化学研究室的研究方向为医用放射性药物化学与高分子辐射化学。放射化学研究组在“无机离子交换剂分离裂变产物”“锝化学与锝放射性药物研究”与“卤素放射性药物”等项目的研究上，从理论至应用都取得了较好的成绩。他们承担的“六五”“七五”攻关项目脑显像剂及心肌显像剂，经原卫生部批准，已转入生产与临床应用。辐射化学研究组的“高分子膜作为辐射剂量计”及“医用一次性注射器的辐射加工”都已应用到生产中。

以尹承烈教授为代表的有机化学教研室的研究方向为有机不对称合成。他们在手征性杂氮钛三环、杂氮硅三环的合成以及不对称氧化等方面取得了较好的成绩。陈光旭教授长期致力于曼尼希反应的研究，于20世纪80年代解决了国际有机化学界一直认为芳香胺不能正常地参与以酮为酸性组分的曼尼希反应问题，从而扩大了该反应的应用范围。

无机教研室的稀土化学研究，分析教研室的光、电、色分析法研究，教学法教研室的化学学科教育研究，都显示了方向明、发展快的蓬勃活力。

在应用研究中高分子材料研究室已研制出10多种新型不饱和树脂，有的已投入生产；感光性高分子研究室承担了国家“七五”“八五”攻关项目，他们在PS版感光剂和液体感光树脂的研究中取得了成绩；无机材料研究室的钨钼综合利用和精细化工研究室的化纤设备专用清洗剂、皮渗剂制备等方面也都取得了较好的成绩。

20世纪80年代至90年代初，化学系在国内外杂志上共发表科研论文近千篇，教学研究论文百余篇，出版编著、译著等各种专业书籍80多部，获批专利10项，应用研究成果鉴定74项，技术转让65个，其中有些已取得显著的经济效益。

这一时期化学系在基础研究、教学研究及应用研究中，共获国家级、省部委及地方各种研究成果奖达40项。化学系在该时期也重视与国外大学、研究机构开展学术交流，10年中派遣教师出国讲学、考察和进修达62人次，同时也经常邀请国内外知名学者来系讲学。北京师范大学化学系以改革的精神、矫健的步伐，在为四化建设培养优秀人才的大道上奋勇前进。

(三)世纪之交发展时期

21世纪来临之际，随着国家科教兴国战略的逐步推进，北京师范大学开始谱写新的篇章。1996年，北京师范大学进入国家“211工程”建设行列。1997年，刘伯里教授当选中国工程院院士。1999年，刘若庄教授当选中国科学院院士。

专业与学科方面，本科有化学(师范专业)和应用化学(非师范专业)，共2个；硕士点有无机化学、分析化学、有机化学、物理化学、高分子化学与物理，共5个；博士点有无机化学、物理化学、有机化学，共3个。

以1998—1999年度为例，此时的化学系学科齐全，布局合理，师资力量雄厚，设有无机化学、分析化学、有机化学、物理化学、高分子、工业化学和化学教育7个教研室及量子化学研究室、放射与辐射化学研究室，有教职工130人，其中中国工程院院士1人(刘伯里教授)，中国科学院院士1人(刘若庄教授)，教授27人(其中博士生导师15人)，副教授37人。化学系本科面向全国招生，化学专业每年招生约80人，应用化学专业每年招生约30人。每届本科毕业生约有30%进一步攻读硕士学位，40%从事大、中学化学教学和教育管理工作，30%在国家机关、企事业单位和公司等部门从事科研、开发和管理工作。

20世纪90年代中后期，全国掀起了改革开放以来最大的一次本科教育教学改革的浪潮。化学类专业本科生课程设置与教学内容改革也同样如火如荼地进行着。其中，1996年，化学系由田荷珍等人主持的“九五”国家重点科技攻关项目——计算机辅助教学软件研制开发与应用，是化学系在教学领域的第一个重点项目。

此时恰逢我国一批旨在进行本科实验教学课程体系、教学内容和管理体制改革的世行贷款项目正在实施。世行贷款项目要求实验课程必须独立设课，同时必须建设成“一体化、多层次”的实验教学体系，旨在培养学生的综合素质和创新能力。各相关高校纷纷响应，在体制上都先后建立了独立的实验教学中心。在这样一个大背景下，作为世行贷款项目资助单位之一的北京师范大学化学系抓住机遇，深入开展了化学(含实验教学)教育教学改革研究与实践，先后承担了教育部师范司国家重点教改项目“高等学校化学教育专业面向21世纪教学内容和课程体系改革”(1998年8月—2000年7月)和北京市教委教改项目“基础化学实验课程体系的建设”(1999年9月—2002年8月)等。

1999年，化学系组织修订了本科教学计划，教学计划体现了“教育要面向现代化，面向世界，面向未来”的时代精神，改革教学内容和方法。化学专业的培养目标为培养具有良好的科学素质和教育理论素养，能够从事化学教学的中等学校教师以及能够从事教学研究和教育管理的高水平新型人才，学制为4年。应用化学专业的培养目标为培养具有良好的科学素质和应用开发意识，受到一定创新意识训练，能在与化学有关的各类部门和单位从事应用研究、科技开发、教学与管理等方面工作的高水平新型人才，学制为4年。

化学专业课程类别中，全校公共必修课47学分，基础和专业基础必修课77学分，专业限定选修课27学分，专业任意选修课10学分。应用化学专业课程类别中，全校公共必修课38学分，基础和专业基础必修课71学分，专业限定选修课30学分，专业任意选修课10学分。

化学系有较好的科研条件和一批高水平的博士和硕士生导师。1998—1999年度教授包括刘伯里院士(核化学和放射性药物化学)、刘若庄院士(理论量子化学)、傅孝愿(理论化学)、尹承烈(精细有机合成)、陈文琇(辐射化学)、冯文林(理论化学)、吴仲达(电化学)、孙兆祥(放射化学)、李启隆(电分析化学)、金林培(稀土配位化学)、王学斌(放射化学和放射性药物化学)、陈庆华(有机不对称合成)、张聪(有机合成)、黄元河(低维导体结构与性能的关系，相变和导电机理研究)、朱文祥(稀土配合物)、余尚先(功能高分子材料及精细化学品开发)、吴国庆(无机化学固体合成与晶体结构研究和化学教育)、云自厚(分析化学和色谱学)、郭建权(不对称合成和稀土金属配合物光电性质研究)、杜宝山(有机不对称合成、药物缓释剂的研究)、曾泳淮(电分析化学)、李宗和(分子反应动态学和分子设计)、戚慧心(防龋化学及防龋药物控释动力学)、包华影(辐射化学)、方德彩(化学反应机理和反应动态学)、李和(天然产物化学)、汪正浩(电化学)、庄国顺(大气环境化学)、李太华(放射化学和放射性药物)。化学系每年招收博士生 5～8 人，硕士生 30～35 人，访问学者 3～5 人。

自改革开放至 1999 年，化学系承担各类科研项目 200 项，总经费 1 000 多万元，并获得 40 余项国家或省部级以上的科研成果奖。2002 年 5 月，学校进入“985 工程”建设行列。2002 年，学校在人民大会堂隆重举行建校 100 周年庆祝大会，当时的党和国家领导人江泽民、朱镕基、李瑞环、胡锦涛、尉健行、李岚清等出席庆祝大会，江泽民同志就“实施科教兴国战略，大力推进教育创新”发表重要讲话。2002 年 5 月，北京师范大学同北京大学、清华大学、中国人民大学一起，成为北京市重点支持建设世界一流大学的 4 所院校。2003 年，化学为博士、硕士学位授权一级学科，进一步加快发展。

三、世纪新章(2005—2022 年)

(一)撤系建院

进入 21 世纪，国家科教兴国战略逐步推进。2005 年，为适应新时期学科发展需要，经学校批准成立北京师范大学化学学院，原化学系、应用化学研究所一并归入化学学院。化学学院下设 7 所 3 系 2 中心，包括无机化学研究所、分析化学研究所、有机化学研究所、理论和物理化学研究所、高分子化学与物理研究所、应用化学研究所、化学教育研究所 7 个所，材料化学系、化学生物学系、放射性药物化学系 3 个系，以及化学实验教学中心和师宏药物研究中心。同时拥有放射性药物教育部重点实验室(筹)和无机化学北京市重点学科。化学学科迎来了跨越式发展的时期。

2005年，为适应新时期学科发展的需要，经学校批准成立北京师范大学化学学院，原化学系、应用化学研究所一并归入化学学院。化学学院下设7所3系2中心，同时拥有放射性药物教育部重点实验室（筹）和无机化学北京市重点学科。

北京师范大学于 2007 年开始招收第一批免费教育师范生。化学实验教学中心被教育部、财政部批准为 2007 年度国家级实验教学示范中心建设单位，物理化学于 2007 年被评为国家重点学科，有机化学于 2008 年成为北京市重点学科。化学学院 2010 年入选教育部“基础学科拔尖学生培养试验计划”。化学学院已形成一个学科分布合理、富有特色的教学和科研体系，成为综合实力雄厚、具有重要影响的化学教育和研究机构。

化学学院持续加大创新型人才的培养，通过举办各种活动，积极推荐、指导学生参加各种科技创新、创业竞赛，提升学生的创新能力。学院每年举办食品分析大赛、实验技能大赛等学科竞赛，学院学生还在国际、国家以及各种省部级的学科竞赛、科技创新、创业竞赛中取得了优异的成绩。我院学生曾获国际基因工程遗传设计大赛大奖(iGEM Grand Prize)，美国大学生数学建模大赛一等奖、二等奖、三等奖，第五届“挑战杯”飞利浦中国大学生创业计划竞赛金奖，第六届“挑战杯”中国大学生创业计划竞赛银奖，第七届“挑战杯”中国大学生创业计划竞赛金奖，第十一届“挑战杯”全国大学生课外学术科技作品竞赛二等奖，第十二届“挑战杯”全国大学生课外学术科技作品竞赛三等奖，第四届“挑战杯”首都大学生创业大赛特等奖、一等奖，第五届“挑战杯”首都大学生创业大赛一等奖，第四届“挑战杯”首都大学生课外学术科技作品竞赛三等奖，第五届“挑战杯”首都大学生课外学术科技作品竞赛特等奖，第六届“挑战杯”首都大学生课外学术科技作品竞赛特等奖。这些奖项的获得充分展示了学院学生良好的科技创新能力和创业素质，标志着学院长期以来重视教育创新理念，大力开展素质教育和科技创新教育的工作结出了累累硕果。

(二)学科百年

2012 年，北京师范大学化学学科迎来百年华诞。百年的风雨沧桑，百年的艰苦创业，百年的化学积淀，百年的发展成就，经过几代学者和师生员工们的共同努力，尤其是经过改革开放以来的发展，北京师范大学化学学院拥有化学学科的全部 5 个二级学科的硕士学位授予点和博士学位授予点，拥有一支高素质的教学和科研队伍，取得了丰硕的教学、科研成果，拥有 1 个国家级优秀教学团队和北京市级教学团队，还拥有 1 位国家级教学名师和 2 位北京市教学名师，创建了 3 门国家级精品课程，5 门北京市精品课程，以及 1 门国家级双语示范教学课程，获得了国家科技进步二等奖在内的多项国家级和教育部的科研奖励，每年都有大量的优秀成果发表在国际著名学术期刊上，承担着国家“973”计划、“863”计划、国家基金委重点项目和杰出青年科学基金项目等，每年的平均到位经费已达到了 2 000 多万元。另外，学院还拥有放射性药物化学和理论及计算光化学 2 个教育部重点实验室。化学学院为祖国的建设培养了大批优秀人才，是我国培养高水平化学教育和科研人才的重要基地。

2012年，化学学科迎来百年华诞。百年的发展成就，凝聚着几代化学人的心血。现在的化学学院已形成分布合理、富有特色的学科体系，拥有物理化学国家级重点学科和无机化学、有机化学两个北京市重点学科，以及放射性药物教育部重点实验室和能量转换与存储材料北京市重点实验室。化学学院已成为综合实力雄厚、具有重要影响的化学人才培养和研究机构，正在书写新的百年华章。

2013 年，方维海教授被评选为中国科学院院士。

2014 年 9 月 9 日上午，中共中央总书记、国家主席、中央军委主席习近平在会见庆祝第三十个教师节暨全国教育系统先进集体和先进个人表彰大会受表彰代表后来到北京师范大学，看望教师学生，观摩课堂教学，进行座谈交流，向全国广大教师和教育工作者致以崇高的节日祝贺。习近平在考察中强调，百年大计，教育为本，教育大计，教师为本，号召全国广大教师要做有理想信念、有道德情操、有扎实知识、有仁爱之心的好老师，为发展具有中国特色、世界水平的现代教育，培养社会主义事业建设者和接班人做出更大贡献。学院方维海院士参加座谈会并作为教师代表发言。

(三)新时代发展

中国特色社会主义进入新时代。2017 年 9 月，北京师范大学入选世界一流大学 A 类建设高校。为深入贯彻中国共产党第十九次代表大会精神，助力学校建设“综合性、研究型、教师教育领先的中国特色世界一流大学”，全院师生坚持教学与科研相长，教学与科研并重，不断深化综合改革，推进各项事业发展，向着建成世界一流学科的目标迈进，在人才培养、攻克重大课题、推动科技发展进而服务社会方面发挥了越来越多的作用。

结合学校的人才培养目标，学院的人才培养目标确定为致力于培养具有优秀的人文与科学素养、良好道德风貌，具有宽厚扎实的化学和相关理学基础知识及实验技能，富有创新意识和开拓精神，能在科研机构、高等学校、重点中学和企事业单位胜任科学研究、教学及管理工作的精英人才。

学院一流学科建设取得积极进展，本科教学成绩显著：发挥高层次人才优势，丰富教学资源；实行“一体化、三层次、多模式”的实验教学新体系；构建本科生科研国际化的全新教学体系；创建基于 MOOC 的中外合作混合信息化教学新模式；加强第二课堂育人体系，助力学生成长；拥有国家级实验教学示范中心和国家级虚拟仿真实验教学示范中心。2018 年和 2020 年，累计有 5 门课程入选国家级一流本科课程。化学专业为首批国家级一流本科专业建设点，化学学科入选国家基础学科拔尖学生培养计划 2.0 基地。

科研成果在数量上显著增加，在质量上显著提升。学院拥有 2 个教育部重点实验室和 1 个北京市重点实验室，与合肥国家实验室签订战略合作协议。每年都有一批高质量的论文在国际著名学术期刊上发表，平均每年到位科研经费 4 000 余万元，在我校各院系中名列前茅。学院连续多年实施学科科研水平提升激励计划和青年人才培育计划，化学学院师资水平进一步提升。2019 年理论及计算光化学教育部重点实验室评估为优秀，放射性药物化学教育部重点实验室评估为良好。

产学研工作成效进一步显著提升。2019 年 4 月 16 日，学院与烟台开发区管委、烟台显华化工科技有限公司三方共建北京师范大学烟台分子材料基因组工程研究院。北京师范大学烟台分子材料基因组工程研究院是我校成立的第一个派出研究院。2021 年，学院医药创新平台有 1 个原创药物获得 IND 批号，6 个原创药物进入临床前研究；高性能锂空电池体系正在进入中试阶段；光刻胶和光固化材料研发方面创新成果推动多家企业成功上市。

社会服务工作有序开展。学院推进高端备课、深度学习、项目式学习，积极服务教育强国、教育脱贫攻坚和乡村振兴战略。学院在山东肥城、山西晋城等地开展了化学名师发展基地项目。同时，原子高科股份有限公司、北京新领先医药科技发展有限公司、上海皓元医药股份有限公司、北京诚济制药股份有限公司等与学院建立了框架合作关系并捐赠了奖学奖教金。学院还成功举办第十四届华北地区五省市化学学术研讨会、“京师—大湾区”新医药研发产学研论坛和全国高中生化学核心素养提升研学营等。

“一体两翼”办学格局逐渐形成。2018 年 9 月，北京师范大学昌平新校园 G 区正式建成使用。2021 年，学院在昌平区奇点中心建立科技创新与转化中心。2019 年 4 月，珠海校区获教育部批复。2019 年 9 月，学院在珠海校区正式开设普通化学及实验课。近两年，为推动化学学科在珠海校区的建设，学校在珠海校区成立了化学系和先进材料研究中心。2021 年 4 月，学院在珠海校区国际交流中心召开化学学科发展研讨会和教师座谈会，邀请了多位校内外专家出席并就珠海校区化学学科发展献言献策。目前珠海校区先进材料研究中心发展态势良好，近期的研究内容及任务包括开发荧光分子探针和放射性核素标记分子探针，用于阿尔茨海默病及前列腺肿瘤早期诊断、体外组织病理检查及手术切除过程中的术中导航；设计合成高性能激光变频晶体材料用于激光器和高性能中高温热电转换材料用于航空设备；设计合成制备大功率长寿命高安全性的电池体系；理论计算配合实验研究为合成材料提供计算模拟、建立材料基因数据库、高通量筛选和导向设计。

2022 年，北京师范大学化学学科迎来了 110 周年华诞。110 年的耕耘不辍，化学学科师生形成了“崇德、敬业、探微、创新”的院训精神。目前学院进入了跨越式发展的新时期，是综合实力雄厚、具有重要影响的化学教育和研究机构。

第二章　纪年介绍

北京师范大学化学学科具有悠久的、辉煌的历史。2022年是北京师范大学建校120周年和北京师范大学化学学科建立110周年。百余年来，北京师范大学始终同中华民族争取独立、自由、民主、富强的进步事业同呼吸、共命运。北京师范大学化学学科始终以民族振兴、社会发展、科技进步和人才培养为己任，坚持严谨治学、教书育人、科学管理的思想，秉承了“学为人师，行为世范”的校训精神，形成了“崇德、敬业、探微、创新”的院训精神，创造了辉煌的成绩。

时代发展共命运，北京师范大学化学学科建立之初，侧重师范学生培养；中华人民共和国成立后，北京师范大学化学学科筚路蓝缕，坚持教学科研；改革开放后，北京师范大学化学学科行走在科教兴国战略的最前线，以师者之范，成天下之才，埋头躬耕，为我国的化学教育和科研等领域输送了大批人才。为较为全面展示北京师范大学化学学科110年走过的道路，同时彰显北京师范大学化学学科特色，本章纪年介绍着重体现师范教育、红色历史、化学发展三个方面的内容。

1902年，京师大学堂师范馆成立，是我国高等师范教育的开始。10月14—16日，京师大学堂举行第一次招生考试，招收速成科仕学馆、师范馆学生。师范馆报名370人，正取33人，备取7人。备取的学生后来也一并录取入学。11月16—18日，京师大学堂再次招生，师范馆报考282人，经初试后录取42人。

▲ 京师大学堂牌匾

师范馆最初的课程中便有化学。8月15日，张百熙进呈学堂章程，共八章八十四节，即《钦定学堂章程》，亦称壬寅学制。《钦定学堂章程》内分《京师大学堂章程》《大学堂考选入学章程》《高等学堂章程》《中学堂章程》《小学堂章程》《蒙学堂章程》六种章程。在《钦定学堂章程》第二章第一节中包含“欲定功课，先详门目，今定大学堂全学名称，一曰大学院，二曰大学专门分科，三曰大学预备科。其附设名目：曰仕学馆，曰师范馆”“兹首列大学分科课程，次列预备科课程，其仕学、师范二馆课程，亦以次附焉”等信息。第九节所列门目为：伦理、经学、教育、习字、作文、算学、中外史学、中外舆地、博物、物理、化学、外国文、图画、体操14门课程。

12月17日，京师大学堂开学，校址设于景山东马神庙四公主府。

1903年，学生开展拒俄运动，是我国近现代史上大学生爱国运动的开始。4月30日，因闻俄国强占东北三省，以师范馆学生为首的京师大学堂学生“鸣钟上堂”举行集会，要求政府“力拒俄约，保全大局，展布新政，以图自强”，掀起爱国学生运动。5月11日，师范馆全班学生发表请政务处代奏书，请旨拒俄约，请求清政府政务处呈给慈禧太后和光绪皇帝奏章，并将奏章内容公开发表，又函电各省要求响应。俞同奎等积极参加了这一运动。

2月8日，清政府增派荣庆为管学大臣，会同张百熙管理大学堂事务。2月，京师大学堂在李阁老胡同添设进士馆，令新进士等入学肄业。后来仕学馆和进士馆合并，改为政法学堂。5月，京师大学堂增设医学实业馆，招生数十人，授中西医学，校址在后门太平桥。6月27日，清政府准张百熙奏请，命张之洞会商张百熙、荣庆共同管理大学堂事宜。10月，京师大学堂师范馆195人、仕学馆78人。

12月21日，管学大臣张百熙力排众议，上《奏派学生前往东西洋各国游学折》，称：“自开学以来，将及一载，臣等随时体察，益觉资遣学生出洋之举，万不可缓。诚以教育初基，必从培养教员入手，而大学堂教习，尤当储之于早，以资任用。”奏派学生47人赴东西洋各国留学，学习专门知识，以备将来学成回国充任大学教习。余棨昌等31人被派往日本，俞同奎等16人被派往西洋各国，学期约以7年为率。47人中31人为师范馆学生，张百熙亲自到前门车站给学生送行。

1904年，清政府颁布《奏定学堂章程》，是一个包含从小学到大学的完整教育体系，亦称癸卯学制。纵向来看，儿童从7岁入学到通儒院毕业，全部学习时间是25～26年，可以分为三段六级。第一阶段为初等教育9年，包括初等小学堂5年，高等小学堂4年。第二阶段为中等教育，设中学堂5年。第三阶段为高等教育，分为三级：高等学堂或大学预科3年，分科大学堂3～4年，通儒院5年。横向来看，除了小学堂、中学堂、大学堂外，还有师范学堂和实业学堂。师范学堂分为初级和优级，实业学堂分为初等、中等、高等。此外，还设有艺徒学堂、实业补习普通学堂和译学馆等。

化学为学堂考试内容之一。2月6日，光绪皇帝命大理寺少卿、浙江学政张亨嘉充任京师大学堂首任总监督；3月，大学堂决定开办预备科并添招师范生，要求各省督抚考选咨送学生；8月23日，清政府停办大学堂编书局。8月25、27、29日，大学堂分三场进行预备科和师范生考试。“首场试中文一篇，中国历史地理各六问。二场试东西文，翻译二篇，外国历史地理各六问。三场试算术六问，代数及平面几何各三问，物理学及无机化学各三问。”共招360余人。10月，新生开学，师范科分甲乙丙丁4个班。

本年度，《京师大学堂详细规则》颁行。京师大学堂师范馆改为京师大学堂优级师范科，录取学生200余人。原师范馆的学生为第一期，优级师范科学生为第二期。

1905 年 5 月 28 日，学校召开第一次运动会，共进行 2 天。张亨嘉作《大学堂召开第一次运动会敬告来宾》文，提出："盖学堂教育之宗旨，必以造就人才为指归，而造就人才之方，必兼德育、体育而后为完备……今日特开运动大会，亦不外公表此宗旨以树中国学界风声而化。"

清政府设立学部，专管全国教育，京师大学堂直接归属学部管辖。师范生学费官支。京师大学堂爱国师生进行抵制美货斗争。

1906 年，学部奏准以忠君、尊孔、尚公、尚武、尚实为全国教育宗旨。

12 月 17 日，学部通知各学堂改定暑假、年假日期。年假以 20 日，暑假以 50 日为限。学期按农历、节气来算，酌定每年正月十六日开学，至夏至后六日散学，为第一学期；处暑前五日开学，至十二月二十五日散学，为第二学期。

师范科分四类：一类洋文，二类地理历史，三类理化算数，四类博物(包含动植矿)。

1907 年 2 月 25 日，学校举行首届师范生毕业考试，考试内容包括近 5 年的全部学习内容。

3 月 26 日，举行京师大学堂师范馆(优级师范科)第一届学生毕业典礼。学部大臣、总监督、全体教习和学生参加典礼。毕业证书用厚约 1 毫米的宣纸印制，长 70 厘米，宽 60 厘米，两边印有飞龙两条，四角上印有"毕业文凭"字样。证书上载明毕业生的毕业考试成绩，盖有"京师大学堂关防"的总监督印章。清政府铸造了一只西式的青铜校钟作为京师大学堂首届毕业生纪念。后来，京师优级师范学堂单独成立，该钟也随之迁移到和平门外的新校址。

《师范毕业义务章程》规定优级师范生、优级选科师范生均须效力全国教育职事 5 年。3 月 25 日，学部奏准大学堂优级师范毕业生选送欧美各国游学者，回国后皆充当专门教员 5 年，以尽义务，其义务年限未满之前，不得调用派充他项差使。4 月 27 日，学部奏准大学堂师范毕业生义务期限 5 年之内不得营谋教育以外之事业，并援照教员免扣资俸章程，一律不扣资俸。

1908 年 6 月 14 日，京师大学堂优级师范科改为京师优级师范学堂，脱离京师大学堂而独立，校址定在厂甸五城中学堂。10 月 22 日，京师优级师范学堂举行第一次入学考试，直接录取学生 80 余人。11 月 14 日，正式开学。12 月 5—6 日，举行招生补考。

京师女子师范学堂成立，为北京女子师范学校的前身。7 月 4 日，学部奏准设立京师女子师范学堂，派傅增湘为总理，借八角琉璃井医学馆为校舍，农历十月初十开学。次年始建校舍于宣武门内石驸马大街。10 月开学，先招简易科 4 个班。

1909 年 11 月 9 日，学部准奏师范生义务年限改 5 年为 3 年。

京师优级师范学堂正式迁往五城中学堂。当日，张之洞发示训词，大意是："师范教育为一切教育发源处，而京师优级师范，为全国教育之标准，故京师师范，若众星之拱北斗，而北斗光细，则众星亦不辨其为北斗矣。是以京师师范关系重大，唯望诸子善体此义，勉学勿怠，膺此重寄，期为他日之师表云。"11 月，京师优级师范学堂增修斋舍告成。

1910 年 1 月 22—23 日，京师优级师范学堂举行新生入学考试，第一天考中文、英语、算学，第二天考历史、地理、格致，第三天体检。

10 月，京师优级师范学堂新建理化教室及实验室完工。

1911 年，辛亥革命爆发，京师优级师范学堂陷于停顿。自京师大学堂师范馆成立，至京师优级师范学堂停顿，9 年中全校共有毕业生 2 期 306 人，未毕业的学生约 230 人。

1912 年，京师优级师范学堂改称北京高等师范学校，陈宝泉任校长；京师女子师范学堂改称北京女子师范学校，吴鼎昌任校长。

化学学院的前身成立。8 月，北京高等师范学校按教育部颁布直辖学校暂行章程，将旧第一类改称文科第二部甲班，新第一类改称文科第二部乙班，旧第三类改称理科第二部甲班，新第三类改称理科第二部乙班，第四类改称理科第三部，公共科改称预科。北京高等师范学校下设理科第二部，是我国高等院校早期建立的化学学科之一。

9 月 29 日，教育部颁布《师范教育令》，共 13 条。规定高等师范学校以造就中学及师范学校教员为目的，女子高等师范学校以造就女子中学及女子师范学校教员为目的。高等师范学校定为国立，由教育总长通计全国规定地点及校数分别设立。学校经费由国库支给。高等师范学校学生免纳学费，并由学校酌情给予校内必要费用，此外，也收自费学生。

1913 年，《高等师范学校规程》规定化学为本科多部应习科目。2 月 24 日，教育部颁布《高等师范学校规程》，规定高等师范分预科（1 年）、本科（3 年）、研究科（1 年或 2 年）、专修科（2 年或 3 年）、选科（2 年以上 3 年以下）。预科科目为：伦理学、国文、英语、数学、图画、乐歌、体操。本科分国文部、英语部、历史地理部、数学物理部、物理化学部、博物部。本科各部通习科目为：伦理学、心理学、教育学、英语、体操。数学物理部分习科目为：数学、物理学、化学、天文学、气象学、图画、手工。物理化学部分习科目为：物理学、化学、数学、天文学、气象学、图画、手工。博物部分习科目为：植物学、动物学、生理及卫生学、矿物及地质学、农学、化学、图画。3 月 27 日，教育部第 27 号令颁布《高等师范学校课程标准》，规定预科、国文部、物理化学部等 7 个课程标准表，详列应学科目及每学期每周授课时数。4 月 24 日，教育部发出师范教育注重实习的训令。

2 月，学校遵照教育部颁布的《高等师范学校规程》，文科第二部改称英语部，理科第二部改称物理化学部，理科第三部改称博物部，分预科、本科。4 月，英语部及物理化学部甲班学生赴附属中小学校分科实习。10 月，理化部甲班学生赴唐山启新洋灰公司京奉铁路车机处及开滦矿务局参观。6 月 2 日，北京高等师范学校举行毕业式，理化部毕业 26 人，毕业生的工作安排原则上是“按籍分配”。

5 月，学校公布招生办法，物理化学为试验科目内容。招生办法依据《高等师范学校规程》第十四条，由各省行政长官按照本条所定入学资格，以正式公函保送（无论何省均可保送），并由妥实之保证人具保证书送候试验。试验科目包括历史地理、国文、英文、数学、物理化学、博物。试验地点在北京琉璃厂本校、武昌教育司署或上海西门外江苏省教育会。应试学生赴试验地点候试时，应将省行政长官保送正式公函，以及保证书暨四寸半身最近相片一纸，亲身投递，听候验明注册参加考试(有毕业证书者应并呈验)。8月，学校招收新生。9月，学校接收浙江高等师范学校预科毕业生39人到校肄业。10月，学校聘美国人亨德为兼任教员，担任各部体操及预科英文、体操教授，聘期2年；聘韩振华为兼任教授，任物理化学部用器画教授，同年12月授毕卸聘。

1914年1月，学校聘符鼎升为兼任教员，担任物理化学部气象学教授；聘俞同奎为兼任教授，担任物理化学部化学教授。2月，学校聘韩述组为兼任教员，任英语部哲学教授，兼史地、理化两部哲学心理教授。3月，学校聘张邦华为兼任教员，任物理化学部教授。

2月，学校编制校歌。

6月29日，教育部批北京女子师范学校在北京女子高等师范学校未设以前，暂准附设专修科。

4月，学校理化部甲班学生赴无线电报处参观。10月23日，学校将于12月毕业的英语、理化、博物三部学生名册及能任教科目报请教育部预筹分派方法。教育部据此咨请各省核所辖中学、师范于明年需用某项教员若干，于11月内部报，由教育部分派。12月，北京高等师范学校第二届学生共61人毕业，理化部26人，毕业生的工作安排由各省巡按使根据教育科调查所辖中学、师范学校教员需要上报教育部，再由学校根据毕业生个人志愿择优推荐，以使“学有所用，各适其宜”。

1915年，学校进一步扩充。10月21日，校长陈宝泉呈报教育部关于学校的扩充办法，主要内容是：“学校现设之……新招预科3班，分别是国文及英语部预科、史地及博物部预科、数理及理化部预科；并招……请求补发扩班经费及建筑费，经批交财政部补发。”

5月，学校理化部第一年级学生参观京师自来水厂，第二年级学生参观南苑航空学校。10月，学校理化部第三年级学生参观气象测候所。11月，单级教员讲习科及理科讲习班分别开始上课。

1916年6月，北京高等师范学校第三届学生毕业，共计67人，理化部24人。本年度校舍中，专用理化教室1间、理化实验室4间、理化仪器室3间、理化准备室1间。

10月10日，全国教育会联合会在北京召开第二次会议，在呈教育部的议决案中有《请设女子高等师范学校案》。

1917年，北京女子师范学校设数学理化科。1月，北京女子师范学校校长姚华辞职，教育部令胡家祺任代理校长。2月，北京女子师范学校制订改组计划，将学校分为3科：教育文学科、数学理化科、家事技艺科。3月，教育部任命方还为北京女子师范学校校长。

2月3日，教育部发文规定：“凡在服务期限以内之师范生，除经教育总长特别指定外，不得任意营谋教育以外之事业，以符定章。”6月，理化部毕业31名学生。

5月，学校创办周报，开办各科教员研究室。6月，学校修改预科招生办法：“招选预科学生四班(英语、史地、理化、博物)，报考时应注明第一、第二志愿。”报考学生需有中学或完全师范毕业资格，其试验科目及程度要求理化须曾习中等物理及化学，志愿入理化部者应注重理化数学。6月，学校教务会议议决，规定专任教员的义务。9月5日，学校制订《学生考勤规则》呈报教育部准予备案。10月，学校理化、数理二部二年级增设德文为选修课。12月1日，学校举行图书馆开馆仪式。本年度，由教育部批准、内务部划拨宣武门内太平湖地方荒地一块，为筹备校园之用。

1918年，教育部支持师范学校建设。3月15日，教育总长傅增湘来校视察，先后参观学生教室、宿舍、博物标本室、理化实验室以及附小等。4月20—26日，教育部召集全国高等师范学校校长到京举行会议。6月1日，教育部通令各高等师范学校组织全国高等师范学校联合会。6月，北京高等师范学校理化部毕业22名学生。7月1日，教育部通令各高等师范学校分派毕业学生服务办法。8月，教育部决定每年选派各直辖学校教员若干人赴欧美各国留学，为我国教授留学之始。9月，北京高等师范学校成立消防队。11月20日，教育部向比利时仪品公司借款45 000元，用于北京女子师范学校建筑校舍及添置设备。同年，学生要求废止《中日共同防敌军事协定》。

1919年，学校加强学生管理，公布考勤规则等。11月14日，北京高等师范学校废除学监制，成立学生自治会，这是各校中最早成立的。原由学校管训的许多事项改由学生自治会办理。12月17日，北京女子高等师范学校成立学生自治会，以本互助之精神，谋个人能力之发展及校务之发达为宗旨。

北京女子高等师范学校成立，成为我国历史上第一所由国家正式设立的女子高等教育机构。3月，教育部公布《全国教育计划书》，提出整理添设国立高等师范学校，筹设女子高等师范学校等项。统筹全国设立高等师范7所，北京、武昌、沈阳3所由部直接开办，南京、广东、成都3所由省筹办，陕西1所尚未开办。女子高等师范先在北京成立1校，再就各省择要增设。4月18日，教育部令准北京女子师范学校改名为北京女子高等师范学校，即日筹备改组，并通行各省区定期招生。4月23日，教育部委任方还为直辖北京女子高等师范学校校长。5月，《北京女子高等师范学校暂行简章》报教育部备案，包括"立学规则"和"管理规则"。7月28日，教育部令发布，调北京女子高等师范学校校长方还回教育部任用，委任本部编审员毛邦伟兼任直辖北京女子高等师范学校校长。7月，北京女子高等师范学校数理部发起成立数理研究会，宗旨在阐明学理，交换知识，分数学、物理、化学3组，分门研究，按期开会报告。9月，北京女子师范学校正式更名为北京女子高等师范学校。自此，北京女子高等师范学校开始了由中等层次的师范教育机构向高等层次的师范教育机构迈进的改造。

开展五四运动，是中国新民主主义革命的开端。5月4日，北京高等师范学校、北京大学、中国大学、朝阳大学等北京13所高校3 000多名学生在天安门集会，反对帝国主义侵略和北洋军阀政府投降卖国的行径。同日，北京高等师范学校成立学生会，并加入北京中等以上学校学生联合会。5月7日，由北京高等师范学校校长陈宝泉、北大校长蔡元培作保，反动当局被迫释放被捕学生，各校复课。6月4日，北京女子高等师范学校学生冲出校门，结队游行，到总统府请愿，这是我国历史上女子请愿游行的第一次。

2月15日，北京大学校长蔡元培应邀到校做题为《科学之修养》的演讲。5月13日，北京高等师范学校获教育部令准，于暑假后招收英语、史地、理化、博物四部预科生。

6 月，学校理化部毕业 22 人。

1920 年 5 月 3 日，学校本科国文、英语、理化等五部学生，共 340 余人赴日参观考察。

1 月，学校教育研究科举行入学试验，共录取 32 人，这是我国高等学校招收研究生的开始。

4 月 3 日，教育部通知各省区，北京高等师范学校学生本年暑假毕业后需分配，请预查所辖中学、师范各校于本年暑假后需用教员若干，报部以凭分配。6 月 8 日，教育部通知各省区，北京高等师范学校招考新生，请按该校招选办法简章摘要及各省区选送学生名额分配表选送。招考新生 4 班，国文部、英语部、数理部、理化部各 1 班。

7 月 6 日，教育部令准北京高等师范学校制订的《体育成绩考查方法》。9 月 15 日，教育部令准北京高等师范学校将各部学科改行单位制，以主要学科为必修科，余均为选修科，原设预科改为本科 1 年，更分补习科为文、理二部，以使学生有所专注，并可就能力之所及，增进其程度。10 月 9 日，教育部令准北京女子高等师范学校附设补习科，为推广女子教育，招收在中学卒业或有相当程度者入学，补习学科分国文、英语、数理、化学、博物 5 科。12 月 18 日，教育部调任陈宝泉为普通司司长，派本部参事邓萃英暂行兼代北京高等师范学校校长职务。12 月 24 日，学生自治会在风雨操场开会，一是欢送校长陈宝泉，二是欢迎新校长邓萃英，两位校长相继发表演说。

北京女子高等师范学校理化科缪伯英，是中国共产党的第一个女党员。11 月，缪伯英加入社会主义青年团，同时参加了由李大钊组织领导的北京共产主义小组。

1921 年 8 月 24 日，教育部批准北京女子高等师范学校于暑假后招收国文部预科 1 班 40 人，理化部预科 1 班 32 人，请各省选送。

6 月，学校理化部毕业 25 名学生。8 月 20 日，教育部令准北京高等师范学校暑假后设数学、物理、化学研究科。三科研究科均以教授高深数理化学科养成专门人才，供给高等师资为宗旨。以本校数理、理化两科毕业生、大学理科毕业生及 3 年以上肄业生经本校认为有相当学力者经试验合格后亦准入学。本校数理、理化科毕业生、大学理科毕业生得酌免入学试验。此外，各高等专门学校毕业生应经试验入学。研究科定为 2 年毕业，每科以 10 人为足额，毕业及格得称理学士。10 月，学校在北京续招考教育研究科 1 班，计 30 人，并添数学、物理、化学研究科各班 10 人。本科六部，每部招收 1 班。

10 月，学校拟定《高师内部改组计划草案》，共 7 章，内容主要是将本科六部分为文、理两院，修业年限各为 4 年。研究科则设教育、文、理三部，修业 2 年，授予学士学位，三部分 9 科，即教育、国文、历史、外国文学、数学、物理、化学、生物、地质矿物学。又以教育为本科及研究科之中心。校务行政设教务长、庶务长各 1 人，废六部主任而设各学科主任及各学科教授会。

1922 年 5 月，学校改订课程编制，本科分为 4 年科与 6 年科两种，4 年科中仍设理化系，6 年科中始建化学系，是化学学科单独建系之始。4 年科设教育系、国文系、英文系、史地系、数理系、理化系、生物系、体育系；6 年科设教育系、国文系、英文系、史地系、数学系、物理系、化学系、生物系，授予学士学位。化学系吸引了一批海外留学人员回国任教，并培养了众多对中国化学学科发展有重要影响的化学家、化学教育家。6月，学校理化部29名学生毕业。

3月27日，教育部令准北京女子高等师范学校废止预科、选科，决定将现有选科生一律改为本科，免收膳费，以后不再添设选科。

11月2日，《学校系统改革案》公布，即“壬戌学制”，规定师范大学校修业年限4年。为补充初级中学教员之不足，得设2年之师范专修科。

4月3日，教育研究科举行第一届毕业典礼，授予16人教育学士学位，这是中国各大学、专门学校设研究科并授予毕业学生以学位的开始。

5月23日，教育部咨各省区，内容为北京高等师范学校组织夏令学校，各省区派员参加听讲，费用即由公家措给。7月9日，北京高等师范学校夏令学校开学，10日开始授课，其宗旨是：全国普通学校教职员及各省区教育行政人员增进学识。夏令学校分为2星期、4星期和6星期3种时段，各种考试合格者，由学校颁发该科学分证书。

1923年，国立北京师范大学校成立。2月22日，教育部任命范源廉为北京高等师范学校校长。5月，《国立北京师范大学校暂行组织大纲》中规定“以造就师范与中等学校教师及教育行政人员并研究专门学术为宗旨”。7月1日，国立北京师范大学校举行成立典礼，正式成立。8月，北京高等师范学校附属中学改名为国立北京师范大学校附属中学校。9月28日，国立北京师范大学校开学，范源廉就任第一任校长。

同年，刚刚在美国哥伦比亚大学获得博士学位的陈裕光接受国立北京师范大学校的聘请，回国担任教务长、理化系主任及学校评议会主席，主讲有机化学。陈裕光是我国当代著名化学家、教育家，曾任中国化学会会长。

同年，首届化学研究科7名学生毕业，本科理化系61名学生毕业。

5月4日，李大钊在女子高等师范学校发表演说，10月，鲁迅到北京女子高等师范学校任教。

1924年，学校实行董事会领导下的校长负责制，1月3日，国立北京师范大学校董事会成立，梁启超为董事长。

1月，学校理化系主任陈裕光兼任总务长。6月，学校理化系毕业28名学生。6月，学校修订师范大学组织大纲，本科统一为4年制，并设立了化学系等系，本科毕业得称学士。

2月20日，杨荫榆被教育部委派为北京女子高等师范学校校长，成为中国第一位女性大学校长。5月1日，教育部令准北京女子高等师范学校改为国立北京女子师范大学校。国立北京女子师范大学校设数学系、物理学系、化学系、地质学系等12个系，修业年限为4年，本科毕业学生得称学士，附属中学添办高级中学，分为文理两科。

1925年5月7日，北京各校学生决定放假1日，在天安门开会追悼孙中山，学校举行国耻纪念会。12月31日，当时临时执政府任命易培基为教育总长，兼国立北京女子师范大学校校长。

6月，学校化学研究科毕业10人，本科理化系毕业20人。

1926 年，“三一八”惨案发生。3 月 18 日，师大、北大、女师大等校学生和各界群众 5 000 余人在李大钊等人领导下，在天安门前召开国民大会，要求段祺瑞执政府拒绝八国提出的撤除大沽口国防设备的最后通牒，抗议日舰 12 日对大沽口的炮击，会后举行游行示威，2 000 多人往铁狮子胡同向段祺瑞执政府请愿，段命令卫队开枪射击，刘和珍等人牺牲，鲁迅后作《记念刘和珍君》一文。

8 月 28 日，教育部令国立北京女子师范大学校与女子大学合并为国立北京女子学院，分设师范与大学两部。

1927 年 2 月，女师大将原来的国文、化学等 8 系合并为文理两科，经学生多次要求，评议会决定恢复分系制，暂设哲学、国文、外国文、史地、数理化 5 系。3 月 12 日，男女师大举行孙中山先生逝世 2 周年纪念大会。

8 月，京师原有 9 所大学，即北京大学、北京师范大学、北京女子师范大学、北京女子大学、北京法政大学、北京医科大学、北京农业大学、北京工业大学、北京艺术专门学校，合并为京师大学校，教育部部长刘哲兼任校长，我校改称京师大学校师范部，附属中学改为国立京师大学校附属中学校，女师大改称京师大学校女子第一部。教务方面，京师大学校师范部有国文系、化学系等 8 系 2 专修科，本科平均每系 4 班。

1928 年 7 月 11 日，李宗仁、方振武在学校风雨操场演讲；7 月 22 日，邵力子在风雨操场演讲。

6 月，学校恢复原国立北平师范大学校名，附属中学改称国立北平师范大学附属中学校，同月，化学系 10 名本科学生毕业。11 月，北平国立九校与俄文法政专校、天津北洋大学、保定河北大学合并为国立北平大学，我校改称国立北平大学第一师范学院，女师大改称国立北平大学第二师范学院。

1929 年 4 月 4 日，由自治会组成的学生军筹备委员会召开成立大会。6 月，学校化学系 4 名本科学生毕业。8 月，第一师范学院改为国立北平师范大学。12 月，第二师范学院改称国立北平大学女子师范学院。

1930 年 1 月，学校学生积极参加援助留日被捕学生运动，300 余人成立援助留日被捕同胞会。

12 月，学校办学经费紧张。校长李煜瀛、代校长李蒸辞职，新任命校长易培基未到校。

1931 年，原国立北平师范大学与国立北平大学女子师范学院两校合并为国立北平师范大学，两部学系避免重复建设，设立学院为：教育学院、文学院、理学院。教育学院、理学院及办公处设在和平门外的南新华街。9 月 17 日，校长徐炳昶公布学校的 5 年计划：厘定课程标准、充实设备、整理校舍、扩充院系。

理学院开设数学系、物理系、化学系、生物系、地理系，刘拓担任理学院院长兼化学系主任。教务联席会议决议各系实设科目时数，化学系为 60 小时。6 月，学校化学系毕业 11 名学生。9 月 14 日，学校举行开学典礼，典礼上刘拓演说理学院的前景。刘拓在化学方面有很深造诣，担任理学院院长期间，严谨治学，带领师生添购实验仪器，充实实验室建设，还延聘北平名人专家来校担任专职或兼职教授，使化学系教师的阵容在当时全国各院校中名列前茅。刘拓在完成教学和行政领导工作的同时，还积极开展各方面的科学活动，积极参建中国化学会。

教育界举行教师节庆祝活动。6月6日，南京、上海教育界举行庆祝首次教师节活动。由教育家邰爽秋等提出定6月6日为教师节，目的在于“改良教师待遇，保障教师地位，增进教师修养”。不久，国民政府先是同意6月6日为教师节，后又将教师节改为8月27日(孔子生日)。1985年9月10日是中华人民共和国第一个教师节。

学校师生积极抗日。9月20日，学校校长徐炳昶同北大校长邀集北平各大学校长召开紧急会议，商讨对日办法。校长在校内召开会议，决议通电声讨日本侵略行径等8项。9月25日，学校召开全体大会，以全体教职员学生的名义致电当时的国民政府，指责国民政府“一遇外敌，辄取不抵抗主义，洵属奇耻”。10月26日，我校学生抗日救国会宣传队赴长辛店机车厂进行抗日救国演讲，并分发《为日本帝国主义占领东三省告工友书》。11月25日，义勇军举行成军典礼，于学忠到校带领成军礼并致训词。11月26日，抗日救国会再电当时的国民政府，指出“不战必亡，不亡必战，惟战则领土可存，惟战则不致拱手让敌”，要求“下令全国总动员，即日对日宣战”。11月28日，抗日救国会长途宣传队赴石家庄、正定、保定等地，历时15天，携带传单、标语数千份，均发放、张贴完毕。12月4日，在中国共产党上级组织和师大党组织的领导下，师大学生参加了北平学生南下示威团。

1932年 1月，学校抗日救国会发表《为日本帝国主义进攻上海宣言》，号召全国民众组织起来，用自己的力量驱逐日本帝国主义出境。3月，学校致电慰问19路军抗日将士，同时汇款300元表示敬意。蒋光鼐、蔡廷锴致电学校，对慰问及捐款表示感谢。11月，已定居南方的鲁迅回到北京，来到学校东南楼前花圃西侧的刘和珍、杨德群纪念碑前，再次缅怀自己的学生。

6月，学校理学院化学系毕业学生10名。

本年度，针对教育部停止师大招生等政策，学校发起护校运动，拥护现行师范学制，学校得以继续独立设置。

1933年 8月，学校重新修订《组织大纲》和《学则》。大纲规定“本校以造就中等学校与师范学校师资为主，并以造就教育行政人员及研究教育学术与适用于教育之专门学术为辅”。学校设立3个学院(文学院、理学院、教育学院)，理学院设数学系、物理系、化学系、生物学系、地理系。《学则》对学校课程做了详细规定。学校课程“兼采学分制及学年制”，每门课程，每周上课1小时，需要自修时间2～3小时，历半学年者为1学分，本校学生在4学年中须修满146学分，方得毕业。每个学生每学期选修课目至少18学分，至多不超过22学分。学校课程按必修、选修、主科、副科分为4种。6月，学校化学系毕业12名学生。10月30日，学校召开教务会议，讨论学生转系、升级等事项。11月22日，教务会议讨论体育系及文理学院三年级学生教学参观方法，决议女生产假1月，不计入缺课时间。

2月，学校决议，捐出本校1个月经费支援前方抗日将士。2月28日，教育部致电学校，“从速准备迁移，并派员来陕接洽”。9 月 14 日，平津卫戍司令王树常任学校军训主任，并捐设“树常奖学金”。

10 月 1 日，化学学会召开迎新会，学校理学院院长刘拓训词，张贻侗介绍欧洲科学发展概况和游学经过，化学学会进行职员改选。

1934 年，学校为初、高中理科教员设立理科暑期讲习班。5 月 23 日，讲习委员会通过刘拓拟定的理科暑期讲习班章则，理科讲习班将分为数学、理化、生物 3 组，上课时间定为 1 个月，学杂费共 14 元。6 月 1 日，中学理科暑期讲习班分为数学、理化、生物 3 组，招生人数为 120 人。6 月 12 日，中学理科暑期讲习班简章、课程标准公布，讲习班“以研究改进中等学校理科教学”为宗旨，为初、高中理科教员设立。

6 月 18 日，学校化学系毕业 11 名学生。

2 月 2 日，学校召开校务会议，决议通过教职员出国留学津贴办法，专任教职员服务满 3 年，出国学习享受津贴待遇，标准共 7 条。

1935 年 5 月 16 日，教育部电令我校举办中学理科教员暑期讲习班。5 月 23 日，学校教务会议决议组织暑期教员讲习班委员会，分史地、英文、数学、生物、理化 5 组招生。7 月 4 日，暑期讲习班委员会决议讲习班为 54 课时，学费讲义费为每人 10 元，自行解决食宿。7 月 15 日，暑期讲习班正式开办。5 月 28 日，教育部发布训令，规定学位授予时间及证书式样。9 月 20 日，教育部发快邮代电，规定本校毕业生无须检定，可任高级中学教员，但须有 1 年以上教学经验。

本年度，多个同学会成立。

12 月 6 日，我校学生与北大、清华等 15 校联合发表通电，要求当时政府“宣布对敌外交政策”“动员全国对敌抗战”“切实解放人民言论、结社、集会之自由”。12 月 9 日，“一二·九”运动爆发。

1936 年，学校师生积极组织参与抗日相关活动。5 月 31 日，为反对日寇制造海河浮尸，学生自治会决议罢课，组织抗日宣传，请教授讲演，举办时事座谈等。6 月 13 日，北平 50 余校学生举行“反对日寇增兵华北，要求政府抗日”示威游行。11 月，学校师生为绥远抗日将士募捐，购买皮背心 1 200 件、防冻膏 2 000 罐、手套 1 200 副、担架 125 副及防毒面具等物品，派代表送往前线。

6 月 8 日，化学系学生为煤气厂技工赵德顺发起募捐。6 月，学校增设物理系电瓶室及化学系实验室，并装置无线电放送设备。

1937 年，日军占领北平，学校师生辗转迁往西安。7 月 29 日，驻守卢沟桥、宛平、长辛店的 29 军撤退，日军占领北平，我校师生南下、北上，部分学生组成流亡同学会，向当时的政府请愿，要求救济。由于华北陆路交通被日寇封锁断绝，学生不得不先向南、再向西向北绕道而行，冒着被日军搜捕的危险，先进入天津英、法租界，然后搭乘英国客轮经大沽入渤海，由山东的龙口或青岛上岸，绕一个大弯，再奔赴西安。

9 月 10 日，教育部发布训令，决定在长沙与西安分别组成临时大学，其中，以国立北平师范大学、国立北平大学、国立北洋工学院和北平研究院为基干，在陕西西安合组为国立西安临时大学。设立西安临时大学的目的是“收容北方学生，并建立西北高教良好基础”。国立西安临时大学不设校长，以筹备委员会代行校长职权，委员会设主席 1 人，由教育部部长兼任。

西安临时大学设立文理学院、法商学院、教育学院、工学院、农学院、医学院 6 个学院，23 个系。10 月，西安临时大学各处院系主任名单公布，刘拓任文理学院院长、化学系主任。第一院在城隍庙后街 4 号，第二院在西北大学所在地，第三院在北大街通济坊，第二院包括数学、物理、化学、体育及工学院。

1938 年，西安临时大学南迁汉中，改称西北联合大学。3 月，山西临汾失陷，日寇侵占了风陵渡，关中的门户潼关告急。同时，西安屡遭日机侵扰轰炸。面对日机频繁的空袭及日军魔爪的步步紧逼，教育部决定西安临时大学南迁汉中城固。3 月，西安临时大学迁校起程，历时半月到达汉中，迁校过程为：乘火车到宝鸡，由宝鸡步行经过隘门镇、大湾铺、观音堂、东河桥、草凉驿、凤县、双石铺、南星、庙台子、留坝、马道、褒城至南郑、城固，行程为 255 千米，每日行进少则一二十千米，多则三四十千米。师生步行，行李用骡驮，炊具粮食用胶皮大车运输，图书仪器及公物雇用少数汽车分批转运。4 月 10 日，校务委员会决议，因汉中驻军过多，学校将分布于三县，校本部及文理学院在城固县考院。国立西安临时大学改称西北联合大学。

7 月 22 日，教育部公布《国立中央大学设立师范学院办法》规定：国立中央大学、国立西南联合大学、国立西北联合大学、国立中山大学、国立浙江大学等自 1938 年起各设置师范学院。教育部公布《师范学院章程》，内容为：“第一条，师范学院以遵照教育宗旨及其实施方针，养成中学校之健全师资为目的。第二条，师范学院单独设立，或于大学中设置之，得分男女两部，并得筹设由国家审视全国各地情形分区设立……”遵照教育部训令，西北联合大学设师范学院，下设国文、英语、史地、数学、理化、教育、体育、家政 8 个系及劳作专修科。

7 月，西北联合大学工学院分出独立，与私立焦作工学院、东北大学工学院合组为西北工学院；农学院亦分出独立，与西北农林专科学校合组为国立西北农学院。8 月 15 日，《西北联大校刊》第 1 期出版，刊登化学系本学期经办的重要事项等。9 月，西北联合大学全体学生参加为期 2 个月的集体军训。11 月，《西北联大校歌》歌词报教育部备案，主要内容是：“文理导愚蒙，政法倡忠勇，师资树人表，实业拯民穷；健体明医弱者雄，勤朴公诚校训崇。”学校大多数教师在艰苦的条件下坚持工作，举办了多种形式的社会教育活动，踊跃参加了各种抗日捐助等。

1939 年 1 月 19 日，学校成立“国立西北联合大学抗敌后援会”。4 月 5 日，校常务委员会召开会议，决议通过校训为“礼义廉耻”。6 月 21 日，校常务委员会召开会议，决议各学院各系年度招生人数，师范学院的理化系为 20 人。8 月，教育部训令联大改组。西北联合大学改为国立西北大学，设文、理、法商 3 个学院，医学院独立为国立西北医学院，师范学院独立为国立西北师范学院。

西北师范学院奉部令增设公民训育系、博物系，达到 10 个系和 1 个专修科，各系学制 4 年，劳作专修科学制 3 年。理化系主任为刘拓。

1940 年 4 月 3 日，教育部颁布命令，西北师范学院迁设兰州。6 月 8 日，教育部长陈立夫到校视察，向学生演讲《礼义廉耻》。6 月，西北师范学院院长李蒸亲自率团自城固远赴兰州勘定校址，最后选定了兰州市西郊 6 千米处，黄河北岸傍近甘新公路的十里店为建校的最佳地点。李蒸就此事商呈教育部长陈立夫报部核准在此购置地皮 275 亩（1 亩≈667 平方米）。7 月，甘肃省以临时参议会名义发电欢迎西北师范学院迁移来甘，主要内容是："贵院历史悠久，成绩卓著，海内外蜚声，此闻有奉令迁甘之议，将于西北整个文化推进贡献重大力量，本会代表全甘民众欢迎并愿切实赞助，盼早来临。"西北师范学院经研讨后决定根据教育部命令迁校，并着手迁校准备。

1941 年 4 月，西北师范学院院长再次赴兰州，聘请兰州各界知名人士 29 人组成学校建筑筹备委员会。11 月 1 日，西北师范学院兰州分院举行开学典礼。从这一年起，城固本院的旧生陆续毕业，不再招生，而兰州分院则每年招收新生。该年度，学校在理科研究所增设了化学和生物两部，并开始招生。

1942 年 9 月，学校添设国文、史地、理化 3 门专修科。

1943 年 11 月 12 日，张贻侗在《西北学术》月刊创刊号中发表论文《偶极矩与分子构造》，论文提道："近代常用之物理性质，以考证化学上分子之构造者，偶极矩为其中重要者之一。不但可以判断分子内原子排列之几何形状，原子链互成之角度，以及分子内是否有能旋转之群，且在有机化学之理论上，亦属重要。"并得出结论："偶极矩之研究，对于化学上分子之构造，皆俱重要性。"论文强调了分子结构的重要，有效地宣传了物理化学知识。

1944 年 11 月，学校向兰州迁移完毕，成为西北师范大学的前身。

1945 年 9 月 6 日，抗战胜利后的第一个新学年开学，注册学生达 2 271 人。12 月 1 日，李宗仁参加学校联欢会，并致训词，希望同学们团结一致，克服困难，达成"建国事业，教育第一"的使命。

1946 年 2 月 8 日，教育部令北平师范大学在原址复校，改名为北平师范学院，校址设北平厂甸原址，西北师范学院永设兰州。7 月 1 日，国立北平师范学院在北平厂甸正式成立。10 月 13 日，复校后的北平师范学院设立国文、英语、化学等 12 个系和 1 个劳作专修科，化学系主任为鲁宝重。

1947 年 5 月 20 日，我校师生参与"反饥饿，反内战"游行活动；5 月 29 日，鲁宝重等参与拟定《平津各大学教职员五百余人呼吁和平宣言》。

1948 年 10 月 16 日，国立北平师范学院恢复原名，改为国立北平师范大学。11 月 7 日，理学院教授组织科学教育学会，推定 12 人为筹委，并决定出版数理学丛刊。鲁宝重仍为化学系主任。12 月 11 日，学校正式恢复国立北平师范大学校名。

8 月，北平师范学院共产党员发展到五六十人，民主青年联盟和民主青年同盟的成员发展到一百多人，其中民联的人数较多。12 月，人民解放军包围了北平城，学校党组织根据上级党组织下发的调查提纲，发动同志们对师大的历史沿革、组织机构、人员政治业务情况、重要资产设备、图书仪器、文书档案等秘密进行了全面细致的调查，把调查资料交给了上级党组织。在北平解放时，北平师范大学得以完好无缺地由人民政府顺利接管。

1949 年 1 月 22 日，北平师范大学迎接解放军委员会成立；27 日，《世界日报》刊登北大、师大等 32 位教授签名发表的宣言，拥护毛泽东提出的八项和平条件，推翻反动统治，解放全国人民；31 日，北平解放。2 月 3 日，师大师生参加解放军入城式；9 日，北平联合会办事处主任叶剑英、副主任郭宗汾发布 278 号密令：派钱俊瑞、陈威明赴师范大学“联络并商讨接交事宜”；17 日，北平军事管制委员会文化接管委员会代表到校正式接管。3 月，中国新民主主义青年团师大总支部成立。6 月 17 日，毛泽东主席乘车来到位于和平门内东顺城街 48 号“尚志学会”师大教职工宿舍，会见并宴请了汤璪真、黎锦熙、傅种孙、黄国璋等。6 月，学生自治会改组为学生会，明确了自己的任务是推动学校行政，团结师生，搞好学习。9 月，中国人民政治协商会议第一届全体会议在北平举行，我校多名代表出席。

9 月 27 日，国立北平师范大学改称北京师范大学，同日，中国共产党北京师范大学总支部委员会成立。11 月 1 日，中央人民政府教育部举行成立典礼，从此，我校隶属于教育部管理。12 月 23—31 日，教育部在京召开第一届全国教育工作会议，着重讨论了我校改革并以此为试点推广经验到全国各地师范学校的问题。此时学校仍为 3 个学院、13 个系，理学院包括数学系、物理系、化学系、生物系、地理系。

1950 年，学校实行校长负责制，实行校、系二级管理。1 月，撤销了院制，由从前的校、院、系三级管理改为校、系二级管理，设 10 个系，含化学系。1 月 22 日，学校召开工会第一次代表大会，宣告校工会正式成立，原教职联、工警工会组织同时宣告结束。2 月，开始实行校长负责制，成为中华人民共和国成立后北京地区高校中第一个实行校长负责制的学校。7 月 28 日，中华中学并入师大附中。中华中学成立于 1931 年，是师大进步学生从参加“九一八”南下示威团回来后，为救济东北失学青年开设的。

应校长林砺儒邀请，毛泽东主席为我校题写了校名。

学校师生积极支持抗美援朝。10 月 30 日，师生员工 1 000 多人在大礼堂举行反对美帝侵略晚会。11 月 3 日，全校学生 988 人上书毛泽东主席，表示加紧学习、锻炼身体，以实际行动支援朝鲜人民爱国战争，保卫祖国安全。11 月 6 日，全校师生员工 1 500 人举行抗美援朝保家卫国大会。11 月 7 日，全体师生员工举行反美侵略大会，250 多名自愿报名参军的学生举行了庄严的宣誓。12 月 26 日，我校第一批 35 名学生被录取参加军干校，命名为“毛泽东战斗队”。12 月 31 日，第二批 21 名学生被录取参加军干校，命名为“朱德战斗队”。

1951 年 10 月 26 日，教育部副部长钱俊瑞来校做题为《用毛泽东思想培植人民教师》的报告。11 月，北大、师大土地改革工作团(第十三工作团)，出发赴中南区工作。

▲ **1951 年暑假，北京师范大学新选出的学生会执行委员会执委于学校大门前的合影**

1952 年，辅仁大学并入北京师范大学，辅仁大学化学系并入我校化学系。中华人民共和国成立后，1950 年收回教育主权，1952 年高等学校进行院系调整，辅仁大学停办，并入北京师范大学。原辅仁大学中文系、历史系、西语系(二、三年级)、数学系、物理学系、化学系、生物学系、教育学系、心理学系，共计 53 个班、1 123 名学生，以及相关系科的教师并入我校。中国大学理学院、燕京大学教育系、中国人民大学教育研究室和教育专修班等也先后并入。辅仁大学化学系并入我校化学系。

▲ **化学系 1948 级毕业生与 1949 级毕业生同年毕业时的合影，1952 年 7 月摄于图书馆前。前排是化学系主任鲁宝重教授(捧毛主席像者)和 1952 年毕业生，后面是在校化学系学生(二年级)和部分教师。该图可以说是 1952 年 7 月时化学系师生的全家福**

▲ 合影者站立处是化学系小院南房外大操场最北处。西侧偏南靠墙处建有风雨大操场，是全校师生大会集会时的“礼堂”。化学系小院是三面房的院落，出入口在院落的东北角(不设院门)，院里的房屋均为屋檐铁(镀锡铁)房顶的平房，房前有屋檐和栏杆，砖墁地。系主任的办公室在南房东头，外间是会议室，东房是药品室(两间，煤气厂建在大操场东南角南部斋南端，工艺系和音乐系的琴房均设在南部斋)，其余南房和西房都是实验室。小院北面是一座三层教学楼，其中一层特辟为化学系资料室及化学系教师的工作室，学生很愿意到教师工作室求教，教师工作室每间约 20 平方米。当时，高等学校各学科还没有设立教学研究室。每门课程的教学团队由系主任根据课程需要于开学前指派教师或增聘任课教师

12 月，我校在全国高校中率先建立政治辅导处，实行辅导员制。

本年度，鲁宝重任《化学通报》主编。

本年度，学校进行俄语速成培训，全体教师学俄语。

1951—1952 年，陈光旭参加土改工作队，在湖南省祁阳县工作。

从 1952 年起，在海淀区北太平庄开始建设新校。

1953 年 9 月 16 日，学校举行北太平庄新校址奠基仪式。

本年度，教师队伍充实并年轻化：华东师范大学化学系应届毕业生 7 人(罗明润、陈淑华、刘伯里、吴永仁、程蓉荪、周振群和陈孝先)分配到北京师范大学化学系。应教育部要求办“师范专科学校师资培训班化学组”，各院校抽调优秀应届毕业生 10 余人，由胡志彬、刘若庄等教师执教，经半年培训，陈垣校长发毕业证书。8 月，陈文琇、尹承烈毕业留师大化学系任教。

1954 年 3 月 5 日，南、北校分别召开纪念斯大林逝世周年大会。12 月 29 日，全校师生 5 000 余人集会，拥护周恩来总理的声明，反对美蒋“共同防御条约”。

11 月 22 日，我校制订了《关于培养研究生工作的若干决定》《关于采取个别进修形式的进修员工作的若干规定》。本年度，学校开办了马列主义基础、化学等 6 个研究班及 2 个进修班。主校区由和平门外新华街旧址陆续迁入新校址。

12 月 17 日，苏联化学专家瓦利科夫到校工作。12 月 28 日，化学系召开全体师生大会欢迎苏联专家瓦利科夫。

▲ 1954 年五四青年节，学校邀请劳动模范李国珩(前右四)来化学系与青年教师座谈，会后于定阜大街校门前合影

1955 年年初至 1956 年 7 月，教委派苏联专家瓦利科夫来北京师范大学化学系办物理化学进修班。全国各校派教师来师大化学系进修，共 40 多人，这些教师进修毕业后成为各校该学科的骨干教师。瓦利科夫除了教物理化学，还教无机化学，他在课堂上做生动的演示实验(如氢和氧在某比例混合条件下发生爆炸的课堂实验)。在瓦利科夫离开后，由他当时的助手——本系教师陈伯涛将他的全套实验整理成册，在各院校教学中迅速推广，很受欢迎。

7 月，学校以化学系为试点，开办函授班，首期招收 75 名学员。

8 月 3 日，教育部批准我校呈报的《北京师范大学研究生培养工作暂行办法》。9 月，学校教育系、生物系、图书馆、警务处、物理系、化学系、中文系、数学系先后成立了 8 个部门工会委员会。12 月 24 日，中国共产党北京师范大学第一次党员代表大会召开，大会开了 2 天后因故暂停，中间休会 5 个月，于 1956 年 5 月 13 日继续进行。

▲ 1955 年五四青年节期间，化学系青年教师在什刹海前海岛上合影

1956 年，学校师生庆祝社会主义改造成功。1 月 11 日，为庆贺资本主义工商业全部实行公私合营，团委会组织了 160 名学生代表，分别到新四区圣济堂国药店和永丰化工厂向青年职工祝贺。1 月 12 日，为庆贺手工业全部实现合作化，全校师生员工 4 000 多人组成“贺喜队”参加全市手工业者的庆贺游行队伍。1 月 15 日，师生代表 480 多人到天安门同全市各界人民共同庆祝首都社会主义改造的胜利。

11 月 1 日，我校师生员工 4 000 多人集会，抗议英法武装侵略埃及。11 月 2 日，师生员工 5 000 多人参加游行，支援埃及人民的反帝斗争，抗议英法武装侵略埃及，向英国驻我国代办宣读并递交了抗议书，向埃及驻我国大使馆递交了声援书。11 月 6 日，我校师生员工举行大会，庆祝十月社会主义革命 39 周年。

7 月 25 日，学校开办了 5 年制正规函授班，函授教育扩大到 7 个系(化学、中文、历史、地理、教育、物理、生物)，函授生达 1 007 人。

8 月，化学系鲁宝重教授等赴上海参加理科教学大纲讨论工作。10 月，化学等 6 个系的四年级学生被分配到中等学校实习。本年度，《北京师范大学学报(自然科学版)》创刊。

9 月 15 日，九三学社师大区支社隆重举行欢迎新社员大会，这次被批准入社的和正在审批中的成员有刘若庄、陈信泰等。

12 月 23 日，召开校工会第三次代表大会，大会选出了鲁宝重等 27 人为新一届校工会基层委员会的委员，12 月 28 日，校工会第三届委员会召开第一次会议，推选鲁宝重为校工会主席。

本年度，王桂筠任化学系党总支书记。

▲ 1956 年 7 月，化学系青年教师于原辅仁大学后花园合影，园内建有长廊

1957 年 4 月，教育实习开始，按照教育部新规定，这次实习将三年级学生的教育实习由 6 周改为 4 周，四年级的教育实习由 6 周改为 8 周。7 月 30 日，全校集会纪念“八一”建军节 30 周年，杨成武上将在大会上做报告，勉励同学们继承革命传统，永远听党的话。

本年度，学校师生参与了整风运动。

1958 年 1 月，学校首先将数学、物理、化学、生物 4 个系的学制由 4 年改为 5 年，实行半工半读，并且要求本科生在毕业时，达到研究生的水平。本年度，首都各高等学校学生和青年教师集体编写大批各学科的书籍，我校与北京大学、清华大学、中国人民大学等 7 校的学生和青年教师，在两三个月中编写出书稿 300 多本。

化学系为创办新的专业准备人才。1958 年在国内外形势的影响下，如 1955 年国际上首次召开原子能和平利用会议。化学系领导派教师刘伯里、陈文琇到原子能研究所，学习放射化学和辐射化学(约 1 年)。

学校师生参与“双反”运动和劳动锻炼。2 月 27 日，学校 170 多名教职员到十三陵水库工地参加义务劳动。4 月 30 日，召开修建十三陵水库工程义务劳动动员大会。5 月 4 日，召开支援修建十三陵水库工程义务劳动誓师大会，化学系编入三团，命名为叶挺团。5 月 6—18 日，我校 3 300 人的劳动大军赴昌平县参加修建十三陵水库的义务劳动。3 月，学校开展反浪费、反保守的“双反”运动。6 月 15 日，新校图书馆开始动工兴建，广大教职学工都参加了修建图书馆的义务劳动。7 月 9 日，开始兴建硫酸厂、玻璃厂和肥料厂。当时，陈文琇下放在昌平西南永丰屯乡车铺头村，同时下放的化学系教师还有刘知新等。9 月 7 日，学校“红旗”民兵师成立，坚决拥护周总理关于台湾地区局势的声明。9 月至 12 月，化学系四年级和二年级很多学生在甘肃省多地参加炼钢铁，分析化验原料和产品，培训化验员，吴国庆等老师在天水地区陇南徽县度过。在校的师生大搞科研，做单晶硅，办化工厂，用石碾子推磨化学原料，形成群众运动。

1959 年，北京师范大学被中共中央指定为首批全国重点大学。4 月 11—23 日，我校第二次党员代表大会召开，提出今后的任务，要求结合教学和国家建设需要，开展科学研究、学术讨论、学术批评的活动。科学研究要尖端和一般并举，基本理论研究和解决实际问题相结合。6 月 19 日至 7 月 21 日，教育部部长杨秀峰在我校进行调研，听取校系领导及团组织的工作汇报，并与部分同学进行座谈。10 月，受政策影响，学校强调知识分子劳动化，组织师生支援密云水库的基建工程，同时参加农村的社会主义教育运动。学校在北京郊区顺义县牛栏山建立起一座农场，占地 400 亩。本年度，开始使用新建图书馆。

1960 年，化学系增设放射化学专业。

1961 年，化学系招收原子能专业的第一批 3 年制硕士研究生。

4 月，生物系生化教研室邀请中国医学研究院实验研究所生化系主任梁植权先生来校做关于蛋白质理化性质测定的报告。

5 月，化学系举行“门捷列夫周期律”学术报告会。

本年度，刘若庄被评为北京市文教先进工作者。

1962 年 3 月，学校布告增设人民武装部。

4 月 13 日，鲁宝重任《北京师范大学学报(自然科学版)》主编。

5 月 5 日，学校举行建校 60 周年庆祝大会，学校的老校友、教育部部长杨秀峰参加了大会。

10—11 月，化学等系四、五年级学生举行 2～4 周的教育实习。

本年度，化学系鲁宝重教授编纂《酶学概论》著作。

1963 年 10 月 7 日，化学系五年级学生到中学进行教育实习。本年度，钱桐伯筹建化工厂 3 个生产车间(硝酸钾、异戊醇、树脂)，该厂为各系教师的劳动基地，年收入几十万元全部上交学校。

1964 年 6 月 19—22 日，我校 4 250 名师生员工分两批到通县参加夏收、夏种的生产劳动。

1965 年 7 月 29 日至 8 月 2 日，中国共产党北京师范大学第四次代表大会召开。

▲ 化学系 1965 届毕业生于定阜大街校区大操场合影(合成照片)，背景为原辅仁大学教学楼。该图是化学系 1965 年毕业生与老师的全家福

1966 年，校领导亲临指导原子能专业的创建。化学系建造放射性操作的专门化实验室，并在国内高校首先自行设计辐射化学专用的^{60}Co 辐射源装置。陈文琇当时为总支副书记，分管系里的科研工作。

3 月 1 日，学校副教务长、九三学社中央委员、化学系原主任鲁宝重教授逝世，享年 63 岁。3 月 4 日，师生代表 600 余人举行公祭，缅怀鲁宝重教授。

本年度学校掀起学习毛主席著作的新高潮。

1967 年 7 月，化学系开办“五七”化工厂。12 月 18 日，学校召开掀起认真学习、坚决执行《毛主席论教育革命》群众运动高潮誓师大会。

1968 年 3 月，化学系开办的“五七”化工厂首批产品出厂。

6 月 7 日，《井冈山报》发表报道，内容是：以毛主席教育革命思想为指针，本校陆续编写出新学制中小学教材和相应的教学大纲。新教材包括了 4 年制中学全套数学、物理、化学、英语教材和 5 年制小学全套语文、数学教材。7 月 8 日，学校召开了 1967 届毕业生誓师大会，坚决响应毛泽东主席号召，到农村去，到边疆去，到工矿去，到基层去。

1969 年 6 月 16 日，学校 400 名师生前往东方红炼油厂参加石油会战。

1970 年 7 月，上级决定我校 1969、1970 届毕业生暂缓分配。

1971 年，陈垣校长逝世。

1972 年 1 月，各系建立教改小组，化学等 9 系的部分教师在校内外开展调查研究，学习教改经验。2—3 月，学校进行 1969、1970 两届毕业生毕业教育及工作分配。9 月 1 日，化学等 4 个专业的师资训练班举行开学动员大会，300 余名学员参加了训练。

1973 年 9 月 12—15 日，学校举行第一届工农兵学员开学典礼，850 名工农兵学员入校学习。我校在停止招生 7 年之后，开始招收 3 年制本科生。

12 月 31 日，学校党的领导小组会议决定各系抽调学生下乡参加党的基本路线教育。

1974 年 9 月 29 日，900 多名工农兵学员入校。

本年度，学校开门办学情况：建立开门办学点 203 个，参加开门办学活动学生 1 978 人次，教师 738 人次；举办各种短训班、业余学习班 134 个，举办各种技术讲座 17 次，开门办学结合项目 45 项，新编教材 50 本/种。

1975 年 8 月 18—20 日，中国共产党北京师范大学第五次代表大会召开。9 月 17 日，1975 级工农兵学员陆续入校。

9 月，陈文琇参加筹建辐射研究与辐射加工学会，成为我国从事辐射化学工作的开创者之一，任该学会的常务理事，同时任《辐射研究与辐射加工学报》的编委。2002 年学报改编，我系教师包华影担任编委。

1976 年 1 月 8 日，周恩来总理逝世，全校广大师生员工以各种方式举行悼念活动。8 月，全校师生投入唐山地震抗震工作。9 月 9 日，毛泽东主席逝世，全校师生员工怀着极其沉痛的心情以各种方式悼念。

7 月 21 日，学校举行首届工农兵学员毕业典礼。10 月 6 日，中共中央政治局粉碎了江青反革命集团，结束了“文化大革命”。10 月 21—23 日，6 000 多名师生员工分别由党委负责人带队，走出校门，分批上街，同首都军民一道涌向天安门，举行声势浩大的庆祝游行。本年度，北京师范大学师生以各种方式实行开门办学，化学等 4 个系及无线电专业的学生到校办工厂一边学习一边生产。

7 月 7 日，校党委办公室发出“关于重新建立教研室”的通知。

本年度，化学系刘若庄教授写出了国内第一篇运用量子化学计算方法研究实际体系的论文《氧离子注入砷化镓的理论问题——载流子补偿机理探讨》，这篇论文较好地解释了砷化镓在氧离子注入后的半导体特性，发表在国际量子化学杂志上。

1977 年，学校师生员工代表到毛主席纪念堂工地参加劳动，学校师生热烈庆祝中国共产党第十一次全国代表大会召开。

国家恢复高考制度。7 月 26 日，学校举行 1977 届工农兵学员毕业典礼。北京师范大学招生工作按文件规定在第四季度进行，新生于 1978 年春季入学。

8 月 18—19 日，学校召开首次科技大会。10 月 12 日，经校党委研究决定化学等系重建教研室。11 月 18 日，学校召开了“向科学技术进军”誓师大会。本年度，刘若庄被评为北京市科学技术先进工作者。

1978 年 2 月，1977 级新生录取工作全部结束，这是改革高考招生制度后的第一届新生。4 月 8 日，学校召开全校教职工大会，传达科学大会精神，化学系被纳入先进集体课题授奖名单。4 月 30 日上午，党委召开党总支书记、系主任会，布置关于提升教师职务的工作，并通过校评议委员会名单，名单中有化学系胡志彬教授。7 月 27 日，1978 届毕业生毕业典礼举行，景山校区教育组负责人、化学系 63 届毕业生崔孟明做报告。10 月 28 日，学校举行了秋季田径运动会，化学系获教工男女团体总分第一名。12 月，全校师生认真学习党的十一届三中全会公报。

胡志彬任化学系主任，工作重心逐渐转移至教学和科学研究。2 月 18 日，刘若庄副教授成为出席全国科学大会特邀代表。本年度全国科学大会，化学系获国家自然科学大会奖的成果有：放射化学研究室与生物系合作的“碘^{131}-6 位碘代胆固醇”“钴^{57}-争光霉素等亲肿瘤阳性扫描剂研究”及刘若庄主持的“配位场理论”。4 月，我校恢复行政机构，胡志彬任化学系主任，徐禾、鲁友章任副系主任。9 月 6 日，我校首次举行科研情况介绍会，会上化学系副教授刘若庄等分别介绍相关学科的发展情况。

9 月 21 日，著名量子化学家唐敖庆建议，由吉林大学、山东大学、北京师范大学、厦门大学、四川大学、云南大学共同举办量子化学研究生、进修生班，教育部批准这一建议。

化学系在感光树脂版领域取得多项产学研成果。3 月，北京师范大学校化工厂、印刷厂与一二〇一工厂共同组成的科技人员、工人和干部三结合小组，初步试制成了固体不饱和聚酯感光树脂版。在市液体感光树脂版研究小组研究的基础上，由北京师范大学校化工厂和北京商标印刷一厂等单位共同试制成功了液体固化型光敏树脂。化学系、北郊木材厂研制成功快速固化感光涂料。

陈文琇任化学系放辐化研究室主任，放辐化研究室取得多项产学研成果。化学系放辐化研究室在中国医科院心血管疾病研究所协作下研制成功人血清狄戈辛(地高辛)放射免疫测定，成果已用于临床，效果良好。放辐化研究室在医科院西南分院工作的基础上合成了碘^{131}-6位碘代胆固醇，达到国内先进水平。放化组负责的“医用标记化合物研究”获北京市科技成果奖三等奖。9月21日，经校党委研究决定，同意陈文琇任化学系放辐化研究室主任，刘伯里、金昱泰任副主任。

本年度，教育部举办出国进修教师英语考试，化学系张文朴、王德昭、王学斌、吴国庆、李启隆、朱文祥等参加考试，以访问学者身份出国进修。

1979年，学校加强“教学、科研”两个中心建设。1月4日，教育部、国家科委、农业部联合召开高校科研工作会，研究如何把高校建设成为教学、科研两个中心。1月15日，党委常委会讨论并通过关于在教职工中对工作成绩突出者按2%比例确定提级名单及提升讲师名单的决议。2月1—2日，学校按照中国共产党北京市委的统一部署，协助开办两所分校，第二分校设数学、物理、化学、生物、地理5个系，共招收学生532人。2月，校党委分别召开老教师和中年教师座谈会，研究如何把工作重点转移到教学、科研两个中心建设上来。9月17日，经教育部批准，《北京师范大学学报(自然科学版)》自1980年起在国内外公开发行。

化学系师生积极参加学校相关工作。3月24—25日，共青团北京师范大学第八次代表大会举行，选出了第八届团委会，其中常委13人，我系苗中正入选。5月4日，为了加强对科研工作的领导，学校成立了学术委员会。自然科学分会副主任委员是陈光旭，委员有我系刘若庄、刘伯里、严梅和、胡志彬。6月4日，校爱国卫生运动委员会调整名单，委员中有胡树永。6月28日，民主党派恢复活动，应邀参加会议的有市九三分社副主任胡志彬。6月，教育系召开学制问题座谈会，化学等系的教师参加。10月24日，学校举行新生运动会，化学系获团体总分第5名。

6月，师大化学系教师陈文琇受邀参加第六届“国际辐射研究大会”，并在会上宣读论文“On Polyethylene Film Dosimetry”，是我国第一篇刊在*Radiat*上的文章。9月6日，美国加利福尼亚大学药物化学系化学和药物化学教授彭勤蓝先生应邀来我校讲学。9月14日，刘若庄等被提升为教授。

7月17日，校党委常委会决定钱桐伯任化学系副主任。8月15日，校党委任命刘玉珍、王丕绩为化学系党总支副书记。

4月25日，化学系感光树脂研究室成立，工作重点是研究感光性的各种不饱和聚酯树脂和新型光敏涂料等课题。11月22—23日，北京市技术交流站和化学系感光树脂研究室联合召开的聚酯腻子技术鉴定会在我校举行，来自北京、天津、辽宁、陕西、山东等地24个单位的代表出席了会议。11月底，化学系感光树脂研究室提前完成全年生产任务，其中异戊醇的生产，早在9月就已超额完成，到年底，总产值达到100万元，超额11.2万元，为学校提供资金1.5万元。11月，松香封端不饱和聚酯树脂研制成功，煤炭部和化学系感光树脂研究室联合召开技术鉴定会。参加松香封端不饱和聚酯树脂试制工作的化学系感光树脂研究室、煤炭科学研究院建井研究所和淮南矿务局玻璃钢厂，分别在会上做了研制报告。解放军某部和辽宁台吉煤矿的同志介绍了这种树脂的使用情况。这种树脂具有造价低、抗压、抗弯、锚力高等特点，在抗水、抗碱、抗酸、抗腐蚀等方面也比通用型的树脂好。本年度，周菊兴主持的"用于制作印刷版的液体感光树脂 143 号和平友好 30 号"获北京市科技成果奖三等奖。

1980 年 1 月 29 日，学校党委听取低能所核物理所和放辐化研究室关于国家科委五局下达研制一台等时性回旋加速器任务的汇报，成立研制领导小组，组员有钱桐伯、刘伯里、金昱泰。4 月 28 日，化学系放辐化研究室与中国医学科学院基础医学研究所等单位协作，研制成功环磷酸鸟苷(cGMP)放射免疫测定法测定箱，并在中国医学科学院召开该项成果鉴定会。11 月 3 日，日本大阪大学产业科学研究所高分子辐射化学部教授林晃一郎夫妇来华讲学并参观我校。12 月 23 日，北京市辐射中心和我校放辐化研究室联合召开会议，放辐化研究室的陈文琇介绍第 3 届国际辐射工艺会议情况。

4 月 28 日，在中国科学技术协会、中国化学会的领导和北京师范大学化学系的支持下，《化学教育》创刊，编辑部设在北京师范大学化学系，由中国化学会化学教育委员会主任、北京师范大学化学系教授陈光旭担任主编。从此，《化学教育》就和北京师范大学化学学科一路同行，直至今日。

2 月，化学系教师陈文琇参加核学会并做主题为"原子能在国民经济中的应用"的科技报告。6 月 25 日，全国《化学工程基础实验》教材审稿会议在化学系召开，17 所理科及师范院校的代表和 3 所工科院校的特邀代表 24 人参加。

1 月 30 日，感光树脂研究室从杂醇油中分离出一种能对偏振光发生向左旋转作用的一级戊醇——活性戊醇，填补了我国这一产品的空白。3 月 31 日，北京市科技成果发奖大会上，王学斌主持的"环磷酸鸟苷(cGMP)的放免测定"获科技成果奖三等奖。

7 月 21 日—8 月 2 日，我校举办近代物理化学实验暑假讲学班，邀请美国东田纳西大学化学系主任黄道行教授讲近代动力学实验、计算机数据处理和质谱等内容。7 月，比利时布鲁塞尔自由大学物理化学研究所教授尼柯里斯应邀来校讲学。

年初，化学系教师陈伯涛被教委任命为教育部综合大学和高等师范学校理科化学教材编审委员会委员。6 月 4 日，北京师范大学高等教育学会成立，理事有杨兆英、刘知新。6 月 6 日，校工会第七次代表大会结束，选举产生第七届工会委员会，杨葆昌任经费审查委员会主任。6 月 26 日，出席全国师范教育工作会议的代表 200 余人来校参观。8 月 21 日，世界银行贷款办公室决定给我校第一个大学发展项目贷款 580 万美元。9 月 2 日，党委决定，将教育部给我校的贷款分配给理化实验室 50 万美元，并确定相关的专家胡志彬、刘若庄参加顾问小组。10 月 7 日，中国共产党北京师范大学第六次代表大会开幕，教育部部长蒋南翔、北京市委第三书记贾庭三等出席开幕式，会议选举党委委员 35 人，其中有何家斗同志。本年度，北京市召开优秀学生政治工作表彰大会，系专职团干部李连江受到表彰。

1981 年，化学系总务组事务组、化学系器材室等获省部级表彰。2 月 21 日，北京市召开高等院校总务系统先进集体、先进个人表彰大会，化学系总务组事务组被评为北京市先进集体。11 月 26 日，学校召开清产核资总结表彰会，会上传达了教育部清产核资总结表彰大会精神，党委常委郭敬代表党委和学校给先进集体和个人颁奖，受教育部表彰的集体有化学系器材室。

在改革开放政策引领下，科技工作的开展如雨后春笋。3 月 30 日，化学系傅孝愿副教授赴美国参加国际量子化学讨论会，她在会上宣读的《组胺及其衍生物的质子化能及异构化能的计算》论文受到好评，并在优秀 Poster 发奖大会上获得优等奖。4 月 15—24 日，英国皇家军事科学院教授、国际知名辐射化学专家查里斯贝来我校放辐化研究室讲学。4 月，在我系召开棉竭带卷叶蛾性外激素（俗名苹小卷叶蛾性外诱剂）的合成和应用研究成果鉴定会，出席会议的有市科委三处、中科院北京动物所等单位，与会代表一致认为，有机教研室在 1977 年合成的棉竭带卷叶蛾性外激素在纯度、理化性质、诱蛾活性等方面达到了国内同类产品的水平。5 月 27 日，学校举办理科学术委员会全体委员会议，会议通过了 11 个重点学科，我系有机合成、量子化学榜上有名。7 月 11—12 日，陈光旭、刘若庄等参加在北京举行的教育部授予学位单位评议会议。7 月 15—30 日，墨西哥国立自治大学理论物理研究所所长诺瓦若博士来我系讲授量子化学。11 月 3 日，物理化学、有机化学被批准为首批博士学位授权学科，刘若庄、陈光旭等教授被批准为首批博士生导师，放射化学被批准为首批硕士学位授权学科。

4 月 16—19 日，教育部在上海建立第一个采购供应站经销门市部并举办第一次展销会，我校光电仪器厂和化工厂生产的 10 余种产品在展销会上展出，受到客户欢迎。6 月 10—12 日，北京市科委委托市建材局和我校联合召开了木纹印刷光敏涂料技术鉴定会，来自全国 24 个有关单位的 37 名代表，对我校化工厂研制的木纹印刷光敏涂料进行了认真的审查。

2 月 8 日，九三学社师大支社举行春节茶话会，会后，支社委员讨论确定由陈光旭任主任委员。7 月 29 日，教育部部长蒋南翔向校党委几位主要负责同志传达了 7 月 17 日邓小平同志针对思想战线上的问题的重要讲话。9 月 14 日，纪念鲁迅先生 100 周年诞辰大会举行，教育部部长蒋南翔等参加。9 月 25 日，鲁迅诞生 100 周年，校党委决定成立鲁迅诞生 100 周年纪念委员会。

12 月 1 日，党委决定何家斗任后勤党总支书记，免去其化学系党总支书记职务，刘玉珍任化学系党总支书记，孙兆祥任化学系党总支副书记。

1982 年，学校师生加强政治学习，庆祝建校 80 周年。1 月 5 日，我校全体毕业生到人民大会堂参加首都高校应届毕业生报告会，听取副总理做报告，报告提出 5 点要求：坚持四项基本原则，坚持理论联系实际，虚心向工农群众学习，保持青年人革命朝气和实事求是精神，安排好生活锻炼好身体。1 月，全校师生学习了《关于建国以来党的若干历史问题的决议》。1 月 18 日，教育部外事局来函，同意我校为庆祝建校 80 周年向台湾校友发出邀请。4 月 2—3 日，校第九次团代会召开，我系李连江、苗中正为第九届团代会委员，苗中正任副书记兼学生会秘书长。4 月 15 日，学校广大干部和教职工踊跃认购国库券 97 150 元。4 月 20 日，学校党委决定在招收研究生的系所设置政治辅导员。6 月 25 日，校庆委员会成立，胡志彬为成员之一。7 月 20 日，经校党委研究决定，刘玉珍任化学系党总支书记，孙兆祥任党总支副书记。9 月 30 日，我校老校友、教育部原部长杨秀峰专程来校祝贺建校 80 周年。10 月 3—4 日，学校举行建校 80 周年庆祝活动，教育部部长何东昌、北京市委书记刘导生到会并讲话。

以唐敖庆教授为首、刘若庄教授为主要作者之一的“配位场理论方法”获 1982 年国家自然科学一等奖。国家教委批准我校成立量子化学研究室，属于物理化学学科。

3月9日，教育部部属高等院校的校办工厂和研究所产品展览会在北京农展馆开幕，化学系化工厂的79-1不厌氧光固化涂料等产品参展。8月15日，我校开始招收攻读博士学位研究生。本年度，低能核物理研究所和化学系等单位，用国产加速器在国内首次完成了聚乙烯发泡片材的辐射交联工艺研究，为工业生产提供了理论依据。化学系完成的“自熄性不饱和聚酯树脂”等通过鉴定。陈光旭、徐秀娟关于曼尼希反应的研究具有一定学术价值和实际意义。余尚先主持的“木纹印刷光敏涂料”获北京市科技成果奖二等奖。1981年12月至1982年6月，化学系教师陈伯涛组织联合编写高等师范院校试用教材《无机化学》(上、下册)，该书多次出版。

2月14—16日，“无机离子交换剂”验收鉴定会在我校召开，化学系放辐化研究室做了6场科研报告。与会者一致通过了这一科研项目，认为该科研项目与国外同类项目相比，有所创新和发展，是一项有价值的成果。无机离子交换剂对于设计原子反应堆后处理厂提取^{137}Cs和^{90}Sr提供了依据，也为同位素的应用和放射性废物的处理提供了新的途径。该科研项目是由二机部第二研究设计院提出，由国防科委下达给我校化学系的。化学系放辐化研究室的老师们经过两年半的辛勤劳动，于1981年研制成功。原子能研究所副所长、中国科学院学部委员汪德熙，二机部五局副局长、中国科学院学部委员吴征铠，二机部第二研究设计院副总工程师柯友之，二机部顾问、高级工程师李维时等放射化学专家，以及北京大学技术物理系、清华大学核能研究所等单位的代表70人，参加了鉴定会。

1月28日，教育部批复同意我校24名学位评定委员会委员，其中有陈光旭。4月9日，教育部成立中国专家评议委员会，负责审议世界银行贷款和进口物资，我系陈维杰被聘为委员之一。5月4—31日，化学系1978级学生到中学进行教育实习。

1983年 3月3日，教育部批复同意化学系刘伯里副教授应美国纽约州立大学邀请于1983年6月访美从事研究工作2个月。11月13日，教育部批复同意我校化学系与美国纽约州立大学进行放射性药物合作研究。1982—1983年，陈文琇应邀为美国马里兰大学技术物理系副研究员，完成3～4篇论文。本年度，中日辐射化学专家联合举办辐射化学学术讨论会，每两年一届，陈文琇为讨论会组委，并数次担任会议主席或副主席。

5月27日，学校党委批准化学系行政领导选举结果，吴永仁任化学系主任，刘伯里、王德昭、钱桐伯任副系主任。

3月30日，胡志彬教授当选市政协常委委员。5月24日，原任第五届全国政协委员的严梅和教授，被推举为第六届全国政协委员。12月20—23日，化学系刘知新等代表出席北京市教育工会第四次代表大会，学校刘亚堉当选市教育工会第四届委员会委员。

5月3日，学校新提升8名副研究员，我系有翁皓珉。5月11日，学校新提升副教授98名，我系有李大珍、陈子康、张文朴。8月，化学系举办暑期讲习班。9月17日，学校派出4名教师赴西藏工作半年，我系有陈子康、吴本佳。

9月29日，经校长办公会批准，我校新建的理科科研机构有我系有机合成研究室、放辐化研究室。

化学系余尚先在日本进修了2年，合成了5种新的感光树脂，对这一领域的发展做出了贡献，5项研究成果都被日本的一些大企业申请了专利。他还在《日本化学会志》和1983年召开的日本第32次高分子年会上，发表了水平较高的学术论文和研究报告，受到了日本学术界的重视。4 月 12 日，由周菊兴等同志初试，又经感光树脂研究室与无锡前州玻璃钢化工厂共同实验成功的锡山牌 S-906 自熄性聚酯树脂通过鉴定，该项技术当时在国内居领先地位。11 月，化学系与北京塑料纽扣厂协作，研制成功第四代切削成型珠光不饱和聚酯树脂纽扣，这项新技术通过了鉴定，填补了当时国内空白。本年度，周菊兴教授等完成的“松香改性不饱和聚酯树脂”获 1983 年国家发明三等奖。

1984 年 1 月 13 日，无机化学、分析化学通过为硕士学位授予学科。

1 月，我校被确定为国家重点建设的十所大学之一。8 月 8 日，我校是国务院批准第一批试办研究生院的高等院校之一。

6 月 8 日，陈光旭、徐秀娟主持的“芳香胺参加的曼尼希反应”项目获北京市科学成果奖三等奖。6 月 22 日，化学系举办科技活动日，上午教研室举行专题学术报告会，下午举行全系学术报告会，王梓坤校长参加了这一活动。12 月 26 日，陈文琇、吕恭序、贾海顺“聚乙烯膜剂量计”通过鉴定。

11 月 28 日，免去王德昭化学系副主任职务，调任师资培训中心副主任。12 月 14 日，学校任命吴国庆、程泉寿、容军为化学系副主任。本年度，化学系引进气相色谱仪、紫外可见近红外分光光度计、电感耦合等离子体光谱仪、气相色谱/质谱仪等。

1985 年，化学系产学研成果丰硕，多项成果填补了当时国内空白。1 月，余尚先、周菊兴等研制的专用不饱和聚酯树脂、BD-3 单液型 PVA 系丝印感光胶通过了有关部委鉴定，并投入批量生产，取得较好的经济效益。北京农业大学植保系与我校化学系协作研制成功的防治番茄病毒的 Ns-83 耐病毒诱导剂，由农牧渔业部主持通过鉴定，并开始批量生产。3 月 9 日，化学系尹承烈副教授与有关教师合作研制的腈纶荧光增白剂通过了技术鉴定。5 月 21 日，化学系无机教研室稀土卤化物科研小组与低能所联合研制成功的 RA-1 型稀土卤化物灯通过技术鉴定。6 月 20 日，化学系无机教研室研制的 BSD-包核蓝色颜料通过技术鉴定，填补了当时中国化工颜料的又一项空白。7 月 5 日，化学系应用化学研究所、阜外医院和原卫生部药品生物制品检定所，联合主持了“新的心肌灌注显像剂 ^{99m}Tc-特丁基异腈的研究及临床应用”的成果鉴定会，此项研究成果填补了国内空白。7 月 25—30 日，化学系将钼红颜料、钼黄颜料、包核蓝颜料这 3 种新开发的颜料品种无偿转让给延安地区，以先进的科学技术支援革命老区的经济建设。受延安地区的邀请，自然科学处和化学系组成的考察学习小组，赴延安学习和实地考察，并具体落实上述成果无偿转让的签字事宜。12 月 14 日，高分子材料研究室研制的“桐油改性不饱和聚酯树脂”科研成果通过技术鉴定。

1 月，刘若庄教授的《化学反应机理及反应途径的量子化学研究》一文，在 1984 年年底美国夏威夷举行的“泛太平洋化学大会”上报告后，得到了国际量子化学研究专家们的极高评价。6 月 11 日，学校第二届学位评定委员会成立，有化学系刘若庄教授。9 月，化学系量子化学研究室主任刘若庄教授应墨西哥国立自治大学的邀请进行讲学，并被该校授予“Moshinsky”讲座访问教授。这一称号该大学每年仅授予国际上有突出成果的教授。11 月，第二次中国感光研究会代表大会和学术报告会在成都召开，化学系感光树脂研究室余尚先当选该研究会的理事。11 月 7—9 日，化学系与中国医学院阜外医院、原卫生部药检所在我校举办新的心肌灌注显像剂 ^{99m}Tc-TBI 学习交流班，来自 16 家医院和科研单位的同志参加了这次学术活动。

本年度海淀校园化学楼(2～9层，17 800平方米)开工建设。

10月19日，经校党委会决定，批准中国共产党化学系总支委员会的选举结果，同意由孙兆祥、郝淑荣、李连江、何少华、何绍仁、刘云起、吴永仁组成中国共产党化学系总支委员会，孙兆祥任党总支书记，郝淑荣、李连江任党总支副书记。

1月25日，学校建立研究生院。6月9日，学校心理测量与咨询服务中心成立。12月20日，经校长办公会讨论，吴永仁兼任应用化学研究所所长，容军兼任应用化学研究所副所长。

1986年，化学系多项成果获省部级奖励。3月28日，在北京市委和市政府召开的全市科技工作会议上，应用化学研究所研制的“不饱和聚酯树脂纽扣中试”项目获市级科学技术进步奖二等奖，化学系研制的“新的心肌灌注显像剂”和“^{99m}Tc-特丁基异腈的研究”项目、化学系从事的“左旋18-甲基炔诺酮的体内过程及药代动力学研究”项目获市级科学技术进步奖三等奖。5月，由国家教委颁发的科技进步奖中，余尚先主持的“感光性高分子的基础研究及应用开发”获国家教委科技进步二等奖，刘若庄主持的“有机反应机理、分子间作用力的量化研究”与周菊兴主持的“纽扣专用不饱和聚酯树脂与S-906，6BJ-x2，自熄性不饱和聚酯树脂”获国家教委优秀科研成果奖。这次奖励是教委系统首次颁发的科技进步奖，主要是对1978年以来科研成果的总结。7月1日，系主任吴永仁同志被授予北京市优秀共产党员称号。顾江楠负责的课题“连续法合成光刻胶”、刘伯里负责的课题“局部脑血流量与血流速度测定及有关食品研制”和王学斌负责的课题“心肌梗死病人估计愈后方法的研究”、陈文琇负责的课题“耐辐射一次性塑料注射器材料国产化研究”获国家级“七五”攻关项目。本年度，陈文琇被聘为辐射中心学术委员。

5月16日，与北京第二量具厂联合研制的含氰电镀废水处理装置——ZLQ-100型减压蒸发器正式通过生产鉴定，批量生产并投放市场。11月3日，由化学系研制成功，由江苏省无锡市前洲纽扣树脂厂投入试生产的锡山牌B-701纽扣专用不饱和聚酯树脂通过产品鉴定。12月14日，应用化学研究所与原兵器部协作研制的“导静电不饱和聚酯树脂地面”技术，在山西阳泉市通过部级鉴定，该项技术成果填补了当时国内空白。

5月20日，国家教委批准我校成立实验仪器厂。9月，化学系新增刘伯里为博士生导师。11月17—19日，物理化学、放射化学、有机化学被评为学校重点学科。本年度化学系引进的大型设备有气相色谱仪、液相色谱仪、元素分析仪、旋光仪、红外分光光度计等。

本年度，北京回旋加速器放射性药物实验室成立，是北京师宏药物研制中心的前身，刘伯里为董事长。

自1986年起，吴国庆为中国化学会中学生化学奥林匹克竞赛组织者之一，本年度任中国观察员赴荷兰参赛。1989年，1991—2002年领队出国参赛。1995年在北京主办第26届竞赛时，吴国庆任学术委员会主任，为试题负责人并主持大会颁奖。

本年度，刘伯里任应用化学研究所所长。

1987年，化学系积极开展学术合作交流。2月28日，吴国庆任校高等教育研究会理事会理事。3月27日，国际原子能机构委派匈牙利籍辐射化学专家茨维科夫斯基来我校为化学系放化研究室进行技术咨询和专家服务。4月24日，刘若庄教授获准担任1987—

1988 年度高等学校接受访问学者指导教师。6 月 11 日，日本京都大学工学部石油化学研究室教授键谷勤应化学系聘请担任学校客座教授，颁发聘书仪式在学校举行。10 月 25 日，胡志彬教授等参加全国第四届电化学会，并做报告。11 月 23 日，日本九州大学高桥郎平校长、放射性药物化学分子教授小岛正治来校洽谈两校合作问题，校长王梓坤、教务长张兰生、化学系负责同志等参加了会谈。本年度，与英国东北威尔士大学协议学术交流，派青年教师包华影、贾海顺参加相关研究项目。

4 月 10 日，化学系、生物系成功研制去铅灵洗涤剂，通过技术鉴定，填补当时国内劳保用品一项技术空白。5 月 8 日，北京市科技工作会上，"腈纶荧光增白剂"获北京市科技进步二等奖。5 月 15 日，应用化学研究所研制出 RCD-1 型工业用喷雾泡沫清洗剂，通过技术鉴定，为进口设备的原辅材料国产化做出了贡献。5 月 30 日，应用化学研究所研制出 BNP-1 型与 BVP-2 型阳图 PS 版感光剂通过技术鉴定。6 月 13 日，邓希贤、侯恩鉴同志研制的 CFF-751 型连流法毫秒级快速动力学装置通过技术鉴定，该装置具有国内先进水平，适合高等院校教学使用。10 月 22 日，化学系与中国医学科学院心血管病研究所共同协作，完成了"^{99m}Tc-甲酯异丙基异腈心肌灌注显像剂的研制与应用"项目并通过鉴定。12 月 28 日，应用化学研究所感光树脂研究室苏翠华等同志的科研项目"由一羧二乙二醇合成 1,4 二氧六环的研究"在辽宁本溪市通过省级技术鉴定。

12 月 10 日，北京师范大学、吉林大学、山东大学、厦门大学 4 校物理化学专业博士研究生论文答辩会在北京举行，著名量子化学家唐敖庆主持答辩会，刘若庄教授指导的博士研究生于建国通过论文答辩，并获优秀博士论文奖。

12 月 26 日，经校党委会讨论，同意化学系党总支选举结果：孙兆祥、郝淑荣、吴本佳、金林培、何少华、刘云超、杨平、吴永仁、王亚明组成化学系党总支委员会，孙兆祥任党总支书记，郝淑荣、吴本佳任党总支副书记。本年度，新建化学楼部分竣工。

1 月 16 日，化学系学生到北京站进行社会调查，写出《社会实践使我们更加客观地看待世界》。11 月 9 日，学生百科知识竞赛结束，化学系获亚军。

11 月 14 日，陈光旭教授因病医治无效逝世，享年 82 岁。

1988 年 5 月 21 日，应用化学研究所和解放军 52833 部队共同研制生产的 BNF-Ⅰ型防冻液在承德通过了技术鉴定，我校将此成果无偿地转让给部队。5 月 25 日，应用化学研究所高分子材料研究室研制成功的不饱和聚酯树脂水溶性清洗剂顺利通过学校鉴定。5 月，学校低能核物理研究所辐射化学研究室与化学系放辐化研究室辐射化学专业组共同完成的国家"七五"科技攻关项目"耐辐射一次性注射器材料国产化研究"通过技术鉴定。6 月 30 日，化学系放辐化研究室陈文琇、吕恭序、包华影、贾海顺研制的"有色聚乙烯薄膜剂量计"通过技术鉴定。10 月，化学系应用化学研究所与北京五金工具十厂的"不锈钢尺生产第二期技术改造工程(晒版光源部分)"，通过验收鉴定。傅孝愿等主持的"分子间相互作用及氢键本质的研究"获 1987 年度国家教委科技进步二等奖。"稀土与碱金属络合物气体放电灯"获国家发明专利。8 月，王佩珍讲授的"有机化学(Ⅰ)"获校级课程教学质量评价一等奖。

6 月 7 日，刘若庄、吴永仁任校职务聘任委员会委员。12 月 1 日，学校通过北京师范大学优秀教学成果奖校评审委员会名单，我系有吴永仁。本年度，陈文琇被任命为北京核学会辐射工艺专业组主任、北京计量测试学会理事兼辐射剂量专业组顾问、北京师范大学化学系学术委员。

12月31日，海淀校园化学楼竣工，化学系迁入化学楼上课，鉴于学生宿舍紧张，化学系学生仍在北校住宿。

1989年 1月7日，迟锡增任化学主任，冯文林任化学系副主任，曹敬东任化学系主任助理。6月，孙兆祥任北京师范大学技术研究院院长。

1月，应用化学研究所BNP-Ⅲ型感光剂通过技术鉴定，这是一种能与国际上先进产品相提并论的高黏度阳图PS版感光剂。4月8日，化学系受四川万县地区委托研制的"菜籽油制备芥酸工业品"通过技术鉴定。9月12日，应用化学研究所承担的国家"七五"重点技术改造项目"BFR-1型液体感光树脂"通过了化工部的技术鉴定。11月16日，由化学系有机教研室陈庆华、李佩文、李和、舒瑞琪、黄彬、耿哲6人研制的"由菜籽油油脚制取十三碳破二酸"的技术鉴定会召开。12月18日，学校批复生产设备处，同意应用化学研究所化工实验厂更换营业执照，并更改法人代表。刘若庄主持的"中间体、过渡态和反应途径势能面理论研究"获1989年国家教委科技进步二等奖。由余尚先主持的"BNP系列阳图PS版感光性树脂(BNP-Ⅰ，BNP-Ⅱ，BNP-Ⅲ)"获国家教委科技进步二等奖。

9月，化学系获多项教学优秀成果奖。吴国庆等主持的"化学系本科教学改革"获北京市教学优秀成果奖。刘若庄的"注重教学方法，培养高质量研究生"、王佩珍等的"有机化学(有机Ⅰ、Ⅱ)教学"、王定锦等的"化学工程基础实验及课堂演示实验的研究与开发"、姚乃莊等的"化学教学法实验课改革"、徐伟英等的"推行标准化考试，深入进行教学改革"项目获校级优秀教学成果奖。

10月，应化学系放辐化研究室陈文琇教授邀请，英国东北威尔士大学专家纳娃博士来校访问，先后就辐射化学及光学内容做了三次学术报告，副校长顾明远会见来宾。

本年度，化学系党总支书记孙兆祥获评为北京市优秀党务工作者。

1990年 1月17日，冯文林任化学系党总支书记，孙兆祥被免去化学系党总支书记职务；3月，郭建权、金林培任化学系副主任；5月11日，吴本佳任校党委青年部副部长，被免去化学系党总支副书记职务。

3月，刘若庄教授、傅孝愿教授等5人完成的"中间体、过渡态和反应途径势能面理论研究"获1990年国家自然科学三等奖。7月16—22日，第一次中日双边理论化学学术讨论会在我校和西北大学分别举行，参加者有日本的诺贝尔奖获得者福井谦一教授，中科院学部委员，以及中日双方理论化学界的专家、学者30余人。12月7日，刘若庄教授等5人完成的"中间体、过渡态和反应途径势能面理论研究"获1990年国家科技奖励大会奖。

7月，经国家教育委员会研究，学校被评为1989年全国普通高等学校优秀教学成果奖励工作先进单位。10月17日，学校应用化学研究所成功研制的"从菜籽油制备芥酸"通过了由中国科学院、商业部和北京市部分高校专家组成的鉴定委员会的技术鉴定。12月11日，学校应用化学研究所承担的国家"七五"科技攻关项目"连续法合成环化聚异戊二烯抗蚀剂"通过专家鉴定。12月，化学系工化教研室研制的"计算机辅助教学软件"项目通过技术鉴定。本年度，余尚先研究员等完成的"液体感光树脂版系统与装置"获1990年国务院重大技术、装备成果奖一等奖。

1991 年 1 月 18 日，校党委会研究决定成立党委研究生工作部，同意化学系党总支选举结果：郭建权、郝淑荣、王亚明、金林培、吴永仁、邹应全、金昱泰、李睿洁、迟锡增 9 位同志组成化学系党总支委员会，由郭建权任化学系党总支书记，郝淑荣、王亚明任副书记。5 月 10 日，学校任命吴国庆为化学系主管教学副系主任，免去郭建权化学系副主任职务。

1 月 21 日，刘若庄等荣获国家教委、国家科委"全国高校科技先进工作者"称号。4 月 17 日，民盟北京师范大学支部向民盟市委组织部统计上报了民盟同志 1990 年获奖情况，其中化学系教授王传淑、周奎润等获国家教委颁发的有 40 年以上教龄在科研和教学方面获得显著成绩的理工科类教授荣誉证书。4 月，化学系周菊兴教授主持研制的"导静电不饱和聚酯树脂"通过技术鉴定。9 月，化学系陈庆华、金俗谦完成的"热光化学环加成新反应的研究"与王世华、蒋盛邦、何关有、赵新华完成的"低价稀土碘化物研究"获国家教委科技进步三等奖。9 月，田梦胪、王定锦的"计算机辅助化学工艺教学"，黄佩丽、田荷珍的"大学无机化学系列改革的实践与研究"获校级优秀教学成果奖。10 月，国家"七五"科技攻关表彰会上，"大规模集成电路用光刻胶"等受到表彰。11 月 29 日，按照国家教委、中国科学技术协会 1991 科协发青字 560 号"关于表彰参加 1991 年国际数、理、化、信息学奥林匹克竞赛国家集训队主要教练人员和组织工作者的决定"的指示，化学系吴国庆同志荣获中国化学奥林匹克集训队主要教练和组织工作者表彰。

4 月 23—27 日，经国家科委、科协和中国核学会、化学会的批准，由化学系刘伯里教授任会议主席、金昱泰教授任秘书长的"第二届中日放射性药物化学会议"在我校举行，来自日本和我国核放射性药物界的近 50 位代表出席会议，并就核研究领域的最新动态和研究成果进行学术交流。6 月，应化学系的邀请，英国专家莱瓦威特兰姆来校进行了为期 1 周的学术访问并商讨英国东北威尔士大学与我校科研协作的事宜。

11 月 15 日，我国有机化学界著名学者、教育家、化学系教授严梅和逝世，享年 82 岁。

10 月，陈文琇为中国北京第八届国际辐射工艺会做准备并承担全部程序工作，任副主席。

1992 年，化学系获批多项科研项目。1 月，顾江南副教授承担的机械电子部项目"连续法环化橡胶抗蚀剂中试"纳入国家"八五"科技攻关项目。化学系陈庆华副教授主持的"光热化学有机反应合成天然产物的研究"获国家基金重点项目。化学系刘伯里负责的"脑放射性药物的研究"获国家教委高等学校博士学科点专项科研基金资助。本年度，由金林培负责的"稀土配合物的静态和动态结构研究"、王世华负责的"低价稀土碘化物合成性质研究"项目列入承担攀登项目国家基础性重大关键项目，分别获经费 15 万元、17.5 万元。由冯文林负责的"激发态化学与低能面性质的 SCP 研究"、吴仲达负责的"印刷版铅锡合金镀层"列入承担国家教委、机电部项目，分别获经费 10 万元、4 万元。由金林培负责的"铕(Ⅲ)和(Ⅳ)探针在配位化学与生物化学中的应用"列入国家开放重点实验室项目，经费 1.6 万元。由刘伯里负责的"苯酰胺类多巴胺脑受体显像剂的研究"列入国家自然科学基金项目，获经费 6.5 万元。赵新华获得国家教委留学回国人员科研资助费。

学校有权授予博士学位的学科、专业点及对应博士生导师名单：物理化学，刘若庄、傅孝愿教授；有机化学，尹承烈教授；放射化学，刘伯里、陈文琇教授。

3 月 11 日，化学系张改莲发明的"湿式气柜装置"获国家专利权，专利号为 91209461。

4 月 24 日，化学系程泉寿副教授、秦俊河主持研究的“节水型减压泵”技术通过鉴定。4 月，化学系于振华副教授研制的“FZ-型混凝土成型脱模剂”通过技术鉴定。9 月 15 日，尹承烈、尹冬冬受国家教委委托，与市肿瘤研究所协作主持的“新氮酮的研制”通过项目鉴定。9 月 26 日，受国家教委委托，由黄佩丽、田荷珍、臧威成主持的“《基础元素化学》课件”通过鉴定。10 月，化学系的黄佩丽、田荷珍、臧威成研制的计算机辅助软件——《基础元素化学》课题通过专家评审，填补了当时国内空白。12 月，化学系刘伯里、王学斌等负责的“锝化学的研究及应用”获国家教委科技进步二等奖，陆丽仪、韩章淑、田美荣、林汉负责的“单克隆抗体、抗体、蛋白质和多肽放射性核素标记的研究及应用”项目获国家教委科技进步三等奖。

9 月 6 日，李鹏同志为学校 90 周年校庆题词：“坚持社会主义办学方向，吸收和借鉴人类文明一切优秀成果，办好北京师范大学，为发展我国教育事业做出新的贡献。”9 月 9 日，江泽民同志到校视察工作，向全国教师致以节日的祝贺和亲切的问候。江泽民同志同我校刘若庄教授等亲切握手，同我校师生进行座谈。会后，江泽民同志为我校题词：“吸收和借鉴人类文明的一切优秀文化成果，谱写中国教育的新篇章。” 10 月 11 日，北京师范大学建校 90 周年庆典在亚运村综合馆隆重举行，全国政协副主席、化学系校友王光英等参加庆典，同日，中央电视台在黄金时间播出校庆文艺晚会“木铎金声九十年”。

9 月 28 日，学校任命金昱泰为化学系主任，金林培、吴国庆为化学系副主任，孙兆祥为应用化学研究所所长。

2 月 23—25 日，中国共产党北京师范大学第八次代表大会召开。10 月 16 日，中央统战部副部长万绍芬、黑龙江省人大常委会主任李根深及来自陕西省委、内蒙古自治区、原兰州军区、沈阳飞机制造公司、熊猫电子集团等参加中国共产党第十四次全国代表大会的代表，在校党委书记周之良的陪同下参观我校化学系、低能所和模糊控制实验室。

6 月 2 日，陈庆华同志在民革北京市第八次代表大会上被选为民革北京市委员会委员。

11 月，在北京教育工委共青团、北京市委和北京市高教局联合召开的北京市高等学校生产实习和社会实践工作先进集体、先进个人表彰大会上，化学系实践队荣获先进集体（队组）的光荣称号。

本年度，陈文琇同志获国务院特殊津贴。

1993 年，化学系获批多项科研项目。尹承烈负责的“三次采油表面活性剂研制”列入国家“八五”攻关项目，金额 15 万元。包华影负责的“金属酶中的单电子转移”列入国家教委优秀年轻教师基金批准项目，金额 5 万元。傅孝愿负责的“环加成及热消除反应机理的理论研究”列入国家教委高校博士学科点专项科研基金获准项目，金额 3.5 万元。尹承烈负责的“有机不对称合成” 列入国家教委高校博士学科点专项科研基金获准项目，金额 3.5 万元。

国家批准的自然科学基金项目有：胡乃非负责的“多双层表面活性剂薄膜电极的研究”，金额 5 万元；吴仲达负责的“高催化活性的离子注入电极的稳定性的研究”，金额 5.5 万元；尹承烈负责的“有机不对称放大反应”，金额 5 万元；陈庆华负责的“某些活性物质化学新反应的研究”，金额 6 万元；朱文祥负责的“稀土手性冠醚配合物及其手性光谱学”，金额 6 万元；金林培负责的“销钛—双功能配体配合物的合成结构及免疫分析应用”，金额 7 万元；刘伯里负责的“核药物化学”“脑和心肌显像的 ^{99m}Tc 放射性药物及锝的配位化学”，金额 16 万元。

1月22日，受教委委托并与测试中心协作，陈庆华、舒瑞琪、耿哲、黄彬、黄海洪、张永安、谢孟峡、李华民为主要完成人的“某些光学活性化合物的合成及反应的研究”项目通过鉴定。3月，应用化学研究所余尚先教授等与陕西印刷科学技术研究所联合研制的“铝模非银明室片”通过了技术鉴定。有关专家认为，该成果工艺路线合理，可节省白银、降低成本、改善明室工作条件，填补了当时国内空白，具有良好的应用前景。

3月，我系刘伯里教授主持完成的“锝化学的研究与应用”获1992年度国家教委科技进步奖甲类二等奖。化工教研室获得首都劳动奖章和全国五一劳动奖状，王定锦、吴国庆分别获一九九三年曾宪梓高等师范院校教师二等奖和三等奖。

3月12日，党委常委会讨论同意化学系党总支选举结果：由郭建权任党总支书记，郝淑荣、王亚明任党总支副书记。3月15日，国家教委批复，同意我校第三届学位评定委员会由方福康任主席，顾明远、刘若庄任副主席，刘伯里等任委员。

1993年学校专业技术正高职(教授)聘任名单：迟锡增、孙兆祥、吴仲达。聘请校外兼职教授北京大学高小霞。

6月，北京师范大学编写的九年义务教育“五四”学制起始年级和二年级的系列教材有16个学科，经国家教委中小学教材审定委员会审查通过，向全国推荐，自当年秋季扩大使用。王定锦等5人的“高校化学专业化工基础课程的结构化建设”项目、黄佩丽等3人的“全方位、全媒体《基础元素化学》课程建设”分别获北京市普通高等学校优秀教学成果奖一等奖、二等奖。

1994年，化学系获批的国家自然科学基金项目有：李洪峰负责的“心肌和脑显像剂BATO络合物的合成及其构效关系的研究”，金额7.5万元；赵新华负责的“多元低价稀土卤化物的结构和性质研究”，金额6.5万元；李启隆负责的“离子注入修饰电极及其在药物分析的应用”，金额6万元；包华影、何绍仁、胡乃非各获得教委留学回国科研资助费3万元。

孙兆祥、翁皓珉、刘正浩、唐志刚、李太华、刘伯里、姚琨负责的“从动力堆废元件的强放废液中撮裂变同位素^{137}Cs的研究”获中国核工业总公司科技进步三等奖。翁皓珉、孙兆祥、李太华、刘正浩、唐志刚、刘伯里、郜墨堂负责的“从动力堆废元件的强放废液中撮裂变同位素^{90}Sr的研究”获中国核工业总公司科技进步三等奖。

10月8日，受教委委托，与原北京军区应用技术研究所协作，由周菊兴、李承刚、王甲午为主要完成人的“9410A和9410B新型海特隆树脂”项目通过鉴定。12月20日，受教委委托，由田梦胪、王定锦、刘哲、周宏才、姚百盛为主要完成人的“CAI《工艺》课件”项目通过鉴定。12月26日，受教委委托，由李佩文、李和、周菊兴为主要完成人的“DHA和EPA的研制”项目通过鉴定。

6月，化学系新增应用化学专业。

本年度学校专业技术正高职(教授)聘任名单：李大珍、李启隆。聘请校外兼职教授：北京医科大学王夔。9月22日，学校正式成立了女教授联谊分会，田荷珍为理事。

1995年3月，化学系傅孝愿、方德彩、马思渝、陈光巨完成的“环加成反应机理的理论研究”项目获国家教委1994年度科技进步奖三等奖。

11月，我校获国家自然科学基金面上项目资助23项，化学系唐志刚、陈光巨、孙兆祥、刘若庄等人主持的项目入选。刘若庄、冯文林等主持的项目纳入国家教委博士学科点专项研究基金项目。

12月6日，校党委常委会研究决定，郭建权、张改莲、解玉莉、吴仲达、李宗和、王凤英、魏国组成化学系党总支委员会，郭建权任党总支书记，张改莲、解玉莉任党总支副书记。

4月18日，北京市教育工会召开1994年工会先进集体和先进工作者表彰会，化学系工会获北京市教育工会“先进工会集体”称号。4月，学校学生文化活动中心成立。6月21日，经校学位评定委员会审议，无机化学专业向国务院学位委员会申请博士学位授权。8月14日，我校研究生院与北京教育学院合作举办的首期硕士研究生课程进修班在北京教育学院举行开学典礼，招生专业有学科教学论(语文教育、数学教育、物理教育、化学教育)和教育管理。9月，化学系戚慧心获“北京市优秀教师”称号。1994—1995年，第五届亚洲辐射固化国际会议(RadTech Asia 95)召开，陈文琇任副主席。

1996年 1月22日，我校教育学、化学、体育教育三个师范专业获1995年国家教委委属师范大学师范专业建设基金。11月14日，国务院学位委员会批准我校1997年举办以毕业研究生同等学力申请学位教师进修班的专业范围和招生人数，包括化学系无机化学与分析化学专业(10人)。

3月6日，女教工委员会举办“春满桃李园——向21世纪迈进的北师大妇女”主题茶话会，女教工委员会主任、中文系教授王宁致辞，党委副书记范国英和冯文林到场讲话，化学系傅孝愿教授、包华影教授也发表了热情洋溢的讲话。3月25日，学校获“全国绿化先进单位”称号。4月9日，化学系王凤英荣获1995年北京市总工会“爱国立功标兵”称号。4月21日，化学系94(3)支部获得“首都高校先锋杯优秀团支部”称号。11月7日，国家教委和北京市教委校园文明建设检查组授予我校“文明校园”光荣称号。

本年度化学系获国家自然科学基金项目的教师有：金林培、陈庆华、方维海、汪正浩。

2月13日，包华影任外事处副处长。7月22日，包华影任外事处处长。

本年度，黄佩利、田荷珍、赵新华、臧威成获北京市教学成果奖一等奖。

1997年，吴国庆、陈光巨、郭建权、朱文祥、徐伟英合作完成的“高师化学本科新型教学计划”获第三届全国普通高校教学成果奖国家级二等奖。本年度化学系获国家自然科学基金项目的教师有：朱文祥、成莹、吴仲达、李宗和、刘伯里、邓希贤。

12月12日，化学系刘伯里教授当选中国工程院院士。

1998年 1月，由王学斌教授主持，与中国医学科学院阜外心血管医院合作完成的“锝-99m甲氧异腈的研制与推广应用”获得1998年度国家教委科技进步奖二等奖。9月，王学斌教授与中国医学科学院阜外心血管医院合作完成的“^{99m}Tc-MIBI甲氧异腈(MIBI)心肌灌注显像剂检测冠心病推广应用的研究”获得1998年度卫生部科技进步二等奖。6月8—10日，由化学系田荷珍教授主持完成的图书《元素家族荟萃》(初中、高中版)与《微观世界集锦·探秘》通过了教育部组织的鉴定。

化学系积极开展国际学术交流活动。1月，著名量子化学家H. F. Schaefer教授应邀到我校化学系量子化学研究室访问。9月6—9日，化学系苗玉斌赴意大利参加第五届国际锝化学与核药物会议。10月8日，瑞士伯尔尼大学化学与生物系教授、有机化学家R. Keese访问化学系并做学术报告。10月13日，日本国家原子能委员会资深委员T. Tabata应陈文琇的邀请来北京师范大学做学术报告。10月16日，应化学系邀请，法国科学院院士、巴黎大学Orsay分子化学研究所选择性有机反应实验室H. Kagan教授来校访问，并做题为“二碘化钐化学的现状与展望”的学术报告。10月20日，日本原子能研究所高级研究员Makuuchi应邀来北京师范大学化学系做学术报告。

3月30日，朱文祥任化学系副主任。5月4日，王学斌任应用化学研究所所长(兼)。5月8日，我校脑与认知科学中心成立。该中心为校级跨学科研究机构，由心理系、数学系、电子系、生物系、化学系等系所的部分专家学者联合组成。第一届学术委员会主任为化学系教授、中国工程院院士刘伯里。中心将开展对脑功能的综合研究，并致力于跨学科人才的培养。6月29日，学校召开纪念中国共产党成立77周年大会，授予刘伯里等“优秀共产党员”称号。11月2日，经校党委常委会研究决定，胡乃非任化学系主任，贾海顺、马思渝、刘正平任副系主任。本年度，张永安任化学系党总支书记。

12月，化学系基础实验教学中心成立。将原属于教研室(或研究室)管理的化学实验课程逐年从教研室中剥离出来，统一归基础化学实验教学中心管理，管理内容包括化学实验课程的安排、实验教学教师的选聘、实验经费的管理和实验室的管理等。

本年度，王学斌享受国务院政府特殊津贴(97)3600051号。

1999年 11月18日，化学系刘若庄教授当选中国科学院院士。副校长董奇代表学校到家中看望刘若庄教授，并向他表示祝贺。11月30日，刘若庄教授当选中国科学院院士庆祝大会举行，校党委书记、校长袁贵仁到会祝贺并发表讲话，副校长董奇主持大会。

本年度，王学斌、唐志刚、吕恭序、刘伯里获国家科技进步二等奖，王艳等获北京市科技进步二等奖。

化学系修订本科教学计划(99版)。

2000年 5月19日，《师大周报》第七版刊文“祝贺刘若庄院士、傅孝愿教授、陈文琇教授从教50周年”。

5月30日，陈光巨任人事处副处长。6月，在中国科学院第十次院士大会和中国工程院第五次院士大会上，化学系刘伯里院士当选中国工程院化工、冶金与材料工程学部常委。10月14日，刘伯里院士参加百年校庆首场新闻发布会。11月29日，刘伯里院士受聘科学传播与教育研究中心首批顾问。刘伯里、刘若庄教授为校务委员会委员。11月14日，北京师范大学实验室建设与管理领导小组、北京师范大学实验室建设与管理专家组和北京师范大学实验室迎评工作小组成立，袁贵仁、刘伯里、方维海分别担任组长。

王学斌教授主持的“甲氧异腈药盒的研制及推广应用”获1999年度国家自然科学三等奖。

2001年 1月5日，张聪任化学系副主任。3月7日，陈光巨任人事处处长，艾林任化学系党总支副书记。

4月，化学一级学科被批准设立博士后科研流动站。

6月25日，化学系余尚先研究员获得第六届毕昇奖。毕昇奖设立于1986年，是我国印刷界最高奖项，该奖项4年评选1次，奖励在印刷科研、生产工作中做出突出贡献的人士。余尚先研究员与乐凯胶片集团第二胶片厂合作，在国内率先完成阴图热交联型热敏CTP版材的研制任务，并于2001年4月通过教育部主持的成果鉴定。

6月，我校发明专利松针降糖口服液(ZL93100041.6)转化的降糖保健食品师宏牌糖安平胶囊获国家卫生部批准上市，该产品由我校应用化学研究所师宏药物研究中心张雄研究员等人研究开发。

10月29日，学校党委常委会决定成立北京师范大学放射性药物工程中心，聘朱霖教授为中心主任，刘晓光、唐志刚同志为中心副主任。

化学系基础实验教学中心通过北京市教委的实验室合格评估。

成莹获教育部优秀青年教师资助计划资助。

12月24日，王学斌教授主持的科技部科技型中小企业技术创新基金国家1类新药"一组新型心肌核素显像诊断药盒"的中试获科技部批准基金120万。

2002年 5月，化学系无机化学入选北京市重点学科。

7月1日，学校2002届本科、专科学生毕业典礼举行，刘伯里院士出席并讲话。同日，2002届研究生毕业典礼暨学位授予仪式举行，校学位评定委员会副主席、刘伯里院士等为本届获得学位的代表授学位证书。7月，化学系1999级一班团支部获评首都高校"先锋杯"优秀团支部。8月24日，教育部与北京市人民政府在我校举行了"教育部—北京市重点共建北京师范大学协议签字仪式"，教育部部长陈至立、北京市书记刘淇分别代表教育部、北京市在共建协议上签字。中共中央政治局委员、北京市委书记贾庆林，教育部部长陈至立发表讲话。9月8日，纪念北京师范大学建校100周年庆祝大会在人民大会堂隆重举行，当时的党和国家领导人江泽民、朱镕基、李瑞环、胡锦涛、尉健行、李岚清、丁关根、李铁映、贾庆林、王光英、许嘉璐、王忠禹等出席了庆祝大会，江泽民同志发表重要讲话。9月18日，学校决定每年的9月8日为校庆日。

1月25日，胡乃非继续任化学系主任，刘正平任化学系副主任兼应用化学研究所所长，黄元河、贾海顺任副系主任。11月7日，张聪、艾林、张俊波、刘正平、延玺、邹应全、王凤英组成化学系党总支委员会，张聪任党总支书记，艾林、张俊波任副书记。11月26日，王科志任化学系副主任。

9月4—7日，王学斌参加在意大利召开的第六届锝化学和核医学国际会议，任大会指导委员会委员(中国)，主持SESSION B会议。9月19—22日，王学斌应邀参加在北京国际会议中心召开的第二届五洲心血管国际会议，并主持9月21日的影像技术分会。12月，王学斌被评为北京地区高等学校产学研工作先进个人(北京市教委、北京市经委、北京市科委)。

12月，根据2002年国家自然科学基金评审结果，方维海教授主持重点项目1项，陈光巨教授参加重点项目1项。

11月15日，化学系1999级魏锐当选学校第三届十佳大学生。

2003年 2月，根据2002年度教育部科学技术奖评审结果，化学系方维海教授、刘若庄院士完成的成果"势能面交叉与光化学反应的基础理论研究"获自然科学一等奖。

3月，全国政协委员、化学系教师黄元河参加全国"两会"。7月，张聪获得北京师范大学优秀共产党员、北京市抗击"非典"先进个人。

5月28日，学校召开大学科技园区建设工作座谈会，副校长史培军出席，化学系、应用化学研究所等在南院科技园区办公的教学科研单位负责人等参加座谈。

9 月，化学学科获博士、硕士一级学科授予权。

12 月 5 日，学校对实验室建设与管理领导小组和实验室建设与管理专家组人员组成进行调整，刘伯里为专家组组长。

12 月，放射性药物实验室被批准作为教育部重点实验室正式立项建设。

本年度，《化学化工大辞典》由化学工业出版社出版，是中国规模最大的化学化工类综合性专业辞书，是我国收词量最多、专业覆盖面最广、解释较为详细的化学化工专业词典。化学系金昱泰、朱文祥、吴永仁、李大珍、迟锡增、周菊兴、刘伯里、吴仲达等分别担任了常务编委或分编委主任。

本年度，化学系修订本科教学计划(03 版)。

本年度，何兰获教育部跨世纪人才称号。

2004 年，方维海教授作为首席科学家获准主持一项“973”项目，总经费 1 500 万。

本年度，化学系获准通过 12 项国家自然科学基金项目，经费总计 265 万元。赵新华等获北京市教学成果奖一等奖，李奇等获北京市教学成果奖二等奖。

1 月，张聪任研究生院培养处处长。3 月 9 日，刘正平任化学系党总支书记。4 月 24 日，陈光巨任校长助理。

8 月 30 日，2004 级新生开学典礼举行，校领导和刘若庄院士、刘伯里院士等出席。

11 月 19 日，化学系学生周清当选学校第五届十佳大学生。

本年度，化学系主编的《化学基础实验》由高等教育出版社出版。

2005 年 8 月 5 日，为适应学科发展需要，响应学校新的定位，化学系撤系建院，成立北京师范大学化学学院。学院下设 7 所 3 系 2 中心，同时拥有放射性药物教育部重点实验室(筹)和无机化学北京市重点学科。化学学院换届，方维海教授担任院长，黄元河、贾海顺、朱霖任化学学院副院长。9 月 6 日，成立化学学院分党委，撤销化学系党总支，原化学系党总支的党员隶属化学学院分党委，刘正平、艾林、张俊波、贾海顺、延玺、邹应全、王凤英组成化学学院分党委委员会，刘正平任分党委书记，艾林、张俊波任副书记。化学学院进入跨越式发展的新时期。

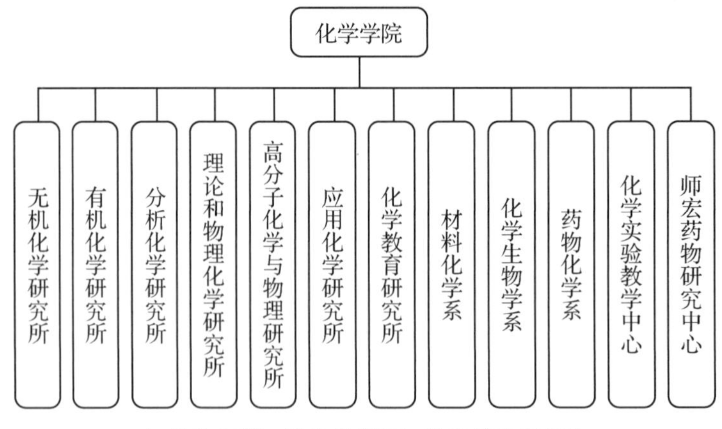

▲ 北京师范大学化学学院下设教学科研机构

3 月 9 日，2005 年本科教学督导团成立大会召开，副校长董奇为新聘任的我院退休教师尹冬冬等督导专家颁发聘书。3 月 23 日，学校调整实验室建设和管理专家组成员，刘伯里任组长，化学学院赵新华、朱霖等为成员。5 月，我院全国政协委员黄元河教授等被中央统战部六局聘为信息联络员。

4 月 1 日，国家“973”计划项目之一“生命体系识别和调控过程中重要化学问题的基础研究”启动仪式举行，厦门大学张乾二院士、南京大学江元生院士、我校刘若庄院士、国家自然科学基金委副主任梁文平、教育部科技司副司长雷朝滋、我校校长钟秉林、校长助理陈光巨等出席。

5 月 30 日，化学系召开“祝贺刘若庄院士从教 55 周年暨 80 寿辰座谈会”。中国科学院院长路甬祥院士发来贺信，科技部副部长程津培院士、九三学社北京市副主委兼秘书长王琳、中国化学会秘书长姚建年教授、国家基金委张存浩院士、中科院理化所佟振合院士、北京大学黎乐民院士，我校党委书记陈文博、校长钟秉林、黄祖洽院士、孙儒泳院士、刘伯里院士以及刘若庄院士的老同事，历届学生代表、化学学院的教师和同学们等参加了座谈会。

▲ 刘若庄先生从教 55 周年留念(一排左四为刘若庄先生)

本年度，方维海等获教育部自然科学一等奖。学院获准通过 10 项国家自然科学基金项目(其中 1 项属于杰出青年科学基金项目)，经费总计 317 万元。

2006 年 6 月 3 日，学校党委常委会研究决定同意化学学院分党委 2006 年 5 月 19 日换届选举结果：由刘正平、张俊波、方维海、汪辉亮、王磊、刘红云、欧阳津、张站斌、韩京萨 9 位同志组成中国共产党北京师范大学化学学院委员会，刘正平同志任分党委书记，张俊波同志任分党委副书记。

化学学院2006年度国家自然科学基金获资助创佳绩。近年来，化学学院的科研工作进展成果显著。9月，根据我校公布的2006年度国家自然科学基金评审结果，化学学院共有17项国家自然科学基金资助项目获准通过，研究经费总计505万元，获准项目数和项目总经费均居全校首位。

10月14—18日，化学学院北亚博创业团队参加第五届"挑战杯"飞利浦中国大学生创业计划竞赛终审决赛，在来自全国各地的110个团队中脱颖而出，勇夺金奖，为北京师范大学和化学学院再添佳绩。同时，我院的鲲鹏药业团队在首都大学生创业计划大赛上也取得了二等奖的好成绩，展示了我院学生良好的科技创新能力和创业素质。

10月27日下午，教育部科技司专家一致同意筹建3年的放射性药物教育部重点实验室顺利通过验收。放射性药物教育部重点实验室(筹)自2003年12月立项以来，经过近3年的建设，已经成为我国放射性药物领域的领头羊。放射性药物教育部重点实验室正式通过验收并挂牌成立，标志着我校在放射性药物领域已经取得突出成果，成为我国重要的放射性药物研究基地和人才培养基地。

9月15日，北京市教育委员会批准北京师范大学化学实验教学中心获"北京市高等学校实验教学示范中心"的称号，这是我校继2005年生命科学学院获得该类称号的第二个单位。另外，由北京师范大学出版社出版的《化学综合实验》为2007年度北京市精品教材立项项目。

11月10日，有机化学学科带头人、国家杰出青年科学基金获得者成莹教授入选2006年度"新世纪百千万人才工程"国家级人选，成为我院入选此工程的第一人。

12月5日，2006年北京市优秀人才培养资助个人项目资助评审结果公布，我院秦卫东副教授的"基于离子液体的双水相萃取—毛细管电泳联用技术检测中草药中黄酮类成分"获得北京市优秀人才培养资助个人项目资助。评审结果显示我校共有7名教师获得资助，资助金额总计19万元。

12月5日，经海淀区第七届政协第二十二次常委会议决定，我院的王明召副教授当选海淀区第八届政协委员。

9月8日，尹冬冬教授获第二届钱瑗教育基金优秀教师奖，全校共有10位教师获奖。

12月15日，在校级重点实验室评估验收中，学院的计算化学实验室评估成绩为优秀。

9月15—16日，中国共产党北京师范大学第十一次代表大会召开。12月6日，学院申秀民获评北京高校优秀辅导员。

2007年 8月，化学学院物理化学学科被批准为国家级重点学科，这是我院第一个国家级重点学科。分析化学被批准为博士学位授予点。

12月，化学实验教学中心被教育部、财政部批准为2007年度国家级实验教学示范中心建设单位。

9月，学校本年度获得面上项目97项，重点项目3项，重大国际合作1项，共计101项，批准金额共计3 214万元。其中，我院获得面上项目14项，重点项目1项，重大国际合作项目1项，共计16项，批准金额共计654万元，项目数及批准金额分别占学校总数的15.8％和20.3％，在学校各院系中均列首位。

3月，经国务院批准，陈光巨等享受2006年度政府特殊津贴。5月21日，北京高校第五届青年教师教学基本功比赛结束，本次比赛吸引了北京市55所高校119名青年教师参赛。经过6天的赛场竞技，我院青年教师秦卫东副教授参赛的“基团的红外吸收频率和特征吸收峰”，获得了理工组A组二等奖的好成绩。8月，李奇教授获北京市高等学校教学名师奖，我校共有6位教师获得此项殊荣。8月，申秀民副教授被评为北京师范大学师德先进个人，我校共有10位教师获奖。10月，方维海教授指导的2005届博士毕业生陈雪波的博士学位论文“肽键光解离的理论研究”入选全国百篇优秀学位论文。11月，我院祖莉莉副教授入选本年度教育部“新世纪优秀人才支持计划”。

6月5日，张聪任北京师范大学—香港浸会大学联合国际学院副院长。

2008年，学院学科建设取得积极进展。1月8日，学校召开学位评定委员会会议，批准增设高分子化学与物理博士学位授权学科专业，并列入2009年招生计划。4月，无机化学北京市重点学科顺利通过验收，有机化学入选新一批北京市重点学科。入选学科获市教委专项经费支持，建设期为5年。4月22日，我院由胡乃非教授担任项目负责人的分析化学学科成为校级重点学科。8月，国家环境保护部为我校颁发新的辐射安全许可证，保障了学校放射性教学和科研工作的持续开展。10月，朱文祥主持的“中级无机化学”、王磊主持的“化学教学论”等本科课程获评北京市精品课程。10月23日，李奇主持的“材料化学”课程获批2008年度本科国家精品课程。11月，我院申秀民副教授主编的《化学综合实验》入选2008年北京高等教育精品教材。

2月，邵久书教授入选2007年“新世纪百千万人才工程国家级人选”。

7月，欧阳津教授获2008年度北京师范大学钱瑗教育基金优秀教师奖，全校共有11位教师获此殊荣。

3月14日，黄元河当选第十一届全国政协民族和宗教委员会委员。4月15日，包华影任继续教育与教师培训学院院长。11月5日，陈光巨任北京师范大学党委常委、副校长，珠海分校代校长。

9月18日，化学系1982级的42位校友捐款设立“82级柳荫励学金”。

6月，任佳蕾、于倩、李茜、马冬冬、蔡宁、赵大鹏、张扬的作品“北京太阳花制药有限责任公司”获第五届“挑战杯”首都大学生创业计划竞赛一等奖，杨幸幸、赵羽、向丽、杨川、荣静、孙佳、王家雷、侯泉存、李有超、王天鸽的作品“赛普科技有限责任公司”获第五届“挑战杯”首都大学生创业计划竞赛一等奖。11月29—30日，由教育部国际合作与交流司、师范教育司和日本东芝(中国)有限公司联合主办，我校承办的首届“东芝杯·中国师范大学师范专业理科大学生教学技能创新实践大赛”开展，尹佐获化学组第二名并获创新奖。12月5日，王澜等同学获得2008年北京师范大学“十佳志愿者”称号。

2009年，理论及计算光化学教育部重点实验室成立。

1月15日，根据教育部下发的《关于公布北京师范大学等87所普通高等学校本科教学工作水平评估结论的通知》，我校获得“优秀”成绩。9月，我院王科志教授主持的“化学综合实验”入选2009年度北京市精品课程。12月，我院欧阳津教授获得2009年宝钢优秀教师奖。12月，王科志教授主持的“无机化学精品教材建设”入选北京高等教育精品教材建设立项项目。本年度，“双语基础有机化学”被评选为2009年度国家级双语教学示范课程。6月，在第五届“挑战杯”首都大学生课外学术科技作品竞赛中，刘理、董威红、刘淼的作品“C_{60}空心纳米壳的制备及应用研究”获得特等奖。11月，在第十一届“挑战杯”全国大学生课外学术科技作品竞赛中，我院 2006 级本科生刘理、董威红、刘淼组成的科研团队获得二等奖。

4 月 6 日，化学学院第一届教职工代表大会在化学楼二楼会议室召开并取得圆满成功，校党委副书记、校工会主席、校教代会执委会主任王炳林，副校长陈光巨，校工会常务副主席、校教代会执委会副主任丛玲，校工会副主席成国志，校教代会执委会副主任刘永平以及部分院系工会主席出席会议。化学学院 23 位教职工代表和 2 位列席代表参加了会议。会议在雄壮的国歌声中开幕，王炳林副书记代表学校党委发表重要讲话，并对化学学院教代会提出几点希望。会上，审议了方维海院长的工作报告、工会主席何兰同志的院工会工作报告和副院长贾海顺同志的院财务工作报告。院分党委副书记张俊波主持了第一届教代会执委会的选举工作，门毅、方德彩、刘远霞、成莹、何兰、杨晓晶、秦卫东当选院第一届教代会执委会委员，杨晓晶同志为执委会主任，何兰同志为执委会副主任。

中国核学会 2009 年学术年会于 2009 年 11 月 18—20 日在北京国家会议中心隆重召开，来自我国核工业、核基础科学、核应用技术领域的 44 位院士和 1 100 多名代表参加了会议。放射性药物教育部重点实验室博士生张仕坚、牟甜甜等的研究论文从参会的 1 706 篇文章中脱颖而出，分别荣获中国核学会 2009 年学术年会优秀论文一等奖和青年优秀科技论文奖，张仕坚博士还做了会议口头报告。

2010 年，学院入选教育部“基础学科拔尖学生培养试验计划”。

“羰基化合物光解离机理”的理论研究工作获得 2010 年教育部自然科学一等奖。“新课程背景下化学教师培养模式创新和教学资源建设”荣获教育部全国首届基础教育课程改革教学研究成果奖一等奖。李奇获评北京市师德先进个人。4 月 16 号，我院胡乃非教授获评第六届最受本科生欢迎的“十佳教师”。4 月，学院刘正平教授负责的“高分子化学”获得北京市级精品课程称号。4 月，院欧阳津教授领衔的化学实验教学团队获得北京市优秀教学团队称号。10 月，以我院学生饶伟等为主要负责人的“贝特普”创业计划在第七届“挑战杯”中国大学生创业计划竞赛中获得了金奖。10 月 25 日，我院 2007 级本科生王澜在第三届东芝杯中国师范大学理科师范生教学技能大赛中获得化学组第二名。12 月，我院欧阳津教授被评为“北京高校育人标兵”。

11 月，在中国化学会第九届全国会员代表大会上，我院刘正平教授当选第二十八届理事会副秘书长，方维海教授和王磊教授当选理事，刘克文副教授和王凤英老师被评为中国化学会先进个人。

10 月 22 日，由我校、中国原子能科学院和北京大学联合承办的第八届中日双边放射性药物化学研讨会在北京九华山庄顺利召开。

12 月 7 日，我校放射性药物教育部重点实验室和化学学院联合举办的“刘伯里院士从教 58 周年暨 80 华诞的庆祝会”在英东学术会堂举行。

12 月，2010 年度基金评审结果揭晓，我院获得国家自然科学基金 21 项，其中，重点项目 1 项，面上项目 16 项，青年基金 4 项，获得基金金额及项目数均居全校首位。此外，我院获得北京市自然科学基金 2 项，博士点基金 2 项及北京师范大学自主科研基金 4 项，均居学校前列。

3 月 20 日，化学学院第一届教职工代表大会第二次全体会议在化学楼二楼会议室召开并取得圆满成功。3 月 25 日，我院被评为 2009 年新闻宣传工作先进单位。隋璐璐老师获得北京市高校优秀辅导员、全国辅导员年度人物入围奖。

本年度，引进李林同志任应用化学研究所所长。

2011 年 4 月 2 日，化学学院第一届教职工代表大会第三次全体会议在化学楼二楼会议室召开并取得圆满成功。

6 月 23 日，在北京高校纪念中国共产党成立 90 周年表彰大会上，学院分党委被评为北京高校先进基层党组织。

自国甫、陈雪波入选教育部“新世纪优秀人才支持计划”。

7 月 15—20 日，由教育部化学教学指导委员会主办的第二届全国高等师范院校大学生化学实验邀请赛暨高等师范院校化学实验教学与实验室建设研讨会在北京师范大学举办。

8 月 13—15 日，由中国科学院化学部、中国化学会主办，我院承办的 2011 国际化学年全国趣味化学实验设计大赛决赛在我院成功举办。

9 月 8 日，在第六届高等学校教学名师奖表彰大会上，我院欧阳津教授获得国家级教学名师奖，并作为获奖教师代表发言。

本年度，学工团队获评学生工作先进集体，隋璐璐老师获评优秀党务工作者、优秀学生工作干部、就业工作先进个人。

2012 年，北京师范大学化学学科迎来百年华诞，学院隆重举办了“百年格致，众彩纷呈”庆祝大会，北京大学徐光宪院士、中科院化学所朱道本院士、北京大学黎乐民院士、北京大学黄春辉院士、中科院高能物理所柴之芳院士、北京大学高松院士、清华大学张希院士、中科院化学所江雷院士、北京师范大学化学学院刘若庄院士和刘伯里院士、中国化学会杨振忠秘书长、中国化学会办公室郑素萍主任、中科院上海有机所郑静芳书记、中科院理化所所长张丽萍校友、东北师范大学苏忠民副校长、中科院化学所副所长张德清校友、重庆工商大学副校长郑旭煦校友、部分兄弟学校化学学科负责人、学院校友等嘉宾出席庆祝大会。经过 100 年的发展，北京师范大学化学学科已经形成了一个学科分布合理、富有特色的教学和科研体系，已拥有物理化学国家级重点学科和无机化学、有机化学两个北京市重点学科，以及放射性药物教育部重点实验室、理论及计算光化学教育部重点实验室和能量转换与存储材料北京市重点实验室，成为综合实力雄厚、具有重要影响的化学人才培养和研究机构。

▲ **2012 年是 110 周年校庆，恰逢化学学科创建 100 周年。化学学院于化学楼内建有展览墙，该图为镌刻在化学楼内的化学学院院训**

2 月，国际优秀期刊 *Current Pharmaceutical Design* 正式出版张俊波教授撰写的题为“Recent Advance in the Development of Radiolabeled In Vivo Probes for Diagnosis and

Therapy”的放射性药物论文。我院放射性药物教育部重点实验室张俊波教授担任此刊的客座编辑，成为中国大陆地区第一个担任该杂志放射性药物专刊的客座编辑。

2012 年 3 月通过专家现场论证，2012 年 5 月批准立项建设能量转换与存储材料北京市重点实验室。药物化学与分子工程二级学科被批准为博士学位和硕士学位授予点，并接受博士后研究人员。

3 月 21 日下午，我院 2007 级免费师范生班主任申秀民副教授获评 2011 年“感动师大”新闻人物。3 月 27 日，我院黄元河教授获得北京师范大学本科教学优秀奖。4 月 6 日，我院荣获首都科技平台北京师范大学研发服务基地“重大贡献奖”“优秀组织奖”。刘正平书记荣获“服务先进个人奖”。成莹副院长、张俊波副院长、张媛老师和韩纺老师荣获“组织先进个人奖”。

4 月 20 日，化学学院第一届教职工代表大会第四次全体会议在化学楼二楼会议室召开并取得圆满成功。

5 月 2 日，卢忠林教授获得第八届北京师范大学教学名师奖。11 月，北京师范大学举行第十三届青年教师教学基本功比赛，焦鹏老师获得本科生教学理工科组一等奖，刘红云、李翠红老师获得本科生教学理工科组二等奖、最佳语言奖，李运超老师获得研究生教学理工科组二等奖，李翠红、焦鹏老师获最受学生欢迎奖。

学院教师编写的多部教材获批国家级规划教材，包括刘知新主编的《化学教学论》(第四版)，李奇、陈光巨主编的《材料化学》(第 2 版)，胡乃非、欧阳津、晋卫军、曾泳淮等编写的《分析化学(化学分析部分)》(第三版)，曾泳淮主编的《分析化学(仪器分析部分)》(第三版)，刘克文主编的《中学化学教育实习行动策略》。

11 月，化学实验教学示范中心以优异的成绩顺利通过国家级示范中心建设单位的验收。

本年度，授予学术学位博士 37 人，学术学位硕士 61 人。

2013 年 12 月，学院方维海教授当选中国科学院院士。卢忠林任化学学院党委书记，蒋福宾任化学学院工会主席。

本年度，随着建设世界一流大学战略目标的明确，学校提出新的本科人才培养十六字方针，即“拓宽基础、加强融合、尊重个性、追求卓越”。学院李奇主讲的“材料化学”，王明召主讲的“中级无机化学”，王磊主讲的“化学教学论”“中学化学学科教学设计”等获批国家级精品资源共享课程。

本年度，王磊、支瑶、胡久华、陈颖、黄燕宁等完成的“基于‘高端备课’促进课堂教学改进和教师专业发展的研究与实践”获第四届北京市基础教育成果奖二等奖。尹冬冬、谢孟峡、张站斌、秦卫东等完成的“有机化学教材内容、体系的改革与创新(教材)”获北京市教学成果奖二等奖。

6 月 21 日，国家科技支撑计划课题“分子影像学在已上市戒毒中药临床疗效评价中的应用研究”召开课题验收会，课题负责人是韩梅教授，课题内容包括采用 SPECT(单光子计算机断层扫描技术)、PET(正电子计算机断层扫描技术)成像技术，开展脑损伤及中药干预治疗的分子影像学评价方法研究。验收专家组高度评价了该课题取得的成果，一致同意该课题通过验收。北京师范大学化学学院、放射性药物教育部重点实验室的朱霖教授以第一作者身份，以北京师范大学为第一单位在 2013 年 10 月 25 日出版的 *Science* 上发表论文。论文题目为“Expanding the Scope of Fluorine Tags for PET Imaging”，针对氟化学基础研究在 PET 显像探针发展中的应用予以展望。

学工团队获评学生工作先进集体，隋璐璐老师获评首都民族团结进步先进个人、学生工作先进个人。本年度，授予学术学位博士 28 人，学术学位硕士 66 人。

2013 年 3 月至 2014 年 3 月，艾林被学校选派参加“教育部第一批赴滇西挂职扶贫”工作。

2014 年 9 月，习近平总书记视察北京师范大学并号召全国广大教师做“四有”好老师，在座谈会上，学院方维海院士作为教师代表发言。

学院范楼珍、王磊、刘正平、欧阳津、方维海等完成的“免费师范生化学教学体系建设与创新型化学教育人才培养”获国家级教学成果奖二等奖。本年度学院化学虚拟仿真实验教学中心获评国家级虚拟仿真实验教学中心。能量转换与存储材料团队获评教育部创新团队。“基于 BB 平台的基础有机化学(双语)网络课程”于 2014 年荣获第十四届全国多媒体课件大赛高教理科组一等奖。崔孟超老师获肖伦青年科技奖。刘正平教授、邹应全教授获中国科学技术协会“全国优秀科技工作者”荣誉称号。学院工会获得了优秀组织奖，学工团队获评学校学生工作先进集体，贺利华老师获评学生工作先进个人、优秀党务工作者。11 月 15 日，北京师范大学举行第十四届青年教师教学基本功比赛，邵娜老师获得本科生教学理工科组一等奖，岳文博老师获得本科生教学理工科组二等奖，龚汉元老师获得研究生教学理工科组二等奖。

本年度，在北京市教育系统“先进教职工小家”的评审中，化学学院工会被评为“北京市教育系统先进教职工小家”。

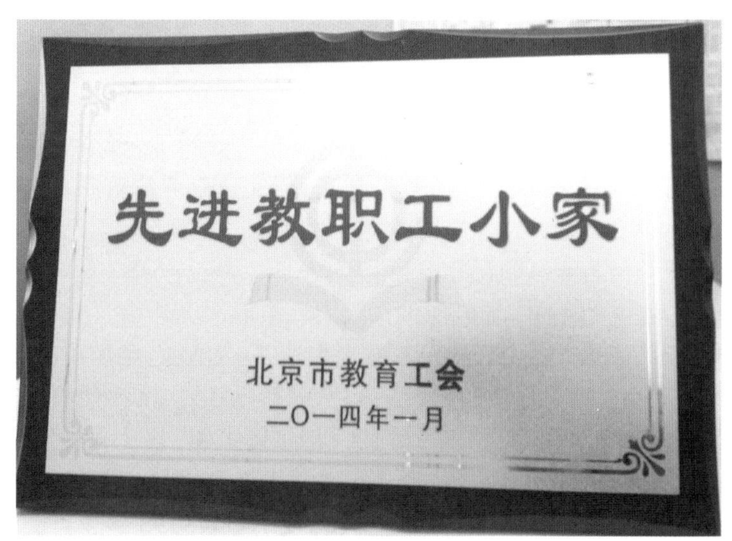

▲ 北京师范大学化学学院工会获评北京市教育系统先进教职工小家

本年度，授予学术学位博士 32 人，学术学位硕士 65 人。

2015 年，理论及计算光化学团队获评国家自然科学基金委创新群体。学院杨清正老师获得国家杰出青年科学基金项目资助，崔刚龙老师、那娜老师获得国家优秀青年科学基金项目资助。学工团队获评学校学生工作先进集体，贺利华老师获评学生工作先进个人。

3月31日下午，化学学院第二届教职工代表大会第三次全体会议在化学楼二层会议室召开。校工会常务副主席王琼老师、减灾与应急管理研究院工会主席刘喆老师以及机关二工会主席吴云峰老师应邀出席。会议由学院教代会执委会主任刘亚军教授主持。化学学院常务副院长范楼珍教授就学院教学、科研情况、平台发展建设、人才培养和引进等方面做报告；副院长张俊波教授做财务预算和结算报告；工会主席、教代会执委会副主任蒋福宾做工会工作报告及教代会提案的落实情况报告。

6月，张聪任北京师范大学—香港浸会大学联合国际学院党委书记。

2015年4月至2016年4月，蒋福宾被学校选派参加“教育部第三批赴滇西挂职扶贫”工作。

本年度，学院授予学术学位博士29人，学术学位硕士57人。

12月7日晚，学院举行纪念抗战胜利70周年暨“一二·九”运动80周年合唱比赛。

2016年，学院老师在教学科研领域取得重要成绩。理论及计算光化学创新引智基地入选高等学校学科创新引智计划。2016年能量转换与存储材料北京市重点实验室获评为优秀。方维海院士获“北京市优秀共产党员”称号。学院欧阳津老师获评万人计划教学名师，陈玲老师获评万人计划科技创新领军人才。崔刚龙获评国家重点研发专项首席科学家。11月19日，校工会、教务处、人事处、研究生院、教师发展研究中心5部门联合举办的北京师范大学第十五届青年教师教学基本功比赛在教九楼顺利举行。学院魏锐老师获得本科生教学理工科组一等奖，侯国华老师获得本科生教学理工科组二等奖，牛丽亚老师获得本科生教学理工科组三等奖，崔孟超老师获得研究生教学理工科组二等奖，王颖老师获得研究生教学理工科组二等奖。魏锐老师和崔孟超老师获得了最佳教态奖，侯国华老师获得最佳PPT奖，魏锐老师还获得最受学生欢迎奖。

化学学科全体82级校友共聚母校纪念毕业30年，同时举行“2016柳荫励学金”颁奖仪式。在北京师范大学2016年新生开学典礼上，董奇校长介绍了“柳荫励学金”，表达了对82级校友的感谢之情，并表示被校友们心怀母校、传递爱心的情谊感动，号召同学们“像这些学长们一样，珍视大学生活，珍视同窗情谊”“怀抱一份爱心，奉献一份爱心，关爱他人，为未来的人生成长储备丰厚的情感滋养”。

4月8日下午，化学学院第二届教职工代表大会第四次全体会议在化学楼二层会议室召开，会议由学院教代会执委会主任刘亚军教授主持。本年度，学院组织开展5期青年教师学术沙龙活动。5月15日，开展化学开放日系列活动。12月5日晚，“不忘初心咏长征”——北京师范大学化学学院纪念红军长征胜利80周年暨“一二·九”运动81周年合唱比赛在学生活动中心举行。学工团队获评学校学生工作先进集体，贺利华老师获评北京高校优秀德育工作者、弘德辅导员和学校学生工作先进个人。

本年度，授予学术学位博士32人，学术学位硕士65人。

2017年，学校召开第十三次党代会，提出建设“综合性、研究型、教师教育领先的中国特色世界一流大学”的办学定位，进一步明确学校人才培养目标是培养“面向未来的卓越教师和拔尖创新人才”。全院师生牢记初心，不忘使命，锐意进取，开拓创新，在教学、科研、人才培养和社会服务等方面取得了丰硕成果。本年度学院获得国家自然科学基金和北京市自然科学基金各类项目共25个，经费总额近3 800万元。在国际学术期刊发表SCI

论文 136 篇，其中在化学类顶级期刊 *J. Am. Chem. Soc.* 和 *Angew. Chem. Int. Ed.* 发表研究论文 8 篇。研发授权专利 23 项。此外，陈雪波教授获得国家杰出青年科学基金项目资助，卢忠林教授被评为北京市高等学校教学名师，杨晓刚同学荣获宝钢优秀研究生奖学金，我院本科生在第九届北京市大学生化学实验竞赛中获得特等奖 4 项、一等奖 6 项，陈雪波教授和魏朔副教授获评通鼎青年教师奖。学工团队获评学校学生工作先进集体，贺利华老师获得学校学生工作先进个人、十佳共产党员。

本年度，授予学术学位博士 41 人，学术学位硕士 71 人。

2018 年，范楼珍教授任化学学院院长。

学院获批国家自然科学基金项目 29 项，其中包括 1 项国家重点研发计划，1 项北京市重大科技专项，经费总额度达 2 682 万元。学院共发表 SCI 论文 200 余篇，在化学类顶级期刊 *Nat. Commun.*，*J. Am. Chem. Soc.* 和 *Angew. Chem. Int. Ed.* 等发表研究论文 14 篇，研发授权专利 28 项，获得国家级基础教育教学成果奖一等奖，国家级精品在线课程 1 门，北京市高等教育教学成果奖一等奖 3 项，北京市基础教育教学成果奖一等奖 1 项，二等奖 1 项。此外，闫东鹏教授荣获国家优秀青年科学基金项目资助，范楼珍教授获评北京市“三八”红旗奖章，邢国文教授被评为北京市高等学校教学名师，孙根班团队“化学人——七彩人生”项目获全国科学实验展演会演大赛二等奖，学工团队获评学校学生工作先进集体，韩娟老师获评学校学生工作先进个人。11 月 7 日，北京师范大学第十六届青年教师教学基本功比赛举行，闫东鹏老师获得本科生教学理工科组一等奖，米学玲老师获得本科生教学理工科组二等奖，徐新军老师获得研究生教学理工科组二等奖。

本年度，授予学术学位博士 39 人，学术学位硕士 66 人。

2019 年，学院学科建设取得重大进展。学院在珠海校区顺利开设普通化学及实验课，学院化学专业入选国家级一流本科专业建设点，理论及计算光化学教育部重点实验室评估为优秀，放射性药物化学教育部重点实验室评估为良好。

学院在科学研究、人才培养、社会服务各领域均取得了丰硕成果。科研方面，学院获批国家自然科学基金项目 33 项，其中包括 2 项国家重点项目，1 项联合基金，1 项重大研究计划，到位纵向经费 3 814 万元，到位横向经费 819 万元，科研经费总额度达 4 633 万元。学院共发表 SCI 论文 206 篇，在化学类顶级期刊 *Nat. Commun.*，*J. Am. Chem. Soc.* 和 *Angew. Chem. Int. Ed.* 发表研究论文 13 篇，研发授权专利 43 项。闫东鹏老师获评教育部高校科研优秀成果奖。人才培养方面，6 月，硕士生答辩 80 人，博士生答辩 39 人，教育学博士答辩 4 人，教育学硕士答辩 5 人，教育硕士答辩 15 人。12 月，博士生答辩 8 人，教育学博士答辩 1 人，教育硕士答辩 14 人。本年度，研究生出国交流 22 人，获校级优秀博士论文 3 篇。教学方面，王磊老师获评北京市高等学校教学名师，闫东鹏老师、李翠红老师获励耘优秀奖，刘广建老师获评十佳辅导员。李雨田等获第十届北京市大学生化学实验竞赛特等奖，7 位学生获得博士国家奖学金，8 位学生获得硕士国家奖学金，2 位学生获得唐敖庆奖学金。韩明睿同学获评 2019 年度首都大中专学生暑期社会实践先进个人，“化育英才”暑期实践队获评 2019 年度首都大中专学生暑期社会实践优秀团队，刘广建老师获评 2019 年度首都大中专学生暑期社会实践先进工作者。2 月，孙根班获评中国化学会先进工作者。7—8 月，学院顺利举办 2 期全国高中生化学核心素养提升夏令营。

北京师范大学烟台京师材料基因组工程研究院成立。4月16日，北京师范大学烟台分子材料基因组工程研究院(以下简称“研究院”)启动仪式在烟台开发区举行。“研究院”由北京师范大学、烟台开发区管委、烟台显华化工科技有限公司三方共建，拟打造成集科技创新、成果转化、科技服务、人才培育、企业孵化于一体的新型创新研究机构。“研究院”将主要依托化学学院和理论及计算光化学教育部重点实验室，建立液晶和OLED材料的数据库，结合机器学习，发展数据深度挖掘技术，筛选和设计性能指标适宜的初级候选功能分子，进一步开展电子结构计算、动力学模拟、实验合成和性能表征，获得性能优异的候选材料。8月16日上午，“研究院”在烟台开发区召开第一次学术委员会暨材料基因组创新研讨会，来自北京师范大学、中国科学院、清华大学、北京大学、华南理工大学等20余位国内先进分子材料领域的权威专家、学者以及企业代表汇聚一堂。

▲“研究院”启动仪式在烟台开发区举行

▲2019年8月16日，“研究院”在烟台开发区召开第一次学术委员会暨材料基因组创新研讨会

化学学院退休教师王世华教授捐赠100万元设立北京师范大学“王世华奖学奖教基金”。捐赠仪式在北京师范大学化学学院举行。王世华老师，王世华老师的女儿郭慧中女士，化学学院党委书记卢忠林，副院长张俊波、魏朔，在职教师代表，退休教师代表，学生代表，教育基金会相关负责人等出席捐赠仪式。捐赠仪式由张俊波副院长主持。仪式上，卢忠林书记、王世华老师、在职教师及学生代表分别发言。学院领导着重表达了对王老师设立基金的感谢及感恩，同时表示会把“王世华奖学奖教基金”管理好，不负王世华老师的殷切希望。王老师讲话时表示，她的学习成长离不开党和国家的培养及社会的关心支持，作为一名党员，她愿意回报社会。她对化学学院有强烈的亲切感和归属感，并非常关心支持学院的建设、学科的发展和人才的培养。王老师讲到，现在正是年轻人大展宏图的好时候，希望这次建立的基金，能使得更多优秀的人才参与到我国固体材料化学的研究事业中，并取得更大成果。随后，教育基金会副理事长兼秘书长张吾龙老师与王世华老师签署了捐赠协议，并为王世华老师颁发了捐赠证书。

▲“王世华奖学奖教基金”捐赠仪式

5月16日下午，化学学院第三届教职工代表大会第二次全体会议在化学楼二层会议室召开。校工会常务副主席刘建武老师，继续教育与教师培训学院党委副书记、工会主席张林老师以及生命科学学院工会主席孙一娜老师应邀出席。会议由学院教代会执委会主任杨清正教授主持。院长范楼珍、副院长张俊波、工会主席蒋福宾等分别做报告。

2019年教师节，习近平总书记在人民大会堂接见的教师代表中有5位我院毕业生(4人获得国家级教学成果奖一等奖，1人获评万人计划教学名师)。

学院师生100多人参加中华人民共和国成立70周年庆祝活动。

本年度，授予学术学位博士47人，学术学位硕士80人。

2020年，学院继续以习近平新时代中国特色社会主义思想为指导，深化立德树人根本任务，贯彻落实习近平总书记关于教育的重要论述，真抓实干、持续发力、锐意进取、乘势而上，努力为建设北京师范大学“综合性、研究型、教师教育领先的中国特色世界一流大学”的宏伟目标做出更大贡献。

学院统筹疫情防控和学科发展，交出合格答卷。2020 年是不平凡的一年，面对突如其来的疫情，学院师生众志成城携手抗疫，在竭力保障全院师生健康和安全的基础上，不断开拓进取，取得了一系列新的成绩，在教育教学、科学研究、师资队伍建设和产学研开发方面表现突出。学院有 4 门课程获评国家级一流本科课程，在化学类顶级期刊 *Nat. Biomed. Eng.*，*Nat. Commun.*，*J. Am. Chem. Soc.* 和 *Angew. Chem. Int. Ed.* 发表高水平研究论文 16 篇。有 6 名青年教师获批国家级和北京市人才项目支持。邹应全教授"磷酰氧系光引发剂制备关键技术和产业化"成果获湖北省科技进步一等奖。孙根班老师获得 2019 年度北京市科学技术奖。王磊老师入选教育部基础教育化学教学指导专委会，担任主任委员，其成果获得教育部第八届高等学校科学研究优秀成果奖(人文社会科学)二等奖。卢忠林、王磊老师获北京师范大学第二届"四有"好老师金质奖章。卢忠林老师获评最受本科生欢迎的十佳教师，徐娜老师获评学校十佳辅导员，郑菁卉同学获评学校十佳大学生，刘虎成同学获评学校自强之星，肖国威同学获评学校十佳阳光体育之星。本年度，授予学术学位博士 44 人，学术学位硕士 88 人。

化学学科"一体两翼"办学格局初步形成。11 月，北京师范大学珠海校区管委会正式批准"先进材料研究中心"在珠海校区建设发展，中心主任为刘亚军教授。中心的发展目标是面向粤港澳大湾区发展战略对高新材料的需求，通过实验设计和理论计算模拟相结合的研究手段，合成制备用于疾病诊断、激光器、航空设备、信息存储与处理和新能源动力电池的新型材料。中心设置 4 个研究所：诊疗分子探针与转化医学研究所(所长崔孟超教授)、光电晶态材料研究所(所长吴立明教授)、先进能源存储与转换材料研究所(所长孙根班教授)、理论与计算化学研究所(所长刘亚军教授)。同时，学院持续在珠海校区开设化学课。

2021 年是中国共产党成立 100 周年，也是"十四五"规划开局之年，国家全面建成小康社会取得完全胜利，党的十九届六中全会胜利召开。我国将开启全面建设社会主义现代化国家新征程，向第二个百年奋斗目标阔步前进。在这承前启后的关键之年，全院师生不忘初心，牢记使命，稳步推动一流学科建设迈上新台阶。学院顺利完成第五轮学科评估和教育部师范化学专业三级师范认证工作，与合肥国家实验室签署战略合作协议，珠海校区先进材料研究中心正式运行，昌平化学科技创新与转化中心投入使用。科研方面，学院获批国家自然科学基金和科技部项目 19 项，其中包括国家自然科学基金重大项目 1 项(1 500 万元)、重点项目 1 项、科技部重点研发专项课题 1 项。在化学类顶级期刊 *Nat. Commun.*，*J. Am. Chem. Soc.*，*Angew. Chem. Int. Ed.*，*Adv. Mater.* 等发表研究论文 18 篇。崔刚龙、江迎、李振东、柯贤胜、朱重钦获国家级人才项目称号，另有 3 位青年教师入选国家级海外高层次人才青年项目，马淑兰、闫东鹏主持的项目分别荣获北京市自然科学二等奖，张俊波老师团队研发的肿瘤显像药物 1.1 类新药获国家临床试验批件。教学方面，学院"物理化学"获教育部课程思政示范课程、教学名师和团队称号，获全国优秀教材(基础教育类)一等奖 1 项，北京高校优质教材 1 项，邢国文老师获宝钢优秀教师奖，闫东鹏老师获励耘优秀青年教师一等奖，岳文博老师获校级教学名师称号，李运超老师获本科教学优秀奖，呼凤琴老师获"彭年杰出青年教师奖"。学院获北京师范大学基础教育教学成果奖一等奖 1 项，高等教育教学成果奖一等奖 5 项，二等奖 2 项。社会服务方面，学院与原子高科股份有限公司、北京新领先医药科技发展有限公司、上海皓元医药股份有限公司、北京诚济制药股份有限公司等签订了战略合作协议和奖学奖教金捐赠协议，在山东肥城、山西晋城等地开展了化学名师发展基地项目，成功举办第十四届华北地区五省市化学学术研讨会、“京师—大湾区”新医药研发产学研论坛和全国高中生化学核心素养提升夏令营。学院已形成特色鲜明、优势突出、产学研成效显著、综合实力雄厚、在国内具有重要地位、在国际有一定影响力的化学学科。

化学学院学生在第13届北京市大学生化学实验竞赛上获佳绩，有11项作品获奖。

11月21日，化学学院校友联络人专项工作会暨学科庆典倒计时300天活动顺利召开。

▲ 2021年7月，学院参与承办第十四届华北地区五省市化学学术研讨会

▲ 2021年10月，学院在珠海召开2021年京师—大湾区新医药研发产学研论坛

2022年是党的二十大召开之年，是北京师范大学成立120周年暨化学学科创立110周年。北京师范大学化学学科110周年华诞将是化学学院发展的一个新的里程碑。站在新起点，学院以改革创新的精神、强烈的责任担当、从严从实的作风、开阔的视野、开放的心态推动一流学科建设，开创新时代学院发展的新时期。

2月27日，北京市昌平区人民政府、中国农业机械化科学研究院集团有限公司、北京师范大学、北京邮电大学合作推进北京农机试验站现址地块建设与开发框架协议签约仪式举行，进一步推动了北京师范大学昌平校园建设发展。

4月22日，“庆祝北京师范大学建立120周年暨化学学科建立110周年”学术前沿报告和“光化学理论与机制”学术研讨会在北京师范大学召开。7月20日至8月25日，化学学院举办化学教育系列论坛，安排26场主题报告及十余场分论坛，论坛在“强师在线”高师基础教育支持乡村振兴公益平台面向全国高师院校化学教育研究者与师范生、中学化学教研员与一线化学教师等全程公益直播。7月29日，化学学院召开京师化学校友产学研论坛。7月14—17日，学院承办了第三届全国大学生化学实验创新设计大赛“微瑞杯”华北赛区竞赛。共有来自北京市、天津市、河北省、山东省和内蒙古自治区93所高校的178支队伍参赛，是化学实验创新设计大赛迄今为止规模最大的一次分赛区赛事。本年度，《中国科学：化学》《科学通报》《北京师范大学学报（自然科学版）》《化学教育（中英文）》出版了北京师范大学建校120周年暨化学学科创立110周年专刊。

本年度，学院2016届公费师范生、“四有”好老师启航计划入选毕业生巴桑措姆获评北京高校毕业生就业创业先进典型。

第二篇

百年人物

北京师范大学化学学科在110年的发展历程中，有许多著名的化学家和教育家先后在此学习或任教，培养和造就了一大批杰出的学者和社会活动家。例如，陈裕光教授(中国化学会创始人之一，第一届至第四届会长，曾任北京师范大学理化系主任、教务长、评议会主席、代理校长，后任金陵大学校长)、吴承洛教授(中国化学会创始人之一，曾6次担任会长、理事长，并历任总干事、秘书长达10余年，创办了《化学》《化学工程》和《化学通讯》等学术刊物)、丁绪贤教授(1919年后任北京大学化学系主任)、邢其毅院士、鲁宝重教授、胡志彬教授、陈光旭教授(中国化学会化学教育委员会创始人之一、中国化学会主办的杂志《化学教育》创刊人之一并担任第一任主编)、严梅和教授、刘若庄院士、刘伯里院士、方维海院士和刘知新教授等。

北京师范大学化学学科奋进的悠久历史，形成了“崇德、敬业、探微、创新”的院训精神，体现了深厚的历史积淀。

崇德 敬业 探微 创新

Morality advocation　Dedication　Exploration　Innovation

第三章　历届系主任(院长)和党总支书记(党委书记)

历届系主任（院长）

任职时间	姓名	情况介绍
1922—1924 年	陈裕光	字景唐，1922 年于美国哥伦比亚大学获有机化学博士学位，是著名化学家、教育家，曾任中国化学会理事会会长。博士毕业后，应当时北京高等师范学校校长聘请，任教授兼理化系主任，主讲有机化学。1924 年 1 月，任北京师范大学教务长，后兼任学校评议会主席，并两次代理校长职务至 1925 年夏天。1925 年 11 月，成为金陵大学第一任中国校长，也是全国第一位担任教会大学校长的中国人，在此职位上工作整整 23 年。曾于 1929 年和 1945 年先后获得美国哥伦比亚大学名誉教育奖章和美国加州大学名誉教育博士称号。
1923—1931 年	张贻侗	安徽全椒人，1920 年起历任北京大学、北平大学、北平师范大学教授和北平师范大学理学院化学系主任等职。1937 年抗日战争爆发后抵陕，历任西安临时大学、西北联合大学、西北工学院、西北师范学院、西北大学教授(兼任西北师范学院理化系主任)，西北大学化学系主任、西北大学教务长及校务委员会委员，中国化学会陕西分会理事长。毕生从事教育事业，专长物理化学，在物理化学方面造诣极深，是当时全国知名讲座教授，曾讲授理论化学、高等理论化学、化学热力学、电化学、定量分析化学、高等无机化学等，并指导实验和进行课外辅导。十分重视适应社会需要，多方联系工厂，安排学生参观实习，增开化工原理、制革、造纸、石油化学等选修课。
1931—1938 年	刘拓	字泛驰，湖北黄陂人，1920 年毕业于北京高等师范学校，并留校任教，担任手工图画专修科外籍教授课堂翻译，此后不久考取留美公费生，在美国学习 4 年，获工业农业化学博士学位，回国后任北平师范大学化学系教授。抗日战争爆发时，正在庐山讲学，旋即赶赴西安入西安临时大学，历任西安临时大学、西北联合大学和西北大学教授、化学系主任、理学院院长等。兴趣广泛，善书法，能诗词，故曾兼任文学院院长。曾任中国化学会北平分会会长，并积极组织北平化学工作者开展学术活动。1942 年应内江糖厂邀请，兼任该厂总工程师，并开展科学研究工作。1945 年赴台湾负责接收糖业。他与陈立夫等合作翻译李约瑟的《科学与社会》共 15 册，在台湾出版。
1939—1946 年	刘拓 张贻侗 李蒸	1939 年，国立西北师范学院独立后，校址在城固，1940 年起逐步迁往兰州，1944 年迁移完毕。期间，城固的理化学科主要由刘拓、张贻侗负责。兰州的西北师范学院由院长李蒸领导，1946 年，部分师生返京复校，西北师范学院永设兰州。李蒸，字云亭，河北唐山人，是中国近代教育史上有影响的教育家之一，早年留美，主修乡村教育，获哥伦比亚大学哲学博士学位，自 20 世纪 30 年代起先后出任北平师范大学和西北师范学院院长十余年，1949 年后任全国政协委员会兼文教组副组长。

续表

任职时间	姓名	情况介绍
1946—1956 年	鲁宝重	1917 年就读于河南信阳师范学校，毕业后以优异的成绩考入国立北京师范大学校，1928 年毕业，1931 年被录取为河南公费生派赴德国留学，1936 年回国。1946 年加入九三学社，1956 年加入中国共产党。他是生物化学家，曾任中央大学、四川省立教育学院、北平大学医学院教授，北平师范大学化学系主任。中华人民共和国成立后，历任北京师范大学教授、化学系主任、副教务长，九三学社第三、四届中央委员。他专于生物化学，尤以酶学研究见长，著有《酶学概论》，为研究酶学的生化工作者提供了资料和线索。
1956—1983 年	胡志彬	1937 年毕业于华中大学化学系。1948 年在美国威士康星大学获理学硕士学位。中华人民共和国成立初期回国，长期在北京师范大学化学系从事教学和科研工作。曾任化学系主任并担任过九三学社中央委员、市分社副主任委员、市政协委员、全国理科教材编委会副主任等职。主要研究方向是电化学，其中包括溶液理论、金属电沉积及有机电极过程机理等。尤其对含氮杂环有机化合物的电极过程机理进行过系统研究。先后在《中国科学》《化学学报》《物理化学学报》及 *Electrochemical Acta* 等国内外重要杂志上发表论文 30 余篇。参与研制“薄膜蒸发器处理含氰废水装置”，获得北京市科技进步三等奖。
1983—1989 年	吴永仁	1930 年出生，上海人，中国共产党党员。1950 年 9 月考入圣约翰大学化学系。1952 年 9 月转入华东师范大学化学系学习。1953 年 8 月提前毕业。1953 年 8 月—1995 年 8 月任教于北京师范大学化学系。1990—1995 年任高等学校理科学科教学指导委员会委员。主要从事有机化学、有机合成化学的教学和研究工作。主编了《中国中学教学百科全书(化学卷)》《化学化工大辞典(有机化学分编)》，发表论文 10 余篇。
1989—1992 年	迟锡增	1933 年出生，北京人，中国共产党党员。1956 年考入北京师范大学，1959 年保送至北京大学物理专业学习，1962 年加入中国科学院，1979 年回到北京师范大学任教。在 20 余年的教育和科研工作中，率先开设了仪器分析课程，并常年从事该领域的研究。带领团队进行的项目多次获得国家部委级科研奖励，并参与主编了《化学化工大辞典》《微量元素与人体健康》《仪器分析》等著作，发表论文 60 余篇。
1992—1995 年	金昱泰	1934 年出生，黑龙江人，中国共产党党员。1956 年毕业于北京师范大学化学系。讲授本科生辐射化学选修课和放化专业研究生放射化学基础课。研究领域主要集中在药学等方向，参与了北京回旋加速器放射性药物实验室的筹建和 67-镓放射性药物的研究，并首次提供药剂。“医用标记化合物的研究”获北京市科技成果奖三等奖；主要参与的包含“131-碘-6-代胆固醇的研究”获国家自然科学大会奖；参与的包含“99m-锝标记脑灌注显像剂的研究”在内的锝化学研究及应用获 1993 年国家教委科学技术进步二等奖。在《核化学与放射化学》《北京师范大学学报(自然科学版)》《核技术》等期刊上发表论文数十篇。

续表

任职时间	姓名	情况介绍
1995—1998 年	吴仲达	1937 年 11 月出生，1960 年毕业于北京师范大学化学系，后任北京师范大学教授、博士生导师，主要从事金属和合金的电沉积机理、有机和无机物的电极过程与电催化、离子注入技术在电化学研究中的应用等研究。曾主持多项国家自然科学基金项目，发表论文 40 余篇，参与编写《化学化工大辞典》等。
1998—2005 年	胡乃非	分别于 1982 年和 1985 年在北京师范大学化学系获得学士和硕士学位，后留校任教。1987 年被聘任为讲师，1993 年为副教授，1999 年为教授，2000 年被遴选为博士生导师。科研领域为生物电分析化学，主要研究方向包括氧化还原蛋白质和酶在各种薄膜电极上的直接电化学、DNA 损伤的电化学检测和可开关的生物电催化与生物传感，发表论文 150 余篇。长期从事分析化学的教学工作，主讲本科生专业课化学分析并指导实验，为分析化学专业研究生开设基础化学计量学课程。参加多部分析化学教材的编写，其中《分析化学(化学分析部分)》《分析化学(仪器分析部分)》于 1995 年获国家教委第三届普通高等学校优秀教材二等奖。
2005—2018 年	方维海	中国科学院院士，理论与计算光化学领域的国际知名学者。1982 年毕业于安徽阜阳师范学院化学系，1990—1993 年在北京师范大学攻读博士学位。随后，在南京大学配位化学研究所从事博士后研究，1995 年以洪堡学者身份在波恩大学理论化学所做博士后。1998 年 8 月回到北京师范大学化学系工作，历任副教授和教授。2013 年当选为中国科学院院士。作为第一完成人，在 2003 年和 2009 年两次获得教育部自然科学一等奖。作为首席科学家，连续 10 年主持科技部“973”计划项目 2 项。2019 年获得亚太理论及计算化学家协会的“Fukui”奖章。目前任理论及计算光化学教育部重点实验室主任、北京化学会理事长、中国化学会常务理事等。
2018 年—今	范楼珍	教授，博士生导师，中国化学会理事，教育部课程思政教学名师，北京市教学名师，宝钢优秀教师，北京市三八红旗奖章称号获得者，《电化学》杂志副主编。1986 年于北京师范大学化学系获得学士学位，1998 年在中国科学院化学研究所获得博士学位，2002—2003 年在香港科技大学化学系任研究助理。获得国家级教学成果奖二等奖(2014 年)，北京市教学成果奖一等奖(2014 年、2018 年)。致力于高效荧光碳纳米材料制备及其在光电器件和生物医药领域应用的研究。主持国家自然科学基金重点和面上项目，发表研究论文百余篇，授权多项美国和中国发明专利。

辅仁大学化学系始建于 1929 年，系主任由当时任教务长的美国公教司铎奥图尔博士兼任，几经更迭。1935 年以前，先后由美籍教授司徒豹、德籍教授时任理学院院长的李士嘉兼任，德籍教授杜满德曾代理系主任。1935 年任命德籍教授卜乐天为系主任。中华人民共和国成立后曾聘请北京大学邢其毅教授兼任系主任。

北京师范大学应用化学研究所与北京师范大学化学系密不可分，实行系所合一的体制，曾为学校处级单位之一。化学研究所历任所长为：吴永仁(1985—1986 年)、刘伯里(1986—1989 年)、孙兆祥(1989—1998 年)、王学斌(1998—2002 年)、刘正平(2002—

2005年)、朱霖(2005—2010年)、李林(2010年—今)。

历届党总支书记(党委书记)

任职时间	姓名	情况介绍
1956—1976年	王桂筠	毕业于辅仁大学化学系,曾参加编印《辅仁通讯》。1948年,留在辅仁大学参加护校迎接解放北平的战斗。1956—1976年任化学系党总支书记。1978—1981年任物理学系党总支书记。1984年12月,任研究生院副院长。
1976—1981年	何家斗	1963年毕业于北京师范大学化学系,1980年任中国共产党北京师范大学党委委员,1981年12月任后勤党总支书记。
1981—1985年	刘玉珍	1979年任化学系党总支副书记,1981年12月任化学系党总支书记。
1985—1990年	孙兆祥	1936年12月出生。教授,博士生导师,放射化学专业,1981年任化学系党总支副书记,1985—1990年任化学系党总支书记,1989年6月任北京师范大学技术研究院院长。主要从事放射性核素分离与分析的研究,在无机复合离子交换材料的研究中有所创新,1990年和1995年两次获得国家自然科学基金资助。曾任核化学与放射化学学会理事、《核化学与放射化学》杂志编委。获1978年全国科技大会奖及省部级三等奖3项、四等奖1项。出版著作3部,其中一部为主编。发表学术论文50余篇,其中《激光光导通信材料中痕量金属活化分析》在《中国化学五十年》一书中做了介绍。
1990—1991年	冯文林	1940年1月出生,博士生导师,理论化学专业。曾主持多项科研项目,1989年任化学系副主任。1996年8月至2002年12月,任北京化工大学党委书记。
1991—1998年	郭建权	1940年1月出生,教授。主要从事手性源诱导的不对称合成反应和手性过渡金属配合物催化的均相不对称反应,稀土配合物的电致发光和光致变色现象的研究。1990—1991年,任主管教学副系主任。
1998—2002年	张永安	副教授,曾任化学系党总支无机化学教研室支部书记、学校测试中心党支部书记、化学系副主任和系总支书记。与张铁垣老师共同编写了《无机及有机物定性分析手册》。参与了由吴国庆老师主持的,由北京师范大学、华中师范大学、南京师范大学共同编写的面向21世纪课程教材《无机化学》部分章节。编写了《无机及分析化学》《大学基础化学实验》教材。发表多篇论文。
2002—2004年	张聪	教授,博士生导师。1982年获四川大学学士学位,1984年获中国科学院上海有机化学研究所硕士学位,1990年6月获瑞士伯尔尼大学博士学位。曾任北京师范大学校学术委员会委员,北京市学位委员会学科评议组成员,《有机化学》编委。曾任兰州大学教授,北京师范大学研究生院培养处处长,北京师范大学—香港浸会大学联合国际学院副校长、党委书记。研究方向为有机合成、有机光化学。开展科研工作包括设计与合成一些新型的手性醇和胺类化合物,并将其作为手性助剂用于不对称合成,光诱导的分子内烯烃—芳烃间位光环化反应的研究,取代基对区域及立体选择性的影响等。

续表

任职时间	姓名	情况介绍
2004—2013 年	刘正平	教授、博士生导师，1987 年、1990 年和 1993 年在吉林大学化学系分别获得高分子化学与物理专业理学学士学位、硕士学位和博士学位。1993—1995 年，在北京大学化学与分子工程学院做博士后。是首批“教育部高等学校骨干教师资助计划”项目获得者。曾任北京师范大学化学学院教学指导委员会主任、高分子化学与物理研究所所长、化学系主管教学副主任、化学系主管科研副主任兼应用化学研究所所长、化学学院分党委书记。主持和参加多项科研和教改项目，现主要从事环境友好高分子和功能高分子方面的研究工作。
2013 年—今	卢忠林	教授，博士生导师。1990 年、1993 年在兰州大学获学士、硕士学位，1997 年在南京大学获博士学位。1997—1999 年在中山大学做博士后，1999—2006 年分别在德国、瑞士及加拿大做洪堡学者和博士后。2006 年年底被聘为北京师范大学教授，博士生导师。2008 年入选教育部“新世纪优秀人才支持计划”，2009 年任教育部双语示范课程项目建设主持人。获宝钢教育基金会“优秀教师奖”、北京市高等学校教学名师称号。主讲基础有机化学(双语)，取得一系列教改成果。主要从事化学生物学和超分子化学研究，已在 *J. Am. Chem. Soc.*，*Chem. Rev.*，*Angew. Chem. Int. Ed.* 等国际学术刊物上发表论文 100 多篇。

第四章　部分代表性人物介绍

北京师范大学化学学科始终以民族振兴、社会发展、科技进步和人才培养为己任，坚持严谨治学、教书育人、科学管理的思想，秉承了“学为人师，行为世范”的校训精神，经过几代学者和师生员工们的共同努力，已形成一个学科分布合理、富有特色的教学和科研体系，为祖国的建设培养了大批优秀人才，已成为综合实力雄厚、在我国具有重要影响的化学教育和研究机构。本章选取110年来做出卓越贡献的部分北京师范大学化学学科教师和校友代表，讲述优秀事迹，弘扬优良传统。

化学教育家和中国化学教育的开拓者，京师大学堂师范馆第一届学生——俞同奎

▲ 俞同奎(1876—1962)，浙江德清人

俞同奎，字星枢，化学教育家，中国化学教育的开拓者，中国化学会欧洲支会的发起人和组织者之一，少年时考入美国教会办的福州市英华学校，17岁时父母双亡，具有较好的英语和古文基础。1902年，俞同奎作为首届学生考入京师大学堂师范馆，1904年起程出国，在英国利物浦大学攻读化学，1910年获得该校硕士学位。他可能是我国近代出国留学生中第一个获得硕士学位的人。1910年，俞同奎到京师大学堂任教，任理科教授兼化学门研究所主任，主讲无机化学和物理化学，亲自编写和组织编写了《无机化学》《有机化学》和《应用化学》等中国最早的一批大学化学教材。中华人民共和国成立后任北京文物管理委员会秘书、文化部古代建筑修整所所长。

中国化学会欧洲支会的发起人之一。俞同奎在留学欧洲期间，于1907年12月24日在法国巴黎与李景镐、吴匡时、陈传瑚等联合发起成立了中国化学会欧洲支会。中国化学会欧洲支会是我国最早的一个化学学术团体，俞同奎历任临时书记、会长、评议员，对该会的创建、组织和开展学术活动做出了贡献。该会成立时，曾印刷章程3 000份寄发四

方。此举的目的，一是抛砖引玉，使当时欧洲各处的留学生共创支会，二是希望祖国人士尽调查的义务。当时调查的课题有"卫生为文明事业之起点""玻璃为文物之美观""糖、酒、火柴为人生日用所必需"等。因会员散布四方，特定每年暑假举行一次年会。俞同奎主持召开了中国化学会欧洲支会戊申夏第一次年会(1908 年 7 月 27 日至 8 月 10 日在英国伦敦召开)并任会长，在会上做上半年的工作报告。会议拟定按英华、法华、德华(分上、中、下)三编出版词典。俞同奎提议先决定元素名、无机化合物名和有机化合物名。会议决定出版中国化学会欧洲支会季报，俞同奎、陈味轩等 8 人为主笔人。另外，会议还讨论了编译教科书以及推广支会、振兴国内化学事业等问题。

中国化学教育的开拓者。早在留学欧洲期间，俞同奎就深深感到欲振兴中华使化学在中国得到长足发展，就必须培养化学人才普及化学教育。当时，中国缺少中文的化学书籍，必须编写中文的化学书籍和教材。编写中文教材的第一个难题就是化学名词的命名和统一问题以及度量衡的译名。当时俞同奎和陈传瑚、李景镐等留欧学生在完成异常繁重的学校功课之余，在这方面做了大量的工作。他们根据化合物的性质、音译等，确定了中文化学名词的字形、读音等，对化学名词的命名和统一提出过许多方案和建议，编写的化学名词手稿达 2 000 多页。回国后，俞同奎负责中国化学名词的审定工作，此后中文化学书籍陆续出版。俞国奎为化学名词的命名和开展化学教育奠定了基础。

投身于高等教育事业和学术团体工作。俞同奎任北京大学首任化学系主任，为北京大学化学系早期教学和实验工作奠定了基础。俞同奎还担任过北京大学教务长，对教学工作十分认真。1920 年，任北京工业专门学校(北京工业大学前身)校长，兼任有机化学教授。当时用英文课本，他讲学简明扼要。1922 年，与陈世璋等发起成立中华化学工业会(中国化工学会前身)，创办和主编《中华化学工业会会志》。俞同奎多年致力于高等教育事业和学术团体的工作，数十年如一日，兢兢业业、不辞辛劳，后来虽患严重的胃病和神经衰弱，但仍坚持在教学第一线，有一次竟晕倒在讲台上。经医生劝告，他离开学校，到南京任教育部大学生就业委员会主任，负责安排大学毕业生的工作。

品德高尚，廉洁自守。抗日战争期间，俞同奎任液体燃料管理委员会昆明办事处主任，负责后方液体燃料的技术研究和质量管理工作。俞同奎始终廉洁自守、大公无私。他在一个枢纽机关的重要岗位上工作了近 8 年，直到抗日战争胜利后回到北京，依然两袖清风。中华人民共和国成立后，俞同奎无限欢欣，他接连写了几封长信，动员在美国奥立根大学进修的女儿俞锡璇立即回国参加建设。俞同奎在多年的教学活动中，经常教育学生要努力学习、报效祖国，而他自己也正是这样做的。俞同奎生活俭朴，待人诚恳，乐于助人。他常常拿出自己的积蓄为祖国培养人才。1962 年 2 月 28 日，俞同奎病故于北京。文化部文物和古建筑修整所为他举行了追悼会，称他为教育界耆宿，年高德劭，在治学、为人和处事态度上，堪为楷模。

中国近代化学家、教育家——张贻侗

▲ 张贻侗(1887—1951)，安徽全椒人

张贻侗，字小涵，1887 年生于安徽省全椒县儒林文化岛袁家湾老街张家宗祠中，其父是清同治进士、云南云龙知州，官居五品。张贻侗的兄长张贻惠是中国近代著名的物理学家、教育家。张贻侗早年毕业于全椒县立中学堂，在伦敦大学研习物理化学专业，得到英国化学家、诺贝尔化学奖获得者 William Ramsay 的指导。1919 年回国后，张贻侗受聘到北京高等师范学校物理化学部任教，宣讲欧美新兴科学理论，成为 20 世纪上半叶中国化学界一位有影响的化学家、教育家，对北京师范大学、北平大学、西北师范大学及西北大学的化学教育做出了积极贡献，同时积极投身科学普及工作，对中国化学高等教育做出了杰出贡献。

培养人才功勋卓著。1908 年，张贻侗与丁绪贤等以优异成绩被录取为安徽省招考第一批官费英国留学生，1919 年获伦敦大学理学学士学位。1919 年 11 月，回国后的张贻侗应聘到北京高等师范学校物理化学部讲授化学课程。此时适值蔡元培任北京大学校长，锐意改革、广揽人才，张贻侗同时被北京大学聘为化学教授。在北京大学兼职期间，在化学系教授物理化学、物理化学实验课程，在物理系教授高等化学等课程。张贻侗的课深受学生好评，应学生要求，学校经常增加他的课。张贻侗还为学生宣讲科学史、自然辩证法、欧美新兴科学理论，如 1929 年讲演“量子学说与化学反应”。此时的张贻侗还同时兼任女子高等师范学校、农科大学、医科大学等校教授。张贻侗在物理化学领域有很深造诣。例如，1931 年由张贻侗讲“炭的原子价”中说“自从原子学说成立后，凡是化合就是原子的结合，一种原子与他种原子的结合，是有一定的数目；因为化合是受力的作用，同时受力的大小不同，故有原子价之发生。如氮之原子价为 3，5 等，炭之原子价亦有数种”。

1923 年 7 月 1 日，北京高等师范学校正式更名为国立北京师范大学校，张贻侗出任国立北京师范大学校理学院化学系教授兼主任。1929 年，张贻侗任北平师范大学理学院化学系教授兼主任。20 世纪 20 年代，时局动荡，北京师范大学多次重组更名，学校领导变更频繁，学生罢课。在极端困窘的情况下，张贻侗表现出了高尚的师德，坚守教学岗位。张贻侗联名王仁辅、文元模、朱希亮、李建勋等国立北平师范大学教授为停止招生致教育部："去秋国难初起，罢课成潮，本校亦于课外补授，俾不荒嬉。"当学校面临生死抉择的时候，他们发出了"教授等服务斯校，历有所年，见闻较切，岂能无言""岂忍坐视斯校之罚其罪"的呐喊。张贻侗在学校得以维持之时，继续任职上课，任劳任怨。

西北化学教育第一人。1937 年，国立北平师范大学转移至西北。张贻侗历经千辛万苦随校西迁，任国立西安临时大学、西北联合大学、国立西北工学院、国立西北师范学院、国立西北大学教授，担任国立西北师范学院理化系主任，讲授理论化学、高等理论化学、化学热力学、电化学、定量分析化学、高等无机化学等课程。1940 年 4 月，教育部命令国立西北师范学院从陕西城固迁往甘肃兰州，之后的 4 年间，国立西北师范学院的教职工分批前往兰州，直到 1944 年 11 月全部迁移完毕。国立西北师范学院的原文理学院各系的大部分教授留在了国立西北大学继续任教，张贻侗此时担任了国立西北大学化学系主任。

1946 年 5 月，抗日战争胜利后，张贻侗随校迁回西安，继续在西北大学化学系任教，为中国西北地区的化学教育事业做出了重要贡献。中华人民共和国成立后，他又担任西北大学教务长及校务委员会委员、中国化学会陕西分会理事长，为化学事业在西北地区的传播尽心尽力。

重视化学普及与传播工作。20 世纪 20 年代，由于时局条件限制，当时留学归国的先贤们没有条件进行研究，更多的是宣讲科学理论、传播知识。

张贻侗重视教学工作，讲课词汇丰富，引喻恰当，深入浅出。"先生毕生从事教育事业，学不厌，教不倦，言传身教，教书育人，学识渊博，德高望重，师生景仰，海内推崇"。他曾讲授理论化学、高等理论化学、化学热力学、电化学、定量分析化学、高等无机化学等课程。为了让学生理解科学知识并应用于实际生活中，张贻侗曾多方联系工厂，安排学生参观实习，增开选修课，如化工原理、制革、造纸、石油化学等。1945 年，西北大学庆祝张贻侗连续执教 25 周年时，张贻侗利用当时教育部颁发给他的一等奖奖金及各方筹款，在西北大学设立了"小涵先生奖学金"。张贻侗在努力教学的同时，尽心竭力培育后进，延揽人才，增置图书，扩充设备。

他致力科研，发表多种论著。1943 年 11 月 12 日，发表于《西北学术月刊》创刊号中的论文"偶极矩与分子构造"。另外，在 1944 年 10 月 10 日，城固县的西北大学举行的第 12 次物理学会年会西北区分会会议中，宣读了张贻侗的论文"原子核的构造"。

张贻侗晚年力疾著述，译著《理论化学大纲》。其译文既忠于原著又屡加己见，增益阐述，补充实例，添绘插图。其有未证公式，亦详细推导，订正术语，核定名词，全文浑然一体，为教学用书之佳品。在 1954 年中央教育部首届综合性大学物理化学教学大纲制定会议期间，国内名家、学者认为"先生谦虚，虽自称译著，实为著作，品质之佳，时人莫及"。该书当时在国内影响颇大，1951 年初版印刷 3 000 册，1952 年再版又印 3 000 册，由此可见该书在当时的影响。

1951 年，张贻侗病故于西北大学。他去世后，国立西北大学的师生们万般悲痛地为他举行了隆重的追悼会，西北军政委员会江隆基部长亲临葬仪，并为执绋。中央人民政府教育部马叙伦部长挽幛赞其为"教师楷模"。

中国半微量分析化学和世界化学通史研究的开拓者——丁绪贤

▲ 丁绪贤(1885—1978)，安徽阜阳人

丁绪贤，字庶为，分析化学家、化学教育家和化学史家，中国半微量分析化学研究和世界化学通史研究的开拓者之一，中国化学会第十一届、第十二届理事会理事，中国化学会第十四届、第十五届理事会监事。1911—1916 年，丁绪贤就读于伦敦大学化学系，1914 年被授予荣誉科学学士称号，1917 年归国任北京高等师范学校化学教授。1917 年春，丁绪贤与吴兴仁等人于北京高等师范学校发起成立“理化学会”，创办 20 世纪中国早期自然科学刊物之一的《理化杂志》。1919 年，丁绪贤任北京大学化学系教授，于 1929 年兼任北京大学化学系主任。1930—1965 年，丁绪贤先后任教于东北大学、安徽大学、浙江大学等高校。

编写中国第一部世界化学通史。丁绪贤早在五四运动时期就认识到研究自然科学史是提倡科学、改进教学的有力措施。他主要侧重研究世界化学通史，是中国开展世界化学史系统研究的第一位学者。1919 年，他在北京高等师范学校的《理化杂志》创刊号上发表《化学家普力司莱传》一文，意在宣扬五四运动提出的科学、民主的革命主张。1919 年丁绪贤被北京大学总长蔡元培聘为北京大学化学系教授兼系主任。他主张在大学将科学史列为教学内容，并在北京大学讲授化学的同时，兼设化学史课程。1919 年丁绪贤在《北京大学月刊》创刊号发表《有机化学史》长篇译作，首次介绍有机化学这门 19 世纪兴起的学科的发展史，创译了许多化学史专有名词。此后，他自编化学史教材《化学史通考》，这本教材经过丁绪贤七八年的努力，几次修改文稿，于 1925 年出版，被列为“北京大学丛书”第 11 种，是丁绪贤的代表作，也是中国第一部具有学术价值的化学史书籍。此书的出版为国内开展世界化学史研究打下了基础。在他的影响下，国内一些高等院校也一度开设化学史课。《化学史通考》从而成为化学界教研及自学的参考文献。鉴于《化学史通考》初版早已售罄，许多人欲购无门，于是上海商务印书馆约以再版。清样排出后，正值“一·二八”事变，书馆遭劫，所有书稿同付劫灰，使再版难以实现。此种情况下，丁绪贤在东吴大学任教之余再版增订，1936 年方再版。从该书中，我们既可了解各历史阶段化学发展总的轮廓，更可知每人每事细枝末节。此书史料之富为一时之甲。他本拟再版后，复推出第 3 版，补写中国化学史及所授分析化学历史，但战时时局动荡，以致未能实现计划。幸而此工作后由张子高、李乔苹、袁翰青、曹元宇等完成。

革新中国半微量定性分析。作为化学家，丁绪贤在分析化学领域内很重视基础理论研究及先进分析方法、分析仪器和分析试剂的采用。当时中国多沿用传统常量分析，而国外则已发展半微量分析新技术。为使中国分析化学赶上国际先进水平，丁绪贤最早在国内倡导并推广使用半微量定性分析法。然而那时国内尚无现成的文献与仪器，于是他将恩格尔德等著的《半微量定性分析》一书译成中文，1947 年出版。又将霍卜金等著的《试验金属及酸根用有机试剂》一书译成中文，于 1949 年出版。为将半微量分析化学技术引入中国，丁绪贤于 1948 年令其留美的次子丁光生自费购回一套半微量定性分析仪器及有机试剂共 1 500 件，全部赠送给浙江大学化学系。他亲手用这套仪器、试剂做半微量定性分析，培养年轻人掌握这套技术，取得实际经验后，再向国内各地推广。他在国内最早提出在定性分析中使用硫代乙酰胺代替硫化氢。自丁绪贤发表《硫代乙酰胺的制备及其在半微量分析中的应用》论文后，各地皆仿效此法。这篇论文也被编入大专院校教材之中。丁绪贤是中国半微量分析化学的倡导者和革新家之一。他在助手协助下完成的“铜组分析的简化法和铜砷组中铋、铅、铜及镉的快速分析法”等研究，均有实际意义。

两袖清风，安贫乐道。丁绪贤为人刚直不阿，有民族气节。他兢兢业业，数十年如一日，为祖国培育一代又一代的化学人才。在教学实践中，丁绪贤重视理论联系实际，重视实验教学，提倡讲堂示范，亲自设计、制作各种挂图，年逾古稀仍指导学生做实验。

1978 年 9 月 20 日，这位 94 岁高龄的化学家因病辞世。他在遗嘱中表示将遗体供医学界研究，然后将骨灰撒于钱塘江内。他一生两袖清风，留给后世的财富是他的事业、著作和更可贵的高尚精神。

化学家和学会工作活动家——吴承洛

▲ 吴承洛(1892—1955)，福建浦城人

吴承洛，字涧东，化学家和学会工作活动家，许多学术团体的发起人和组织者，创办了《化学》《化学工程》和《化学通讯》等多种学术刊物。1915 年，吴承洛于北京清华学校(清华大学前身)毕业后赴美国留学，1918 年毕业于美国里海大学，后又到哥伦比亚大学深造，学习期间以化学工程为主，理论化学为辅，1920 年回国后在上海复旦大学任教，

1921 年任北京工业大学教授兼化工系主任，同时兼任北京师范大学教授。他为中国度量衡制的统一做过早期工作，对普及科学知识做出了贡献。

行政工作学术化。吴承洛说：“行政工作需要学术化，所以我多年来就做了行政与学术联系的工作。”他在任度量衡局局长时，深入研究度量衡及其历史，收集了各种度量衡器具，进行比较和分析。《全国度量衡划一概况》和《中国度量衡史》是他多年来有关度量衡研究的结晶。吴承洛在主管中央工业试验所和度量衡局工作期间，创办了《工业中心》和《工业标准与度量衡》两本期刊，以研讨和交流工业标准化方案及其技术问题。他在这方面的论著很多，是中国工业标准化工作的开拓者之一。为了纪念中国工程师学会成立 30 周年，吴承洛主编了《三十年来之中国工程》这一巨著，全书共 70 篇，字数达数百万。

为中国化学会的建立和发展做了大量工作。吴承洛为发展我国的学术团体，做了许多工作。早在美国留学期间，他就参加了中国科学社和中国工程学会，29 岁时就担任中国工程学会会长。1932 年 8 月，吴承洛被选为中国化学会书记。当时，化学会既没有经费，又没有会所，更没有专职干部。学会的很多组织工作和事务工作，均由书记亲自筹办。为了实现“联络国内外化学界同仁共图化学在中国之发展及应用”的建会宗旨，吴承洛多次在年会上做报告或发言，总结会务工作，介绍进展情况，提出奋斗目标，以激发会员的工作热情。1937 年，中国化学会决定在青岛召开第五届年会，但因七七事变爆发，许多会员不能到会。吴承洛作为总干事，专门为年会写了详细的书面报告《中国化学会第五届年会报告书》，报告中“文书整理”一节还列出了经他整理保存的中国化学会分类档案 10 大类共 72 种之多。

为化学期刊的创建和发展做出贡献。吴承洛还十分重视学会刊物的编辑出版工作。1934 年，中国化学会创办《化学》，吴承洛亲自题写刊名。刊物设有“中国化学会会务”专栏，由他任该栏主编。1936 年将此栏分出，扩大内容，专门出版了《化学通讯》，吴承洛是第一任主编。1942 年，中国化学会成立 10 周年。理事会决定由《化学》出版纪念专刊，吴承洛任主编。在抗日战争期间，编辑出版这样的纪念专刊，困难重重。一方面，文献资料大量散失，通信手段落后，联系困难；另一方面，印刷条件很差，尤其对排印化学名词和化学结构式，更加困难。经过吴承洛等人数年的努力，内容丰富的纪念刊最终出版。纪念刊较全面地综述了中国化学会成立 10 年来，中国化学、化工理论研究和应用研究的成就和进展，是研究中国近代化学发展史的珍贵史料。

主持编审化学名词工作。1934 年 8 月，中国化学会化学名词审查委员会，在上海召开第一次会议。会议对化学仪器设备名词、化学工程名词及化学术语等，进行了讨论，并做出决议，由吴承洛负责主持编审工作。1937 年 1 月，化学名词审查委员会会议召开，吴承洛出席了会议。会议审定了《化学仪器设备名词》初稿，讨论决定了 3 000 多个仪器名词，并对《化学命名原则》进行了修改和增补。吴承洛主张在化学名词的审定和统一过程中吸收国外的知识，但应当结合我国特色。他认为：“中国化学物质名词的正确发展道路，是以物质为对象，以外文名词为参考，遵循中国语言自己发展的内部规律来厘定，并力求其大众化。”

吴承洛是热爱祖国、热爱社会主义的学者。1938 年，日本侵略军大举入侵，几乎所有的学术团体都停止了学术活动，唯有中国化学会经吴承洛的努力，在重庆召开了第六届年会。会议除宣读论文和交流学术思想外，还讨论了《关于声讨日本侵略者施放毒气的决议》，并致电国际反侵略总会，呼吁各国化学家共同声讨，体现了吴承洛和广大化学会会员的爱国热忱。1949 年，当时任商标局局长的吴承洛，为了不使他主管的重要资料流失，携带商标专利和重要图表 6 万余册前往香港。1950 年年初，吴承洛由香港回北京，使全部资料得以保存无损。1950 年，吴承洛在一份自传中写道："我的嗜好只有工作，我的生命就是我的意志，在任何社会环境中，我有我的坚忍不拔的意志，这个意志就是工作。于学习中求进步，于工作中求进展。人生以服务为目的，我立志为科学技术服务，立志为祖国、为人民服务。"

中国化学会原会长，北京高等师范学校理化系原系主任、学校代校长——陈裕光

▲ 陈裕光(1893—1989)，浙江宁波人

陈裕光，字景唐，曾任中国化学会会长。1915 年，陈裕光毕业于南京金陵大学(美国教会所办)化学系，次年去美国哥伦比亚大学深造，攻读有机化学，1922 年获博士学位，1922 年回国任教于北京高等师范学校，主讲有机化学，曾担任北京高等师范学校理化系主任及代理校长。

慕大唐盛世，树远大抱负。陈裕光在金陵大学读书期间，正值辛亥革命成功，他认为这是时代的进步，因此以"景唐"为号，即景慕初唐盛世之意。他看到日本自明治维新以后，国力日益强盛，而中华民族却处于灾难深重的境地，为此在青年时期就树立了科学救国的远大抱负。

临危而受命，救国凭教育。陈裕光毕业于金陵大学，1925 年应聘回母校办学。金陵大学是由美国教会在华开办的一所学校，1927 年金陵大学的外籍教授纷纷离去，校长也借口告退返美。学校推选陈裕光与过探先为正副主席，代行校务。

革故而鼎新，承文化璎珞。陈裕光接任金陵大学校长后，以其渊博的学识，熟练的、有条不紊的领导技能，克己谦恭、和蔼真诚的道德情操，身教重于言教的治校作风，主持校政。他认为收回教育权是全国人民高兴的大事，然而仅换一位中国校长，挂一面中国国旗，还远未解决收回教育主权的实质问题，教会大学的出路，在于行政管理与教育的改革。陈裕光认为外国人办学不合中国国情，应当把教育权还给中国。他就任校长后的第一件事就是向政府呈请立案。立案之后，陈裕光对学校的行政管理进行了一系列的调整。这是陈裕光作为中国第一位担任外国教会大学校长后，为国家争得教育主权的爱国之举。陈裕光立足教育改革，以求实现他“教育救国”的伟大抱负。陈裕光根据国情办学。一是停办宗教系，宗教课由必修课改为选修课，宗教集体活动改为自由参加，尊重信仰自由。二是扩充科系，将文理科改为文学院与理学院，改农林科为农学院，增设文科、理科、农科研究所。他还推出“教学、研究、推广”三一制的三结合教育方针，使培养的人才符合实际要求。金陵大学虽是教会大学，但陈裕光认为它首先是中国人的学校。中国大学生要吸收西方的科学文化，但必须以中国文化为主体，重视祖国固有文化，对外来文化应该加以择别。中华民族有灿烂的历史文化，应该研究中国文化历史，培养这方面的人才。1931 年日本侵略军发动侵华战争，消息传到金陵大学，全校沸腾。学校迅速成立了“反日救国会”，组织师生军事训练，并开誓师大会。陈裕光带领全校师生宣誓，永不使用日货，大大增强了全体师生的爱国热忱。陈裕光还身体力行，在语言、风俗等方面体现民族精神。在金陵大学 20 多年，他从不穿西装，对金陵大学师生影响很大。

尽绵薄之力，怀报国之心。1980 年，89 岁的陈裕光被选为上海市政协委员，他怀着“报国之日苦短，建功之心倍切”的心情，发出了“尚有一息微力之时，我要为促进四化建设和统一祖国服务”的肺腑之言。1982 年 6 月，他不顾 90 岁高龄，远涉重洋，只身赴美，历时 2 个月，行程几万公里，先后会见了 300 多名金陵大学校友，积极向校友们介绍国内的情况，邀请他们回国讲学。他说：“我已 90 余岁了，在贫穷落后的旧中国，纵有科学救国抱负，也只是纸上谈兵。现祖国春风浩荡，举国上下气象万千，我年事虽高，逢此盛世，深受鼓舞。”表示要为“振兴中华、造福人群”贡献微力。

生物化学家、化学系原系主任——鲁宝重

▲ 鲁宝重(1903—1966)，河南新野人

鲁宝重，1928年毕业于国立北平大学第一师范学院，先后担任河南安阳高中教员和开封师范教员兼教务主任。1931—1936年，鲁宝重被派赴德国留学，跟随著名农业化学家魏登哈根教授从事研究工作，期间完成一篇名为《维生素与酶促蔗糖分解的关系》的重要论文，用周密的实验结果，阐明了维生素C影响蔗糖酶促分解的机理等。1936年毕业回国，鲁宝重先后担任武昌中华大学和南京中央大学教授。1946—1966年，他先后担任北平师范学院教授、北京师范大学教授兼化学系主任、北京师范大学副教务长和《化学通报》主编等职。

潜心钻研，编著《酶学概论》。20世纪60年代，在国内的科研和教学读物中，我国自编的和翻译的酶学著作都很少。鲁宝重对酶学研究造诣颇深，在1964年，编著出版了《酶学概论》一书。1965年再版时，他又尽可能地补加了一些新材料，并进行了若干调整。鲁宝重根据当时科学技术发展的水平，就酶的化学、动力学、作用机制、生物学以及酶的实际应用等方面，进行了一般性的阐述，尤其着重对基本原理的说明，并介绍了酶的概念和发展简史，简要地讨论了酶的协作。此书还在附录中列出了几百种酶及其催化反应。《酶学概论》一书为高等院校的相关教学提供了参考资料。此外，鲁宝重还发表了《说金属酶》《酶之化学本质问题研究》，并和王德宝合著了《中国之酶化学研究》等多篇论著。

投身教育，培养新生力量。鲁宝重毕生献身于教育事业，特别关心培养新生力量。他言传身教，备课一直备到脱离讲稿，对讲义仔细审阅、反复修改。鲁宝重不仅关心青年的专业成长，同时也关心他们的思想动向，当发现他们有思想问题时，就及时提出意见，既教书又育人，致力于把青年培养成又红又专的人才。

热爱祖国，追求人生进步。1919年五四运动爆发后，青年鲁宝重参加了反帝游行示威，并奔赴农村进行宣传。他在德国留学时，参加了反帝大同盟组织的反对德国法西斯的公开集会。抗日战争时期，他积极参加抗日救亡的宣传活动。1946年，鲁宝重参加了民主党派九三学社。他曾被选为九三学社第三届、第四届中央委员会委员。1956年，鲁宝重加入了中国共产党。入党后，他以极大的热情和对党高度负责的精神，多年来带病坚持工作。编著《酶学概论》的稿酬3 000余元，他给党委买了一套珍贵的书画，给学校买了一批实用的图书，其余全部交了党费。1966年年初，在第三个五年计划的感召下，他又决心争取在1971年7月1日以前，写出《酶学分论》一书，以迎接党的五十周年。尽管当时他的肝病日益严重，经常生腹水，但他仍然力疾振笔，开始了《酶学分论》的编写工作。怎奈病魔折磨，鲁宝重去世前仍未完成这一心愿。鲁宝重病危期间，感到自己的疾病难以治好时，要求医生不要给他输血、吃药，把血和药留给别的病人用。多年来在和病魔的斗争中，他从不放弃自己的工作和理想。他经常教育子女生活要简朴。

斯人已逝，精神永存。1966年3月1日，鲁宝重因病情突然恶化，不幸逝世，享年63岁。鲁宝重把自己一生奉献给了祖国，把生命最绚丽的年华，奉献给了他所钟情的教育事业和化学研究工作。

有机化学家和化学教育工作者，《化学教育》第一任主编——陈光旭

▲ 陈光旭(1905—1987)，河南淅川人

陈光旭，著名有机化学家、化学教育家。1952 年加入九三学社，曾担任九三学社第六届、第七届中央委员会委员，中国化学会常务理事，中国化学会化学教育委员会主任委员，国际纯粹与应用化学联合会化学教育委员会中国代表，北京化学会副理事长，《化学教育》杂志主编，《大学化学》杂志顾问，北京市第四届人民代表大会代表。1978 年恢复学位制度以后，陈光旭成为第一批博士生导师。他在有机合成化学方面，特别是在曼尼希反应的研究中做出了贡献，并首先在国内制成液体感光树脂版。他毕生致力于化学教育事业，为中国培育了大批有机化学人才。

陈光旭 1920 年考入天津南开中学，1926 年中学毕业时，适逢北伐战争，南北交通中断，且家庭经济困难，故辍学 2 年，1928 年考入清华大学化学系，1933 年毕业于清华大学化学系后留校任教。七七事变爆发后，陈光旭随校南迁，在昆明西南联大继续任教。1942 年，陈光旭到美国伊利诺伊州立大学研究院深造，师从著名有机化学家亚当斯。在此期间，袁翰青、邢其毅等人也在亚当斯的实验室学习或工作。1943 年在美国伊利诺伊州立大学研究院获理学硕士学位，1945 年以论文《四氢大麻醇类似物的制备》获理学博士学位。1945 年，陈光旭在美国礼来公司研究部任研究员，从事药物化学的研究工作，1946 年，任北平研究院化学研究所研究员，1947—1949 年，在北京大学化学系、北京大学医学院药学系任兼职讲师。中华人民共和国成立后，1950 年化学研究所南迁上海，陈光旭留在北京，一直在北京师范大学化学系任教授，从事科研和教学工作。1956 年，中国科技情报所成立，他常去看书。他曾经说过："做一个教授，可不能不做研究，不做研究就等于放弃了本行。"

踵其事而增其华，在科学研究方面做出突出贡献。陈光旭在有机合成化学领域造诣颇深，尤其对曼尼希反应的研究。自曼尼希胺甲基化反应被发现的几十年以来，人们一直认为只有脂肪胺可以和含有活泼氢原子的酮及甲醛发生曼尼希反应，从而使曼尼希反应的应用范围受到很大限制。例如，为了制取 β-芳氨基酮，只有先用脂肪族胺和酮、甲醛反应制得 β-脂氨基酮，然后再用芳香胺和 β 氨脂氨基酮进行氨基交换反应，才能得到 β-芳氨基酮。对此，陈光旭提出是否可以利用芳香胺、甲醛、酮直接反应生成 β-芳氨基酮。他从 20 世纪 50 年代中期开始进行研究，首先发表了用酰亚胺类化合物和甲醛、芳香胺反应制取

N-曼尼希碱的报道，这比国外同类反应的报道早了约 10 年。20 世纪 60 年代中期，陈光旭又实现了以 N-曼尼希碱和酮进行交换制取 β-芳氨基酮的新的合成途径。最后，终于在 20 世纪 80 年代初期，陈光旭实现了直接用芳香胺、甲醛和酮进行曼尼希反应制取 β-芳氨基酮的愿望，并对该反应机理进行探讨。这一研究成果扩展了曼尼希反应的应用范围，现已将曼尼希反应用于杂环化合物的合成之中。陈光旭在曼尼希反应方面的研究成果受到国内外有机化学界的重视和赞赏，1984 年获北京市学术成果奖三等奖。陈光旭还十分重视应用学科的研究。1968 年，当时国际上已经采用树脂版印刷，而中国这方面仍属空白。在工作条件十分困难的情况下，他开始进行感光树脂版的研究工作。指导青年教师的同时，他身体力行，经常每天工作 12 小时以上，还经常利用节假日去图书馆查阅资料。1971 年，国内首次制成液体感光树脂版。1974 年感光树脂版被推广到全国 19 个省市，为中国印刷技术的革新进行了开拓性的工作。这项成果获得了全国科技大会的表彰，并获得了北京市科技成果奖三等奖和国家教委科技进步二等奖。光敏涂料方面的研究成果获得了北京市科技成果奖二等奖。目前这些成果已广泛应用于印刷工业中。

九层之台起垒土，重视教学工作和青年教师培养。中华人民共和国成立初期，中国高等师范学校师资十分缺乏。在陈光旭的主持下，先后举办了 3 期高等师范学校有机化学研究班。研究班毕业的学员，不少人成为全国各地高等师范院校的骨干力量。陈光旭十分重视大学基础课程的教学工作和教材建设。在教学工作中，他素以语言精练、逻辑性强著称，讲课内容丰富，深入浅出，富有启发性。1955 年，陈教授编著了中国第一部立体化学方面的教材。晚年，他还亲自过问化学系本科有机化学的教学改革工作，亲自设计和主持了有机化学教材的编写工作，出版了《有机化学(一)》和《有机化学(二)》，为提高本科教学质量做出了贡献。陈光旭一贯主张高等师范学校的教师必须既会教学，也会搞科研，两者不能偏废。他躬行实践，为青年教师做出了榜样。中华人民共和国成立初期，科研条件十分落后，许多科研仪器无法买到，陈光旭就自己动手创造条件。陈光旭非常关心青年教师的成长，鼓励青年走又红又专的道路，帮助留在教研室的青年教师制订业务进修计划，选定科研题目。20 世纪 50 年代初，国际上刚刚报道了二茂铁的制法，陈光旭就指导开展这方面的研究工作。当时教研室有不少青年教师是学俄语的，英语水平较低，查阅文献困难，为适应科学研究发展的需要，陈光旭在教研室内办起了英语辅导班，亲自为青年教师辅导英语，使他们的英语水平提高很快。

达者兼善为天下，关心普通教育质量的提高。陈光旭曾担任中国化学会教育委员会主任委员和《化学教育》杂志第一任主编。在他主持《化学教育》期间，主张《化学教育》要面向广大中学教师，要突出化学学科的特点，加强基础，培养能力，发展智力，要扭转忽视化学实验教学片面强调理论教学的倾向，要尊重教学规律，从实际出发。陈光旭强调要把《化学教育》办成学术刊物，要深入地、不懈地开展教学研究，深入探讨适合中国情况的化学教学规律。在审阅和选定稿件时，陈光旭坚持“双百”方针，以促进学术交流。《化学教育》成为当时广大中学教师学习和业务提高的园地。陈教授在晚年还主持编写了“有机化学专题选”系列丛书，第一卷于 1987 年出版。

厚风亮节为世范，一生为中国教育事业做出贡献。陈光旭治学严谨，是广大青年的良师益友。正如 1985 年 9 月中国化学会在为袁翰青、陈光旭、邢其毅、蒋明谦举行从事化学工作 50 周年祝贺大会时指出的：“陈光旭同志时刻关心民族和国家的命运，孜孜不倦于发展和提高自己所从事的专业，为国家培养了大批建设社会主义的人才。”

中国科普事业的奠基人——袁翰青

▲ 袁翰青(1905—1994)，江苏通州人

袁翰青，化学家，化学史家，中国科学院院士，曾就读于南通师范学校，1929年毕业于清华大学化学系，1932年获美国伊利诺伊大学哲学博士学位。1933年回国，袁翰青先后任中央大学化学系教授、甘肃科学教育馆馆长、北京大学化学系教授及化工系主任，并在北平师范大学和辅仁大学兼任教授，讲授化学史等课程，1955年当选中国科学院学部委员(院士)。他曾在美国从事立体有机化学研究，发现联苯衍生物的变旋作用，获美国Sigma Xi自然科学荣誉学会会员称号，获得荷兰科学家范霍夫奖。

创立甘肃科学教育馆。1940年11月，袁翰青奉命调往西北兰州，负责创建甘肃科学教育馆。到任后，他把建馆宗旨确定为普及民众科学教育，主要做了4件事：设立科学陈列厅、放映科技知识电影、举办通俗科学讲演、进行学术巡回教育。1941年9月21日发生了一次罕见的日全食现象，当时袁翰青在甘肃科学教育馆精心策划并支持了一次规模空前的日全食观测活动。利用这一机会，天文工作者在当地掀起了一次宣传科学知识、破除愚昧迷信的科学普及高潮。在此期间，袁翰青不仅组织甘肃科学教育馆的工作人员撰写科普文章，还请国外知名专家到兰州做报告。中华人民共和国成立后，他被任命为科学普及局局长。在此期间，袁翰青做了很多开创性的工作，强调要“把科普工作作为科学界的群众性工作来搞”，他认为做好科普工作的关键是普及，普及的对象是广大人民群众，特别是工人、农民。特别值得一提的是，1950年春节，袁翰青在北京师范大学和平门老校址举办的“首都春节科学知识展览会”，展出共12天，观众达10多万人次，成为轰动首都的一大新闻。

科普创作贯穿一生。袁翰青不仅对全局性的科普工作做出了贡献，而且十分重视科普写作。1954年，和平利用原子能成为科技界十分关注的问题。袁翰青在北京做了一个有关原子能的科普报告，引起了不小的反响。1958年，袁翰青撰写的《氟的工业制造技术》和《硼烷的制备》出版。袁翰青擅于把普及科学和发展教育联系起来。1954年至1956年，他写了《溶液》《铜的故事》《糖的故事》，这些都是通俗易懂的工业常识书籍。1975年，袁翰青不幸身患脑血栓，右半身偏瘫，但是他坚持用左手写字，在报刊上发表短文。从1980年到1988年，他在《化学教育》上连续介绍了26位世界著名的化学家。

袁先生在科普事业上贡献了他的一生，他的身上有着太多的优秀品质值得学习。

辅仁大学化学系校友、系主任，中国多肽化学研究新纪元的开创者——邢其毅

▲ 邢其毅(1911—2002)，天津人

邢其毅，著名有机化学家、教育家，中国科学院院士，我国多肽化学研究方向的开创者，中国化学会第二十届至二十二届理事会理事，第六届、第七届全国政协委员。1933年邢其毅毕业于辅仁大学化学系，1936年在美国获得博士学位。抗日战争期间，邢其毅任华中军医大学教授，在艰苦条件下完成简便测定不饱和脂肪酸的方法和云南抗疟植物的研究。1946年，邢其毅任北京大学化学系教授，1950—1952年兼任辅仁大学化学系主任。他编著了教材《基础有机化学》，是人工合成牛胰岛素的重要贡献者之一。他领导的团队率先在国内开展花果头香研究，揭示了高原盐湖杜氏藻的香气之谜。

参与人工合成胰岛素的研究。20世纪50年代，中国还处于百废待兴之际，当时资源匮乏、条件恶劣，国内生化科研进展缓慢，但邢其毅始终励志耕耘，锐意进取："人工合成胰岛素是教研室的一个大的科研项目，参加的年轻教师多是我的学生，实验进行中发生的问题及一些事情，我不能不管。"为结晶牛胰岛素的合成做出了重要贡献。同时，他提出的广谱抗生素——氯霉素的高效合成方法，使得氯霉素大幅降价，为众多吃不起药的严重细菌感染患者带来了生的希望。

▲ 邢其毅教授在指导人工合成胰岛素

编写《基础有机化学》教材。邢其毅参与高等教育教学研究，亲自站上讲台、走进实验室，用自己的一言一行教育学生。他的学生大多成为化学领域的优秀科研人才和卓越教师。他编著的《有机化学》和《有机化学简明教程》都是我国教育部最早指定的全国高校通用教材。20 世纪 80 年代出版的《基础有机化学》第 1 版是一部大型有机化学教科书，已出多版，被人们亲切地称为“邢大本”——如今这套教材已成为众多化学专业学生的共同记忆。

▲《基础有机化学》(第 4 版)

中国天然有机化学研究的先驱者——严梅和

▲ 严梅和(1910—1991)，江苏无锡人

严梅和，化学家，江苏无锡人，九三学社会员。1933 年，严梅和毕业于国立中央大学农业化学系，1933—1935 年先后在沁阳、郑州、常熟等地任中学教员，1935 年赴德国学习，1940 年获敏斯顿大学科学博士学位。1940 年 11 月，严梅和回国，1941 年在重庆歌

乐山药学专科学校任教，1942 年在南通农纺学院任副教授，1946 年在复旦大学化学系任教授，1949 年在中山大学化学系任教授。1959 年 9 月，严梅和到北京师范大学化学系工作，任教授。严梅和曾任第三届全国人大代表、第五届全国政协特邀委员、第六届全国政协特邀委员、北京市第七届人大代表、北京师范大学学术委员会委员、《化学教育》编委、国家教委中学教材化学部分顾问等职。她长期从事教学和科研工作，1950 年编写出版《农艺化学》，先后主讲过有机化学、生物化学、有机定性分析、天然产物化学等课程，编写了有关讲义和教材。严梅和在天然有机化合物的研究方面有很高的造诣，为中国野生植物资源利用做出重要贡献，1985 年研究的“增抗剂”获国家农牧渔业部科技成果奖二等奖。

辅仁大学化学系校友，中国科学院学部委员——蒋丽金

▲ 蒋丽金(1919—2008)，北京人

蒋丽金，著名化学家，中国科学院院士，中国科学院化学研究所研究员，以研究生物光化学而闻名，是中国光化学研究的主要奠基人和开拓者，1944 年毕业于辅仁大学化学系，1946 年在辅仁大学获硕士学位，1951 年在美国明尼苏达大学药化系获博士学位，1951 年至 1955 年先后在美国堪萨斯大学药化系和美国麻省理工学院化学系做博士后，1955 年回国。蒋丽金分别于 1990 年、1993 年、1996 年 3 次获中科院自然科学奖二等奖。

科研攻坚，大国女将展英姿。蒋丽金自幼喜欢读书，初中毕业后被父母送到唐山仅有的一所教会学校读高中。但是，那所教会学校却整天教女孩子们剪纸、画画、做女红。蒋丽金不喜欢这些，于是父亲最后将她送入对学生要求严格的贝满女中。后来，她选择了辅仁大学化学系，并在这里获得了化学学士学位，2 年后又获得了化学硕士学位，随后便赴美留学。20 世纪 50 年代，蒋丽金在美国取得博士学位后，开始从事防氧化剂的合成、可的松衍生物的合成等研究。在科研工作上总是想闯出新天地的她，甚至有过研究炸药的想法，但由于炸药研究的危险性太大，蒋丽金的导师拒绝了她的请求，为她提供了另外一个研究方向——维生素 D 的研究。不久，蒋丽金在这一研究就有了突破性的进展。1955 年蒋丽金决心回到祖国参与社会主义建设。回国后，蒋丽金在中国科学院化学研究所开始了她科研生涯的新征程。从 1958 年开始 ，她满怀热情地带领着学生在实验室工作，并于 60

年代初期取得了研究成果。蒋丽金参加研制的160胶片，荣获1978年中国科学大会奖，1986年获中国国防专项国家级科技进步特等奖。她还参加了国家“八五”重大基础研究项目“生命过程中的重要化学问题”等研究工作。蒋丽金在生物光化学，特别是在竹红菌素的光疗机制、藻类天线系统的结构与功能等方面进行了系统的研究工作。她曾荣获全国“三八”红旗手、中国科学院北京区直属单位“三八”红旗手和“巾帼建功”标兵等光荣称号。她先后在国内外学术期刊上发表学术论文200多篇，负责翻译出版了《现代分子光化学》。

伉俪情深，夫妻携手叙佳话。蒋丽金和丈夫许国志的经历十分相似。两人同年同月生，1946年，两人分别通过了赴美留学考试。蒋丽金在明尼苏达大学获得博士学位后到堪萨斯大学工作，并与许国志相识。1955年，克利福兰号轮船驶离美国，以钱学森等为代表的第一批归国受阻的科学家历经艰难，终于乘船回到祖国，同船回国的学者中，就有蒋丽金和许国志夫妇。

百年树人，一丝不苟做表率。1958年，蒋丽金应钱学森之邀，与严济慈、吴文俊一道，为中国科学技术大学力学系第一届学生教授物理、数学、化学课程。蒋丽金70多岁时，还坚持到中国科学技术大学研究生院授课，而且备课极其认真。她长期担任中国科学技术大学和科大研究生院兼职教授，感光化学研究所博士生导师，在教学和科研工作中为中国培养了一大批优秀的人才。

蒋丽金将自己的一生都献给了祖国科研事业。2008年6月9日，蒋丽金因病于北京逝世。

辅仁大学化学系校友，周总理称赞的“红色资本家”——王光英

▲ 王光英(1919—2018)，北京人

王光英1938年至1942年在辅仁大学化学系学习，1942年至1943年任辅仁大学化学系助教。后来有人要创办化学厂，请王光英以技术入股，就这样他成为以技术起家的资本家。王光英曾任第八届、第九届全国人民代表大会常务委员会副委员长，中国人民政治协商会议第六届、第七届全国委员会副主席，原中国光大集团有限公司、光大实业公司董事长，全国工商联名誉主席，担任过天津市副市长，民建中央副主席等，被誉为“红色资本家”。

1957年，苏联最高苏维埃主席团主席伏罗希洛夫访问中国，王光英和几位工商界人士陪同周恩来总理在天津接待贵宾。宴会上，王光英向伏罗希洛夫敬酒，伏罗希洛夫高兴地举杯一饮而尽，指着王光英对在场的人说："中国经过长期的流血革命，现在闯出了一条不用流血和平改造资本家的经验道路，这是有世界意义的。"说完，他热烈地拥抱了王光英，周总理在一旁风趣地说："您拥抱的是一位'红色资本家'。在中国，没有'红色资产阶级'，但有'红色资本家'。"王光英"红色资本家"的称号便由此得来。

殚精竭虑，护工商繁荣发展。王光英是中国现代民族工商业者的优秀代表。早在青年时代，王光英秉承"实业救国"理念，以技术入股形式与友人创办天津近代化学厂，开始步入商界，后出资创办天津利生针织厂。1954 年 7 月 1 日，他带头对近代化学厂进行公私合营改造，为天津市资本主义工商业的社会主义改造起到了表率和促进作用。1955 年 10 月，毛泽东同志邀请全国工商联全体执行委员到中南海怀仁堂座谈，王光英积极表态，投身社会主义改造热潮。作为改革开放后第一个总部设在香港的中资企业掌舵者，他制订了"扎根香港，背靠祖国，面向世界，实事求是，讲求实效"的经营方针，为改革开放和社会主义现代化建设做出了重要贡献。同时，他也是中国民主建国会和全国工商联的杰出领导人。1950 年 3 月，他加入中国民主建国会，多年担任民建中央和地方领导职务。他坚持中国共产党的领导，全身心投入多党合作事业，认真履行职责，为民建的发展做出了积极贡献，赢得了广大民建会员的支持和信赖。在从事工商联工作的 50 余年间，他策划、组织天津工商界抗美援朝爱国示威大游行、带领全国工商联广大会员认真履责，为非公有制发展和社会主义现代化建设做出积极贡献，推动工商联形成全国性组织网络。他对工商联事业充满感情，深受广大工商界人士的尊敬和爱戴。

不畏险阻，守初心坚定为民。王光英是中国共产党的亲密朋友。早在民主革命时期，他就曾帮助中国共产党地下组织传送情报，掩护地下工作者。抗日战争后期，他兴办民族工业，向解放区低价出售大量军用物资和医疗用品。中华人民共和国成立前夕，他及时反映了天津工商业者因不了解政策纷纷关厂关店致工人大量失业的情况。中共中央高度重视，及时稳定了社会情绪。中华人民共和国成立后，他真诚实践"听党的话，跟党走，走社会主义道路"的诺言，被周恩来同志誉为"红色资本家"。党的十一届三中全会后，他担任天津市副市长，雷厉风行、夜以继日地工作，深入实际调查研究，受到中国共产党天津市委和市政府的充分肯定。在半个多世纪与中国共产党风雨同舟、肝胆相照、患难与共的历程中，他对中国共产党的感情始终不渝，成为中国共产党信赖的挚友。

走南闯北，履行职责。王光英还是著名的社会活动家。他长期担任全国人大和全国政协领导职务，积极参加国家政治生活，参与国家大政方针的协商。他认真履行宪法和法律赋予的职责，以高度的责任感参与立法、协商、监督等各项活动，为坚持和完善人民代表大会制度、中国共产党领导的多党合作和政治协商制度，推进社会主义民主政治建设做出了积极贡献。他十分关心改革开放和现代化建设事业，经常深入基层开展调研，就非公有制经济健康发展等经济社会热点难点问题建言献策。他广交朋友，与海外众多人士建立了密切联系，曾出访多地，为促进我国对外友好交往、宣传我国对外开放的政策发挥了重要作用。

王光英将个人命运和中华民族的荣辱兴衰融为一体，把毕生精力都倾注到国家建设和发展中。

辅仁大学化学系校友，中国稀有金属工业奠基人——李东英

▲ 李东英(1920—2020)，北京人

李东英，稀有金属冶金及材料专家，中国稀有金属工业创始人之一，中国工程院院士，1948 年毕业于辅仁大学，获理学学士学位。李东英主持研究成功 30 余种稀有金属的生产方法，保证军工和大规模集成电路尖端技术急需的新材料，主持钛应用推广工作，经济效益显著，长期从事中国稀土的开发和应用工作，率先提出并组织实施稀土微量元素用于农业生产实际的研究与应用推广，获得普遍增产、优质和抗逆效果，曾获 1987 年、1989 年中国国家科学技术进步奖一等奖。

稀有金属工业的开拓者。中华人民共和国成立初期，我国生产稀有金属的水平有限，李东英怀着"国家的需要，组织的需要就是最大的乐趣"的抱负挑起了发展稀有金属的大梁。他提出了中国稀有金属工业发展的技术路线，并亲自领导建立了稀土、稀有金属加工、真空冶金、高纯元素分析等研究领域相应的课题组织以及与之配套的专用设备设计等，并相继研制出一批国内首创的真空冶金设备。在他的引领下，北京有研总院研制出了纯的多晶硅半导体、钛合金、高纯锂等新材料，为尖端技术的发展做出了重大贡献。

稀土农用的创始人。20 世纪五六十年代，稀土元素在农业方面的应用是一片空白。我国是传统农业大国，李东英将稀土的应用从工业拓展到了农业，稀土农用的新世界由此敞开。1972 年，李东英首先倡导开展稀土农用的研究，通过施用和不施用微量稀土元素的对比试验，发现稀土元素对作物生长具有良好的效果。又经过对作物果实的高纯分析，证明稀土元素没有进入果实，从而取得配套技术和基础理论研究成果。在国家相关部门和李东英的共同努力下，1975 年成立了全国稀土应用推广领导小组，1988 年又成立了国务院稀土领导小组，组织开展稀土农用的联合攻关。20 世纪 90 年代初，稀土在种植业上的应用基本遍及全国，并向林业、牧业、养殖业扩展，使中国在此领域领先于世界。

国家技术政策制定的参与者。20 世纪七八十年代，他曾参与资源综合利用方案的研究制定和中国钨、锡、铝业科技开发政策研究，促进中国金属矿产资源的充分利用。凭借着丰富的科研经验与管理经验，李东英主持制定了将技术、经济、政策融于一体的《中国技术政策》材料工业部分，分别提出了材料工业 11 个方面 50 条技术政策、有色金属工业 10 个方面 50 条技术政策，并组织参与全国科技长远规划有色金属部分的前期研究工作。

李东英院士于 2020 年 9 月 22 日在北京逝世，享年 100 岁。

中国计算化学奠基人之一，著名量子化学家——刘若庄

▲ 刘若庄(1925—2020)，北京人

刘若庄 1925 年 5 月 25 日出生于北京，是我国著名物理化学家、中国计算化学的奠基人之一、北京师范大学化学学院教授。刘若庄 1956 年加入九三学社，1984 年加入中国共产党，1999 年当选中国科学院院士，2019 年被授予“庆祝中华人民共和国成立 70 周年”纪念章。

刘若庄在国内和国际都享有很高的声望，涉及的主要研究领域包括基态化学反应微观机理和沿反应途径势能面及动态学，激发态势能面和光化学反应机理，氢键和分子间相互作用力，化合物的结构和性能，有机导体和半导体的理论和应用以及配位场理论方法等。其中最重要的、有较大影响的研究工作是他创造性地将量子化学理论及计算方法应用于研究有机化学反应途径和动态学问题，形成了达到国际先进水平的具有特色的系统研究成果。他的研究成果曾获得国家自然科学一等奖、三等奖，教育部科学技术进步一等奖，国家自然科学大会奖，国家教委科技进步二等奖，国家教委优秀科技成果奖等，为我国量子化学的发展做出了突出贡献。

少时经历，人生中的宝石。1925 年 5 月 25 日，刘若庄出生于河北省昌平县(今北京昌平区)。他家原本是书香世家，但彼时已家道中落，一家人生活十分清苦，一度需要借款维持生活。刘若庄兄弟姊妹众多，排行居中且瘦弱的刘若庄并不受父亲重视，但刘若庄受父亲的影响颇深。一方面，父亲“无一日不读书”的文人情怀给了刘若庄潜移默化的影响，使他一直保持着阅读的习惯，阅读更成为他生命中不可或缺的一部分。即使后来眼睛不好了，他仍坚持用放大镜读大字版的报纸，哪怕只能读个标题。另一方面，刘若庄非常努力地读书，期望以自己出色的表现让父亲看到自己，而这种努力向上求好的心也成为一种优良习惯，并贯穿终生。母亲对刘若庄有些偏爱，对孩子们的教育尤为重视且严厉，尽管家境较差，仍旧想办法让孩子们上好的小学和教会学校。刘若庄上中学时，正值抗日烽火燃遍华夏大地。受战事影响，刘若庄 6 次易校，辗转求学，坚持完成初高中学业。1943 年，他放弃保送机会，凭借优异的成绩考入辅仁大学化学系。在刘若庄看来，上教会学校有很大的好处，一方面可以在一定程度上规避当时战事对学校学习的影响，另一方面，因为教会学校的老师是英文授课。英文授课使刘若庄从小在英语环境中学习，因此打下了良好的英语基础并受益终生。读辅仁大学时，老师也是用英文授课，很多同学听不懂，只能跟着老师的板书做笔记，但刘若庄笔记上不仅有老师的板书，还有老师口述出来的解释，且他

课后还会阅读大量参考书整理和补全笔记。因此，刘若庄有机会帮助同学复习功课，让自己的知识更扎实的同时也收获了同学的尊敬和好人缘。在之后的科研工作以及对外学术交流中，良好的英语基础都提供了莫大的便利。

刘若庄少时清贫，经历坎坷，但是他的质朴、笃实以及为人亲和、力求上进的品质和作风的养成都与他少时的经历有着莫大的关系。正是这些苦难化为养分，滋养了他以后的人生。

畢業證書

學生劉若莊係河北省昌平縣人現年二十六歲在本校理學院化學研究部肄業三年期滿成績及格准予畢業此證

國立北京大學校務委員會主席 湯用彤

理學院院長 饒毓泰

公曆一九五零年七月 日

▲ 刘若庄的学士学位照(左)和研究生毕业证书(右)

一生中重要的3位老师。1947年，刘若庄考入国立北京大学理学院化学研究部攻读研究生学历(那个时期没有学位)，师从号称北大“三大民主教授”之一的袁翰青教授。他跟袁翰青教授学会了最基本但很重要的一项能力——查找文献，为今后的实际科学研究奠定了基础。袁翰青教授是一位非常大度而谦和的导师，在选择研究方向的问题上，充分尊重和支持刘若庄向理论化学方向发展的想法。袁翰青教授是搞实验研究的，于是就给了刘若庄一些材料，让刘若庄自学，其中就包括当时才出版不久的 *The Nature of the Chemical Bond* 这本书。袁翰青教授希望刘若庄把书读完后可以找一个这方面的题目，顺着自己的兴趣做这方面的研究。这本书读起来其实并不容易，刘若庄参考了很多其他的材料才读懂。虽然后来刘若庄在研究生时期并没有做化学键方面的研究，但是经过这样一个过程，刘若庄受到很大启发，后来他做化学键方面的研究，做氢键方面的研究，都跟这本书有很大关系。

1949年1月底，访美归来的孙承谔教授到北大执教。孙承谔教授是著名的物理化学家，主要从事化学反应动力学的研究工作，是我国早期从事化学动力学研究的先驱之一。袁翰青教授非常干脆地答应了刘若庄希望能转去跟孙承谔教授学习理论化学的请求，并将他推荐给了孙承谔教授。从此刘若庄就变成了孙承谔教授的研究生。孙承谔教授给了刘若庄一个比热方面的题目，让他用机械求积法计算甲苯的比热，并且让他从查文献入手，进行学习和计算，而不是直接、具体地告诉刘若庄怎么做，尽管孙教授曾经做过类似的工作。刘若庄也是个认真的人，他不是直接用文献中的公式代入数据去算，而是把所有的公式推导一遍，全部推明白了才去实施计算过程。因为刘若庄的认真和勤奋，他的硕士论文到1949年年末的时候就已经完成了，而且整理成文章于1950年1月发表在《中国化学会会志》上。由于刘若庄课业成绩和科研方面都表现得非常优秀，时任北京大学理学院代理院长且爱才的孙承谔教授就将刘若庄留校工作了。于是，1950年3月，刘若庄成为北京大学的助教，由此开启了他为之奋斗了一生的教学生涯。

因为留在北京大学工作，刘若庄有机会遇到了他这一生最重要的老师——唐敖庆教授。唐敖庆教授是我国量子化学的开拓者和奠基者，被称为中国量子化学之父。当时孙承谔教授事务繁忙，而唐先生刚归国不久，因此孙承谔教授就把刘若庄引荐给了唐先生，成了他的助教。

唐敖庆回到北京大学任教的初期，应当时化学系求知若渴的助教们，特别是当时西南联合大学的一些老助教们的要求，把量子力学、热力学和统计热力学等理论化学课程给这些老师们统统讲了一遍。刘若庄虽然很早就明白自己要往理论化学方向发展，也在就读研究生的时候做了一些数学方面的准备，不过化学方面特别是理论化学的基础还是比较薄弱的，通过这次唐敖庆教授系统的讲授，他把这些基础也都打得比较扎实了。

由于刘若庄喜欢做研究，而且唐敖庆教授看刘若庄非常认真刻苦，也觉得他有做科学研究的潜力，就对他非常信任和欣赏，因此唐敖庆教授的研究项目也请刘若庄帮忙做一些具体的计算，并同时指导他如何做科学研究。于是，刘若庄开始在唐敖庆教授的指导下进行真正的科学研究工作，并参与唐敖庆教授在国内的早期工作，包括化学键函数的一般构造方法和分子内旋转。这些工作是唐敖庆教授 20 世纪 50 年代的重要工作，后来获得了中国科学院 1956 年度科学奖(自然科学部分)三等奖。

刘若庄自己讲，他之所以后来能够独立地做科学研究工作，都是因为唐敖庆教授这一段时间的指导。

▲ 刘若庄与唐敖庆等人合影(前排左起：邓从豪、唐敖庆、刘若庄、鄢国森；后排左起：江元生、孙家钟、张乾二、戴树珊)

避短就长，目光犀利。刘若庄在读研究生的时候，非常坦率地跟导师袁翰青教授表达了希望朝着理论化学方向发展的想法并幸运地得到了导师的支持。刘若庄跟随唐敖庆教授所做的工作以及他独立科研早期的工作，无论是六价键函数还是分子内旋转或者是关于氢键的研究，都并非发展理论本身，而是将已有理论应用于实际的例子，说明或解决实际问题。实际上，这样一个思路也正是刘若庄今后若干年的科学研究思路。而他的这个思路也为中国量子化学的发展开创了一个新的方向，即应用量子化学。大家在说到刘若庄开创了应用量子化学研究的时候，都说他非常有远见。但是所谓的远见也不是凭空而来，也是一点一点积累起来，也是有迹可循的。现在看来，他的科学研究实际上从一开始，就是朝着应用这个方向走的。刘若庄曾经谈起过为什么他没有跟随老师唐敖庆的脚步，发展理论方法，而是将注意力放在理论的应用上，他说："我的研究方向跟唐敖庆先生的完全不一样。我的量子化学基础是从他这儿学的，可是他喜欢研究新方法。我觉得：第一，我没这爱好；第二，他数学特别好。研究新方法，得数学要好，我虽然做研究生的时候学了微分方程，学了高等微积分，学了线性代数，那也就是做一般的。所以我也不能完全跟着他那个路子走，因为他感兴趣的研究方向是方法的研究；我是学会了方法，我感兴趣的是化学反应的研究。”

▲ 左：刘若庄与 1978 级研究生（前排左起：金俗谦、刘若庄、冯文林、李宗和；后排左起：苏树军、郑世钧、揭草仙、于建国、高学勤）

甘为人梯，润物无声。在培养学生方面，刘若庄费尽心思，特别是对于 1978 年的第一届研究生，他专门制订了严格的培养计划，对专业基础课、选修课的学分学时和顺序都有详尽而科学的规定。由于师资短缺，刘若庄自己主讲量子化学等主干课，统计力学由傅孝愿主讲，数学、物理和计算机程序相关的课程则从外系或兄弟院校聘请专门的教授主讲。对于后来的学生，刘若庄也都能给予足够尊重并因材施教，且在毕业后尽力推荐，尽可能为学生搭建优质的学习和工作平台。方维海院士就是其中最为杰出的学生代表。即使到后期，刘若庄因为眼睛的缘故无法亲自指导研究生，但是他仍旧凭着多年的积累给予学生指点和关心，让学生豁然开朗。

刘若庄还开办过多期量子化学计算短训班、师资培训班和助教进修班，为推动量子化学在中国的发展、为我国科技发展和教育事业做出了不可磨灭的贡献。

中国放射性药物领域的重要开拓者——刘伯里

▲ 刘伯里（1931—2018），江苏常州人

刘伯里，中国工程院院士，著名放射化学和放射性药物化学专家，历任北京师范大学化学系副主任(1983 年)，应用化学研究所所长(1986 年)，应用科学与技术学院院长(1993 年)，北京师范大学化学学院教授、博士生导师，放射性药物教育部重点实验室学术委员会主任，985 非动力核技术创新平台学术委员会主任，北京师范大学学位委员会副主席等。刘伯里早期从事核燃料后处理工程低放废液处理、核爆炸污染苦咸水的去污、核潜艇反应堆第一回路水放射性的净化和从高放裂变废液中提取铯-137、锶-90 等重要研究，其后致力于核能的和平利用，探索研发用于疾病诊疗的放射性药物，是我国放射性药物领域的重要开拓者。刘伯里曾获国家科技大会奖(1979 年)、国家教委甲类科技进步二等奖(1993 年)、国家教委科技进步二等奖(1998 年)、国家科技进步二等奖(1999 年)、国防科工委以及省部级科技进步奖等，为我国放射化学和放射性药物化学的发展做出了巨大贡献。

科研无畏探新路，有志立身甘白头。1953 年，刘伯里从华东师范大学化学系毕业后来到北京师范大学工作，师从胡志彬教授开展物理化学方面的研究工作。1958 年，刘伯里迎来学术生涯的第一个转折点。北京师范大学将选调一批人才转向原子能科学研究，刘伯里被选送到中国科学院原子能研究所，师从留美归来的冯锡璋教授学习放射化学。在冯锡璋的引领和悉心传授下，刘伯里正式踏足原子能研究领域，并认识到“科研工作一定要走在生产需要的前面”。经过细致深入的调研，结合中国核燃料后处理工业的发展需求，刘伯里选择裂变废液的处理和裂变核素的分离回收作为研究主攻方向。从 20 世纪 50 年代末开始，他对铀裂变主要产物进行了交换吸附研究，成果显著。20 世纪 70 年代中期，随着时代的发展变化，刘伯里敏锐地意识到放射性药物领域是原子能和平利用中一个极为重要而潜力巨大的分支，不仅具有科学探索的重要价值，更能直接服务于人民健康，造福全人类。因此，他投入放射性药物研发，为我国放射性药物研究的奠基、发展与学科创建做出了卓越贡献。因长期研究，身体受到了过量辐射，不到 40 岁时，刘伯里就发现自己头发已经变白，依旧沉浸在科研的别样乐趣中。

▲ 刘伯里在美国宾夕法尼亚大学访学期间工作照

废液安全攻五载，心牵放药一生情。1965 年，根据三线建设需要，国家要求核工厂排放的放射性废液必须符合国家规定的标准。刘伯里和同事们承担了裂变废液处理的任务。钻研五载，历经数百次实验，他们成功采用混凝沉降和离子交换两段流程处理大量低放裂变废水，达到国家安全排放指标。该项技术也在三线核工业建设的有关工程设计中被采用。在之后的数年间，刘伯里还参加了多项放射性裂变产物去污研究，为核燃料后处理工程的顺利进行做出了卓越贡献。70 年代中期转向放射性药物领域后，刘伯里研究了 15 种核素的放射性药物，尤其在锝化学及锝药物的理论设计和应用方面取得了系列创新性成果，研制出多种具有自主知识产权的新型放射性药物。多年的耕耘与探索积累了丰硕的成果，在国内外主要专业刊物上发表 240 余篇论文。同时，他也始终把放射性药物学科的建设和发展记在心上，主导创建北京师范大学“放射性药物教育部重点实验室”。他与学生贾红梅合著《锝药物化学及其应用》一书，引导更多学子了解并投身放射性药物研究领域。

▲ **2015 年 6 月刘伯里和课题组成员在北京师范大学化学学院合影**

滋兰九畹善施教，树蕙百亩根中华。在承担科研项目、投身科研探索的同时，刘伯里长期坚守在人才培养的第一线，1960—1964 年培养放射化学研究生 4 名，1978 年以来培养硕士生 45 名、博士生 32 名、博士后 1 名。目前，他的学生大多已成长为出色的科研工作者，有些已担任国内外科研机构放射性药物研究的学术负责人。在人才培养上，刘伯里注重因材施教，结合学生自身实际情况，针对性地给予指导。他时常强调，知识的掌握贵在熟练，只有反复理解、勤于实践，真正达到熟练掌握，才有可能谈得上发展和创新。在此基础上，他鼓励学生好学勤思，认为“熟能生巧”的“巧”字，就是科研上发明创新的契机，无“熟”不能“巧”，有“巧”方能在“熟”的量变基础上实现质的飞跃。刘伯里还始终不忘鼓励海外求学的学生回国服务。他常常对自己的学生说：“出去可以开阔眼界，学到知识和技能，但是不能忘记我们的根是在中国，我们要为中国人民服务。”在他的影响下，一些学生毅然投身于我国的放射性药物研究。

国际交流促发展，以用为本利民生。刘伯里曾先后 7 次被邀赴美国讲学并开展合作研究，3 次应邀赴日本讲学，以中国代表身份 2 次参加亚太地区核合作计划中有关放射性药物的国际会议，在许多国际会议担任委员、主席等。在他的广泛交流和积极影响下，中国的放射化学与放射性药物化学在国际上牢牢占据了一席之地。2011 年在第十九届国际放射性药物科学会议的开幕式上，美国医学科学院院士、华盛顿大学的韦尔奇教授在大会报告中，把刘伯里作为放射性药物领域最有世界影响力的重量级人物进行介绍，认为他推动了国际放射性药物科学的发展，很多杰出的放射性药物工作者都出自他的团队。作为中国放射性药物领域的重要开拓者，刘伯里始终强调以“用”为本，造福于人。他提出，不仅要努力成为一个具有创新精神的科学家，更要争取做一个懂得研究成果开发和转化的合格企业家。他积极寻觅有潜力的合作者，始终未曾停下探索放射性药物领域科研成果转化的步伐。

▲ 2001 年 11 月刘伯里在厦门第八届全国放射性药物和标记化合物学术交流会上做报告

刘伯里先生积筚路蓝缕之功，屡拓新路，为民求索，为国奉献。其所学专而精，致用实广；其所念笃而深，唯民所安。

化学教育家和化学教学论学科带头人——刘知新

▲ 刘知新(1928—　)，河北定州人

刘知新，北京师范大学化学学院教授，曾任中国教育学会理事、化学教学专业委员会理事长、中国化学会《化学教育》杂志主编、教育部中小学教材审定委员会化学科审查委员等职。刘知新 1952 年毕业于北京师范大学化学系，留校任助教；1956 年任北京师范大学化学系讲师，同年加入中国化学会，当选北京化学会理事会理事；1979 年任北京师范大学化学系副教授，同年任中国化学会化学教育工作委员会委员兼秘书，参与筹办《化学教育》；1986年任北京师范大学化学系教授，当选中国化学会第二十二届理事会理事。刘知新从事高等师范教育50余年，是我国化学教学论课程的开创者。

爱岗敬业，勇于奉献。刘知新将毕生精力都用在了化学教育领域。刘知新毕业后留校工作，根据当时北京师范大学及化学系的发展需要，负责创建化学教育学科。他非常热爱自己的专业和从事的工作，不仅成果丰硕、桃李满天下，还兼任许多重要职务，为我国化学教育的发展勤恳服务、无私奉献。刘知新深知学术期刊对学科发展的重要性，从1979年5月起参加中国化学会《化学教育》杂志的筹办工作，协助第一届主编陈光旭教授开展工作，后担任主编，为《化学教育》持续高质量建设和创新发展做出了突出贡献。时至今日，他仍担任顾问，为期刊的发展献计献策，甚至还亲自撰稿、审稿、改稿，一直为化学、为学术、为教育奉献自己的力量、学识和智慧。刘知新在教学和教学研究中，一直宣讲并践行：努力学习并确立正确的现代教育观；重视实践经验，积累典型的教学范例；关心国内外化学教育的发展动向。20世纪50年代，为了适应高等师范院校中学化学教学法课程教材建设的需要，刘知新接受任务编写《化学教学法讲义》，后第二版更名为《化学教学论》并通过持续修订，推动"化学教学论"学科、课程、教材和教学的系统化建构。他认为："化学教学论这门课程是以广大化学教师的宝贵经验为基础，并经过理论概括不断得到充实和发展的。它的教学目的是使师范生掌握化学教学理论的基础知识和化学教学的基本技能，培养从事化学教学工作和进行教学研究的初步能力。"目前，《化学教学论》已经修订到第五版，作为化学教育工作者的必读书目，成为引领我国基础化学教育教学发展的经典之作。

▲《化学教学法讲义》(1957年)和《化学教学论》(第五版，2018年)

教书育人，为人师表。刘知新用扎实的学识培养了一代又一代的人才，是我国化学教育领域的开创者和奠基者之一。当今的化学教育研究的领军人物不少都是他的学生，如北京师范大学王磊教授、华东师范大学王祖浩教授、山东师范大学毕华林教授、澳门大学魏冰教授、华南师范大学钱扬义教授、陕西师范大学张宝辉教授、人民教育出版社王晶编审等。我国普通初中和普通高中目前使用的化学教材中有6套教材的主编是刘知新的学生，惠及的中学生当以亿计。刘知新之所以能培养出这么多杰出人才，在于他具有献身教育事业的理想信念，淡泊名利的道德情操，面壁功深的扎实学识，春风送暖的仁爱之心，为人师表的言传身教。

严谨治学，立德修身。刘知新在耄耋之年仍笔耕不辍，不断探索。他坚持读专著，阅期刊，看文献，写文章，保持着一贯的强烈求知欲和探索精神。2014 年，刘知新当时已经 86 岁高龄，还在《化学教育》期刊上连续发表 3 篇论文，探讨我国基础教育课程改革的问题。2017 年，刘知新审读正在修订的高中化学课程标准，字斟句酌、见解深刻，批注工整、笔力遒劲。他还经常将自己的读书笔记用电脑打印出来，送给化学学院的青年教师和研究生研习。刘知新不仅严谨治学，还注重立德修身，他不骄、不急、不躁，一生坚持“以仁心说，以学心听，以公心辨”。

刘知新教授，把自己的毕生精力都投入化学教育事业，为我国教育事业做出了巨大贡献，是广大教育工作者的楷模。

辅仁大学化学系校友，第三世界科学院院士——董绍俊

▲ 董绍俊(1931—)，山东青岛人

董绍俊，1931 年 6 月 26 日出生于山东青岛，是著名分析化学家、第三世界科学院院士。董绍俊率先在我国开展化学修饰电极研究，开拓了多种体系的电极表面修饰和自组装，并首先在国内发展光透光谱电化学的现场方法研究，建立了分析光谱电化学法的理论和技术，特别是在化学修饰电极、光谱电化学、生物电化学和超微电极等领域做出了重要贡献。

1952 年，董绍俊提前从辅仁大学化学系毕业，以优异的成绩被选入中国科学院长春应用化学研究所，开始对极谱络合物电极过程动力学和示波极谱方法进行深入研究。20 世纪 50 年代至 60 年代，董绍俊在极谱分析研究中建立了硅中痕量杂质测定和极谱电极过程的鉴别方法，深入开展了稀土络合物的电极过程研究。初战告捷，她深深感受到科学探索的快乐。20 世纪 60 年代中期至 70 年代，她先后对稀土元素汞阴极电解、变价稀土元素、稀土固体化学等一系列话题大胆地进行开拓，发表学术论文 30 多篇。她一心扑在科研上，积极参加学术交流活动。据统计，董绍俊应邀先后赴日、美、欧等 20 多个国家和地区几十所大学讲学百余次，在国际学术会议上做大会、专题报告一百多次。董绍俊出版专著、专论 16 部，获授权发明专利 60 多项，发表 SCI 收录论文 1 000 余篇，代表作有《化学修饰电极》《光谱电化学方法理论与应用》等。2003 年，董绍俊代表中国科学家赴伊朗参加伊朗总统哈塔米主持的第十六届霍拉子米国际奖颁奖仪式并荣获大奖，为中国科学界赢得了荣誉。

在科研上，董绍俊经常教导青年人要耐得住坐冷板凳，成功时不停步，失败时不气馁。据中国科学院长春应用化学研究所网站显示，截至 2020 年 3 月，董绍俊先后被评为

“全国优秀博士学位论文指导教师”“中国科学院优秀研究生导师”以及研究生院建院30周年“杰出贡献指导教师”。她培养的100多名研究生中，获得博士学位的有80多人，其中3人获全国百篇优秀博士论文、4人获中国科学院院长特别奖、10人获中国科学院优秀奖，还有1人获得了全国优秀博士后奖。

中国辐射化学的开创者之一，北京师范大学高分子学科的奠基人之一——陈文琇

▲ 陈文琇(1932—)，福建福州人

陈文琇，北京师范大学化学学院教授，博士生导师，曾任化学系党总支副书记、教研室主任。陈文琇从事聚合物的改性，如聚乙烯泡沫的辐射改性、聚丙烯耐辐射医用材料及各种医用配套材料的研究，辐射剂量测试原件的研制，发表论文100多篇，编译著3册，1985年以来先后4次被任命为国家原子能机构(IAEA)项目技术负责人，1989年被聘为国际原子能机构专家顾问组成员，参加草拟法规，确定地区工作计划等，享受国务院政府特殊津贴。

战火纷飞求学艰。陈文琇出生于福州，读小学时，日本飞机常来轰炸，冒着炮火，老师带着同学们一起唱歌，“不怕年纪小，只怕不抵抗……”的歌声深深印在了陈文琇的脑海。抗战时期福州曾两度沦陷，陈文琇一家四处逃难。即便四处漂泊，陈文琇依旧没有放弃学习。当时条件艰苦恶劣，大家挤在一座庙里上课，寺庙的旁边就是监狱。由于营养不良，很多同学都患上了夜盲症。就在这样的条件下，陈文琇完成了初中阶段的学习。

重重考验终入党。高一时，陈文琇的哥哥常常和她讲述北大学生的抗战故事以及他对李大钊等老一辈革命家的敬佩。这些逐渐使陈文琇对党产生了向往。之后通过阅读《大众哲学》，她又进一步明确了人生观。后来，哥哥不幸牺牲，在悲痛之余，她更加坚定了入党的决心。此后，陈文琇积极参加地下工作。她认为，加入党员就要各个方面都好，因为这样才能凝聚更多的人，为祖国的解放而奋斗。1949年，福州终于解放，团市委工作队员前来发展团员。身为地下党成员的陈文琇却因为组织中的一些问题只能等待审查。团支部成立后，她仍然热情帮助团组织发展。在福州协和大学，党委书记看到了她的积极进取，大一让她重新入党，不必等待审查。后来审查终于结束，证明陈文琇在1948年入党。

勤勤恳恳搞科研。陈文琇1953年开始在北京师范大学化学系工作，主攻无机化学。1958年，北京师范大学建立起放射性化学和辐射化学专业，由陈文琇与刘伯里二人为主要负责人。1966 年建造放射性操作的专门化实验室，并在国内高校首先自行设计辐射化学专用的 ^{60}Co 辐射源装置。陈文琇曾任放辐化研究室主任，取得了重要科研成果，如“耐辐射一次性塑料注射器材料国产化研究”“有色聚乙烯薄膜剂量计”等。1988—1995 年，陈文琇主持中英项目、国家计量局项目，多次组织国际会议。陈文琇与多国同行积极交流，以自身经验告诉我们不仅要搞好自己的研究，还要时刻关注同一专业的国际情况，增进交流。

钻精研微，助盛世繁华，“王世华奖学奖教金”捐赠者——王世华

▲ 王世华(1933—)，北京人

王世华，中国共产党党员，1955 年毕业于北京师范大学化学系，1962 年于苏联国立莫斯科大学化学系获博士学位。王世华主要从事无机固体化学研究工作，先后开设稀有元素化学、高等无机化学、无机物研究法、无机固体化学导论等课程，编著《低价稀土碘化物的固体化学》，培养了 20 名研究生，为中国固体材料化学方向输送了一大批人才。

天下兴亡，匹夫有责。王世华年少时，作为家里最小的妹妹，她在兄弟姐妹们的照顾下成长，当时年幼的她对学习的意义并不清楚。“直到中华人民共和国成立以后，有了党的教育，我才逐步意识到只有好好地学习，才能够在将来为国家做出贡献。”她逐渐地探寻到学习的意义便是报效祖国。

当被问及为什么选择化学作为自己的专业时，她说：“我的高中化学老师是一位专业知识与爱国情怀并具的好老师，他告诉我们，化学能为社会主义建设、能为国家做出很多贡献，所以我就选择了化学。”当身处人生的十字路口时，能否为了国家和人民的需要去选择自己努力的方向，体现了一个人的全局观与爱国情。“士不可以不弘毅，任重而道远”，王世华便是这样一位“以天下为己任”的同志。

路漫漫其修远兮，吾将上下而求索。王世华的大学阶段过得十分充裕，她翻阅文献，钻研知识；锻炼身体，报效祖国；思想先进，积极向党组织靠拢。她强调：“学习不应当局限于书本，而是应该在这过程中学会自己查阅资料，加深对于科学问题的认识，学会自主学习。”毕业那年，她曾申请留学苏联，以求提高自身知识水平，被拒后留校担任无机化学助教。

1956 年，国家大力开展农业合作化，学校派遣王世华深入基层帮助农民开展工作。她在农村工作期间，与广大农民群众一同劳动。回校后，她一边学习一边工作，拿到了留

学苏联的机会。

在莫斯科大学留学期间，王世华经历了许多困难。由于本科教育期间，王世华未接触过科研工作，而莫斯科大学的研究主要以基础理论研究为主，这对于她而言无疑是一个大的挑战。语言不够精通也让她较为苦恼。除此之外，研究固体材料化学对于王世华而言，是一个全新的方向。无论是合成方法还是结构测试，她都得从头学起。虽然条件艰苦，但功夫不负有心人，她逐渐地熟悉并掌握了科研的能力，并在铀和钒元素的固体化学领域做出了突出的成绩。王世华老师面对的困难还远远不止这些。王老师曾因中苏关系紧张，被迫回国，局势缓和后，重返苏联，却发现之前做的实验已被收走，又得重新开始。当被问及如何坚持下来时，她的回答里又是“国家”二字。当理想与信念占据心中主导地位，当初心与使命不被遗忘，有坚定信念的人，把个人理想与国家需求结合起来的人，自然能承受考验。

长风破浪会有时，直挂云帆济沧海。1962 年，王世华学成归国。回国初期，国内设备落后，她还开展了放射性元素生产过程中的污水分离、成立无机化学实验室等相关工作。白手起家的王世华，没有独立的科研实验室，缺少手套箱等真空设备，开展科研工作总是束手束脚。直到 1978 年，科学的春天到来。王世华参加了全国性的科学家大会，在多位科学家的建议下，她选择了稀土元素的研究方向和变价稀土化合物这个研究课题。变价稀土化合物的研究需要高真空度的结晶环境，但当时的实验条件达不到。王世华课题组利用液氮和液氧结合的方法，实现了高真空度的实验环境。利用高真空度的条件，创新地运用一锅法制备出了二价的钐，该方法为世界首创。凭借着这项出色的工作，王世华受到了业界人士的广泛认可，也得到了国家自然科学基金委的大力支持。无论是变价稀土化合物，还是钐碘铯发光化合物，王老师谈起以往的科研工作时，依然是思路清晰，侃侃而谈。以天下为己任的王老师，与国家一起迎来了新的春天。

劝君莫惜金缕衣，劝君惜取少年时。“人的一生什么困难，苦辣酸甜都会遇到的，但克服困难，坚持下去，以国家的利益为重，我们便能做好。”在北京师范大学化学学院会议室内，刚刚颁发完“王世华奖学奖教金”的王世华将这朴实真切的教诲娓娓道来。当谈到给年轻人的建议时，她提及“国家”“自信”两词。王老师的科研生涯中，曾经与丈夫孩子一别 12 年，这份无私的精神让我们肃然起敬。她还特地提醒年轻一代在追寻知识的过程中，要戒骄戒躁，不要盲目从外，要踏踏实实地跟着老师学知识，长本领。王世华还经常提到“坚持”。“古之立大事者，不唯有超世之才，亦必有坚忍不拔之志”，王世华无论是在求学期间，还是开展科研工作期间都遇到了许多困难，但她坚韧不拔的精神和严谨求实的态度，最终使她成为固体材料化学领域的专家。遇困难不言放弃，守初心方得始终！

捐赠 100 万设立“王世华奖学奖教金”。2019 年 9 月 10 日，在母校 117 周年校庆暨第 35 个教师节来临之际，王世华也无私地捐出了她个人的积蓄 100 万，发起设立了“王世华奖学奖教金”，将每年利息用于奖励在固体材料化学方向做出贡献的教师与学生。王世华是一名有着强烈爱国情怀的老党员，为学院的学科发展、人才培养做出了杰出贡献。王老师提及她捐赠的初衷时表示：“我的成长离不开党和学校的培养、社会的关心支持，作为一名党员，我愿意回报社会，支持学校建设。现在正是年轻人大展宏图的好时候，希望有更多的人参与固体材料化学的研究，取得好的成果。”

王世华老师，从满怀赤子之心学习报国，到深入基层改造农村；从身赴异国钻研学术，到回国白手起家开展科研。时间留在王老师身上的精神烙印是纵使路上荆棘重重，亦能披荆斩棘的勇气；是无私奉献，为党为国的信念。这些精神值得代代相传！

中国印刷届最高奖“毕昇奖”获得者，化学系感光高分子研究室创建人——余尚先

▲ 余尚先(1935—)，山西天镇人

余尚先，北京师范大学化学学院教授，北京师范大学化学系感光高分子研究室创建人，担任研究室主任20年，曾经担任中国感光学会第二届、第三届和第五届常务理事，中国网印制像协会第一届至第四届副理事长，北京市政府第二届、第三届和第四届科技顾问团顾问，浙江省科委、无锡化工研究院、化工部乐凯集团第二胶片厂、威海天成化工有限公司等16家研究与生产单位的科技顾问。余尚先在国际期刊与国际会议上发表论文30余篇，在国内发表论文、综述和科技论文170余篇，参与编著科技专著2部，译著3部，申请并公开日本专利6项，国内专利19项，已授权10项，召开鉴定会20余次。余尚先获省部级科技进步一等奖1项，二等奖8项，三等奖6项，2001年获得中国印刷界最高奖“毕昇奖”，1988年成为享受国务院特殊津贴专家，2013年获得中国感光学会终生成就奖。

▲ 2001年，余尚先获中国印刷届最高奖“毕昇奖”，图为授奖大会现场

在感光高分子印刷技术领域做出卓越贡献。1970—1974 年，余尚先研究成功的液体感光树脂版曾推广到全国 24 个省(自治区、直辖市)。1972 年，余尚先在我国率先开展光硬化涂料的研究，相关研究成果于 1973 年发表论文，之后推广应用，苯丁树脂感光树脂版研究成功后在干膜抗蚀剂方面得以推广应用。1981—1983 年，余尚先作为访问学者赴日本研修 2 年，研修期间申请并公开专利 5 项，在《日本化学会志》等杂志上发表有影响的论文 2 篇，归国后研究的阳图 PS 版感光材料系列、BD-2 丝印感光胶等几项科技成果通过鉴定并推广应用，完成“七五”科技攻关及“七五”企业重大技改攻关数项，其中与经济日报社一起完成的“液体感光树脂系统与装置”使经济日报社在国内第一个淘汰铅印，告别铅与火，该项目获国务院重大科技进步一等奖。由于 1991 年实验室一次意外事故，余尚先双目致残，手术后裸眼视力只有 0.1。尽管如此，他仍坚持在第一线推广先进的感光高分子印刷技术。他与有关单位邀请外国专家来华讲学达 20 余次，自任翻译，热心讲解。1996 年与同事们一起开始了计算机数字化直接制版热敏 CTP 版材的研究，于乐凯集团第二胶片厂率先在国内实施了 CTP 版材的产业化。2003 年他谢绝了学校第二次工程院院士的提名，节省出书写、整理申报材料的时间为当时国内急迫需求、赶超世界印刷版材先进水平的原辅材料而努力工作，为威海天成化工有限公司等单位设计出十几项新产品。经 2004 年 1 年的努力，2005 年威海天成化工有限公司 8 个成膜树脂和接枝母体树脂通过产品技术鉴定，其中 4 项达到国际先进水平。在这一年余尚先还推出 8 个光活性化合物，并通过技术鉴定，又有 3 项达到国际先进水平，1 项达到国际领先。也就是这一年，他的眼睛在经过第 11 次手术后已经完全失明。虽然眼睛完全失明，但身残志不残，余尚先仍坚持工作。他提出的 19 项国内专利中的 60%、10 项授权专利中的 8 项以及 20 多项国内科技产业化产品都是双目失明后完成的。

开创光刻胶研究和应用。余尚先在中国的光刻胶研究和应用方面也是开创者，特别是在重氮萘醌体系阳图光刻胶相关材料研究与人才培养方面，做出了重要的贡献。

北京师范大学放射性药物化学专业成果转化平台建设的带头人——王学斌

▲ 王学斌(1939—　)，河北武清人

“一个人无论走多远，都要脚踏实地，不忘初心。”王学斌于 2020 年 11 月 6 日晚出现在北京师范大学化学学院硕士三班党支部学生党员的视野中，留给同学们深刻的印象。王学斌，曾任北京师范大学博士生导师，现任中国管理科学研究院学术委员会特约研究员、北京师宏药业有限公司董事长(法人)。王学斌长期从事放射性药物研究，直接承担并参与了多项国家和省部级的科研项目，获得多项国家发明专利。他曾多次参加国际学术会议，完成了 5 种新药的申报，并获得 3 种药物的临床批准，为早期诊断冠心病显像剂的研制做出了重要贡献，获得核心脏病学国家“六五”科技攻关奖、国家科技进步二等奖(第一完成人)及省部级奖励等 8 项(5 项为第一完成人)，享受国务院特殊津贴，获颁“庆祝中华人民共和国成立 70 周年”纪念章。同时他也是北京师范大学放射性药物化学专业成果转化平台建设的奠基者和带头人。王学斌投身于药物研究近 60 年，从小小的实验室一步步走向真正的临床应用。这 60 年的奋斗之路，无不体现着一名化学者艰苦奋斗的精神，为年轻一辈做出了榜样。

坚忍不拔，心怀感恩之情。王学斌出身于一个农村家庭，从小就刻苦努力，他在村小学毕业后，踩着泥沟蹚着水，走 75 里路去县城报考初级中学。他成绩一直名列前茅，在学习之余还勤工俭学，为父母分担家庭的压力。由于成绩优异，他被保送到当地重点高中后，又以优异的成绩于 1959 年进入了北京师范大学化学系学习。在高考填报志愿之际，之所以选择师范大学，是因为他一直心怀感恩，要报效祖国、报恩党的教育、报答父母的养育。

高山景行，心怀楚囊之情。1981 年，王学斌取得美国资助赴美国纽约州立大学医学院进修，从事脑显像剂研究。1988 年，他再获 2 所大学资助后赴美国辛辛那提大学化学系和加拿大阿尔伯特大学药学院进修。即使身处异国，王学斌依旧不忘初心。为了国家以及学校的发展，王学斌于 1991 年谢绝了加拿大阿尔伯特大学提供的优厚待遇和良好的工作条件，回到了北京师范大学带领课题组进行药物研究，并联合北京阜外医院等单位进行国家科技攻关，进行诊断冠心病新药的申报和临床研究，历时 2 年多取得圆满成功。获得了 2 项国家 1 类新药证书和生产批件，为新药的生产和推广以及冠心病的临床诊断做出了贡献，受到国家表彰。

培育英才，开创学术春天。王学斌带领课题组于 1993 年首次在北京师范大学建成了药物研发与生产的无菌室和生产线，通过该平台实现了科技攻关成果 ^{99m}Tc-MIBI 心肌显像剂的产业化和商品化，并荣获了国家科技进步二等奖。王学斌先生接受 3 次延聘后于 2003 年退休，在职期间他历任放射化学研究室主任、化学系副主任暨应用化学研究所所长，讲授放射性药物化学等课程，为国家培育了一批硕士、博士研究生。在北京师范大学的沃土和师宏平台，王学斌不仅培育出优秀的人民教师，还培育出企业的 CEO、技术总监、北京市科技新星、科技部中青年科技创新领军人才、厦门市重点人才、世界青年 ^{99m}Tc 化学家以及在美国大学任教的放药终身教授等新型复合型人才和学者。王学斌还曾任校学术委员会委员，校科技产业总公司副经理，以及世界华商协会的理事，《中华核医学杂志》编委，《同位素》杂志编委，《高科技和产业化》杂志特邀编委，《国际放射医学及核医学杂志》编委，“^{99m}Tc 化学及核医学国际会议指导委员会”委员，以及国家自然科学基金、博士学科点等的评审人。他目前仍奋斗在第一线，任北京师宏药业有限公司董事长(法人)。王学斌曾应邀为国际原子能机构举办的亚洲地区培训班，以及为中华核医学学会举办的全国和北京市的 10 余个培训班做专题授课和技术指导，并应邀 7 次在全国专业学术会议做有关国内外放射性药物的进展报告。他创立的师宏是高新技术企业，2019 年又获评为“国家科技创新示范企业”，新建的药盒生产线的生产能力和自动化水平均处于国内前列，实现了科技攻关成果诊断冠心病 ^{99m}Tc-MIBI 药盒的产业化，使我国供应临床诊断冠心病药物达到国际先进水平。

王学斌始终坚持知行合一，践行了化学工作者的科研理念，彰显了中华儿女艰苦奋斗、勇于拼搏向前的精神以及民族、时代的担当精神。

中国理论化学新生代的杰出代表，国际知名学者——方维海

▲ 方维海(1955—)，安徽定远人

方维海，博士，教授，博士生导师，中国科学院院士。2005—2018 年，方维海任北京师范大学化学学院院长，目前是北京化学会理事长、中国化学会常务理事、亚太理论和计算化学家联合会会士、理论及计算光化学教育部重点实验室主任。方维海在 2003 年和 2010 年获教育部自然科学一等奖 2 项，2004 年和 2010 年两次被聘为科技部“973”计划项目首席科学家(“生命体系识别和调控过程中重要化学问题的基础研究”项目和“溶液、界面及蛋白微环境中分子结构与化学反应的理论方法和计算模拟”项目)，主持国家基金委科学中心项目，国家基金委重大项目、国际(地区)合作与交流项目等，2017 年获北京市高等教育教学成果奖一等奖 2 项，2014 年获国家教育教学成果奖二等奖 1 项。方维海被公认为中国理论化学新生代的领军人物。

成果卓著，博学广识领路人。方维海在科研中追求卓越、锐意进取，在理论与计算光化学研究领域在国际上享有盛誉。方维海围绕光化学反应解决了激发态结构和动力学的一系列挑战性问题，多次预测重要光反应机理，并为实验所证实，在多态势能面交叉、量子—经典混合的非绝热动力学模拟和羰基化合物光解离机理等方面做出了国际同行认可的贡献。近年来，方维海开展了激发态、光谱及光化学的量子计算，2019 年获得亚太理论及计算化学家协会的 Fukui 奖章。

执教杏坛，倾尽丹心育桃李。方维海一直讲授研究生和本科生课程多门，教学深入浅出，注重培养学生的知识创新和实践创新能力，以科研带动教学质量提升。他组织的物理化学课程，被评为国家一流课程。他始终将“师者”信念扛在肩头，以“传道”作为第一使命，积极实践本科科研国际化模式，深化博士生学位课程改革。他的相关成果获北京市教学成果奖一等奖 2 项，国家教育教学成果奖 1 项。不管荣誉有多高，在他看来，要站稳教师最根本的角色，在研究生培养方面总是倾尽全力，树立亦师亦友和轻重有度的理念指导研究生，培养的几十名研究生，大部分已成长为该领域知名专家，为理论与计算化学领域输送了大批人才。

▲ 北京师范大学物理化学课程团队

搭台建瓴，创新社会服务范式。方维海面向世界科技前沿和经济主战场，与烟台开发区合作，牵头组建京师烟台研究院，发挥理论计算及大数据机器学习优势，解决了发光材料研发领域共同存在的开发周期长、效率低等弊端，加速了科研成果转化。作为北京市优秀共产党员，方维海不断将自己的理念辐射到更大的范围，为首都科技和教育后备人才发展做出了巨大贡献。方维海精心组织多场北京地区广受关注的学术成果报告会及相关国际双边论坛，举办了华北五省市化学学术研讨会，积极指导科学思想方法(化学)进课堂示范课程开发。

躬身一线，是北京师范大学化学学院的有力建设者。20 世纪 90 年代初，方维海师从刘若庄教授，与北京师范大学化学系的缘分就此展开。2005—2018 年，方维海作为学院领导班子核心成员，以人为本、着眼大局、民主决策、按章办事，在化学学院的重点学科建设、人才体制改革、教学科研等方面做出了重要贡献。在人才建设方面，方维海为学院引进和培养了一批杰出学者。在科研工作方面，在方维海主持下，制订了一系列经费申请的鼓励政策，担任院长期间，在学院总人数基本不变的条件下，年均申请自然科学基金项目 20 项左右。在教学方面，方维海积极改革，取得一系列零的突破，物理化学学科成为国家重点学科，化学实验中心成为国家级实验教学示范中心，入选一批国家级精品课程、北京市精品课程和教学名师。在方维海的带领下，学院实现了跨越式发展。

方维海在几十年的科研生涯中，勤学多思，循循善诱，博学多闻，潜心贯注，在世界上为中国的理论化学争得了一席之地，在做出不朽成果的同时，也培育桃李满园，激励新一代北京师范大学化学人更加科学务实，精益求精，共同开创光明未来！

柳荫励学金的发起者和捐赠者——1982 级校友

▲ 1982 级校友毕业留念

▲ 2008 年和 2018 年柳荫励学金颁奖典礼

“行走天涯，心系师大。”2008 年 8 月，由北京师范大学化学系 82 级校友发起，全年级同学共同设立了柳荫励学金。每年，82 级的学长们拿出资金奖励和资助北京师范大学化学学院品学兼优但生活较为困难的本科生。

依依杨柳树荫浓，悠悠校友荫庇情。柳荫励学金中的“柳荫”取自辅仁校区的柳荫街，日复一日，年复一年，柳荫励学金已经连续资助 14 年，从未间断，目前已资助了 200 余名学生。

柳荫励学金承载了师大化学系 82 级校友对师大化学学子的关爱和期望，也像一条绚丽多彩的纽带把化学系 82 级校友、母校、在校生紧紧地连接在一起。每年，学长们通过柳荫励学金相互联系，也会回到母校，在化学学院举行颁奖仪式，以直系学长的身份与学弟学妹们亲切交流，讲述自己在母校求学和走出学校后的工作经历，围绕专业学习、职业选择、发展方向、兴趣培养分享经验和感悟，感恩母校的培育，深情嘱咐在校学生要珍惜时光，努力学习，开阔视野，创造属于自己的梦想舞台。学长们的经历为同学们提供了奋发图强、感恩奉献的榜样，也为学生亲近社会、健全人格提供了强大的精神动力。就像一位曾经受过资助现已经博士毕业的同学所说：“它(柳荫励学金)已经超越了金钱，赋予我们感恩的心和努力奋斗的精神。”

北京师范大学化学学院叮嘱获奖学生发挥榜样作用，将北京师范大学化学人的优秀品质和这份感动延续下去。2021 届毕业生吕振华是柳荫励学金的获得者，他说：“我要特别感谢北京师范大学化学系 82 级学长学姐们。”柳荫励学金获得者李羽佳说：“感谢师大和化学学院对我的培养，老师们扎实的学术功底深深影响着我；感谢 82 级学长对我的帮助和关爱，给予我力量，给我树立榜样。我也会尽己所能，将这份爱和善意传承下去，担当师大人的责任。”李晶怡说：“师友相从气义同，报恩唯有厉清忠。长绳难系青春日，心迹兼忘出处通。我会在未来的学习生活中，努力上进，不负青春，不负韶华。”

中国科学院第十九次院士大会上，习近平总书记深刻指出：“谁拥有了一流创新人才、拥有了一流科学家，谁就能在科技创新中占据优势。”功以才成，业由才广。硬实力、软实力，归根结底要靠人才实力。110 年来，北京师范大学化学学科一直以为祖国培养全面发展的优秀化学人才为己任，始终秉承优良传统，充分发挥优势特色。未来，北京师范大学化学学科将在为中华民族伟大复兴接续奋斗的大道上续写新的篇章。

第五章　部分校友名录

110 年来，北京师范大学化学学科共培养各种类型毕业生近 2 万人，为我国的化学基础教育、化学学科发展以及工业生产等领域输送了大量优秀人才。他们中间有默默耕耘的化学教师，有潜心研究的科研工作者，也有企业家、政治家，他们奋战在祖国的各条战线，为祖国的建设和发展做出了贡献。

中华人民共和国成立后曾在化学系或化学学院工作过的部分教职工名单如下：

白柄全　白春玲　白大菊　白金坡　白　均　白俊生　包华影　蔡　璨　蔡　虹　蔡克明
曹敬东　曹居东　曹显新　柴朝黔　常丽荣　常小燕　陈伯涛　陈德宾　陈涤非　陈风峥
陈光旭　陈鹤鸣　陈庆华　陈少苹　陈维杰　陈文博　陈文琇　陈暹重　陈小毛　陈志刚
陈子康　程风云　程　禾　程泉寿　迟锡增　迟兴婉　邓珮云　邓希贤　丁绍凤　丁燕波
董丙祥　董维宪　董玉民　董政荣　杜宝山　杜上鉴　杜学武　方　波　冯建民　冯瑞琴
冯文林　冯馨霞　浮吉生　傅孝愿　高同泰　高秀荣　高玉华　葛洪铎　耿　泉　耿　秀
顾江楠　关淑贞　郭怀礼　郭慧光　郭建权　郭金雪　韩京萨　韩俊(放化)　韩俊(量化)
韩生儒　韩石平　韩亚珍　韩章淑　郝淑荣　何大煊　何大业　何关有　何家斗　何　兰
何立新　何美贤　何少华　何绍仁　何晓光　何　智　贺利华　侯恩鉴　侯　莹　胡春东
胡春华　胡鼎文　胡乃非　胡树永　胡　涛　胡　渝　胡志彬　黄道飞　黄佩丽　黄树坤
藉　原　贾海顺　贾　明　贾曰仲　姜德宽　姜小玲　蒋盛邦　金林培　金奇庭　金　虬
金俗谦　金玉华　金昱泰　金宗德　晋卫军　康富安　康曼华　雷瑞霞　李爱荣　李邦彦
李大珍　李东明　李　和　李红霞　李洪峰　李华民　李惠琳　李　君　李连江　李　明
李佩文　李品廉　李　奇　李启隆　李睿洁　李善鼎　李慎之　李太华　李天赏　李庭骏
李万海　李兴敏　李　秀　李　雪　李永梅　李　征　李梓华　李宗和　林爱秋　林平娣
林清枝　林树昌　林玉珠　刘炳玉　刘伯里　刘承桂　刘承敏　刘东元　刘金衍　刘景荣
刘克文　刘鲁美　刘　谦　刘若庄　刘时衡　刘贤南　刘芗沁　刘小英　刘晓华　刘　莹
刘玉芬　刘玉华　刘玉珍　刘远霞　刘云起　刘　喆　刘正浩　刘知新　刘志敏　柳树诚
鲁　明　陆丽仪　陆　萍　陆相娣　罗　欢　罗　靖　罗秀燕　罗续中　吕恭序　马成武
马红勇　马思渝　马维骧　马振民　毛怀珍　孟树子　孟宪仁　孟昭麟　孟昭兴　米青叶
米增海　苗慧芹　苗玉斌　苗中正　倪　勇　牛瑞珍　牛玉敏　齐　蓓　齐传民　祁黛君
戚慧心　钱桐伯　乔玉清　秦　伏　秦华俊　秦俊河　秦兴起　覃廷良　丘怀昌　冉莉楠
任玉华　容　军　商义山　尚惠敏　尚　军　邵　峰　邵振忠　申秀民　沈华松　沈慕昭
时　彦　宋明瑞　宋雅茹　宋延均　宋　泽　宋　伟　苏翠华　苏红波　隋璐璐　孙国滨
孙兆祥　谭梦志　汤中佳　唐志刚　陶　卫　田荷珍　田美荣　田梦胪　童　晓　汪锦芳
汪正浩　王传淑　王德瑛　王德昭　王定锦　王　方　王方鹭　王凤英　王桂筠　王红森
王适安　王辉东　王建成　王晋康　王晋强　王　琏　王梅天　王明召　王佩珍　王润彤
王世华　王树忠　王玉刚　王文清　王锡勇　王兴业　王学斌　王雅辉　王亚明　王　艳
王雁鹏　王耀亭　王占芬　王镇和　威慧心　魏光真　魏　国　文永齐　翁皓珉　吴本佳
吴德禄　吴国庆　吴国宗　吴敏恒　吴万伟　吴义榕　吴永仁　吴仲达　夏冠芬　夏宗锐

项风钰　谢　懿　解玉莉　忻汝平　熊丽曾　除寿天　徐伟英　徐文昌　徐秀娟　徐志平
徐志英　许巧云　闫于华　严梅和　颜厚福　杨葆昌　杨春琪　杨福管　杨红征　杨　慧
杨蕙英　杨景安　杨君琪　杨　平　杨淑琴　杨维荣　杨性凯　杨秀芳　杨亦平　杨　翼
杨永山　杨云云　杨　钊　杨兆英　杨紫燕　姚百盛　姚乃莊　姚秀英　尹保纯　尹承烈
尹冬冬　尹　力　由蕴明　于建国　于润湖　于淑华　于振华　余尚先　俞崇智　俞凌翀
袁国栋　袁汉良　袁其彬　岳占伟　云自厚　臧威成　曾泳淮　翟金库　詹　旭　张爱军
张宝功　张宝辉　张宝林　张晨鼎　张改莲　张蕙莱　张继虎　张　霁　张健如　张九如
张连水　张启昆　张若华　张三信　张绍文　张铁垣　张文朴　张熙春　张现忠　张小平
张　雄　张　英　张永安　张玉鸾　张玉清　张振峰　张志明　章　兴　赵　冬　赵继周
赵孔双　赵　明　赵世辉　赵淑芳　赵新华　赵秀芳　赵慧春　赵斋华　甄谓先　郑　博
钟维雄　周宏才　周菊兴　周奎润　周梅英　周守明　周印希　朱桂云　朱　嘉　朱乃璋
朱文祥　朱兴沛　庄国顺　庄梅初　邹宪法

（由于原始资料不全等，名单会有遗漏和不准确之处，今后还望相关老师把信息反馈给我们，以便及时补充更正。）

中华人民共和国成立后，曾在化学系或化学学院学习过的部分校友名单如下。

中华人民共和国成立后的部分校友名单(按年级分类排序)

1950 届	白文光　崔建国　董国华　韩璧君　惠其敬　李秀莲　林铭宽　孙培莲　王　普　王韵珩　于士荣　俞凌翀　袁凤鸣　赵苏生　赵信歧
1951 届	白钟祥　陈述豪　刘斯敏　施庆和　宋婉华　田凤岐　温念珠　姚修仁　张　荃　周鸿勋　周淑萍
1952 届	高文会　胡元贞　李元明　刘丹桂　刘知新　南广裕　王世显　王述良　王文彩　夏传涛　薛炳文　张毓海　赵炳炎　赵克义　赵毓英　周保臣
1954 届	白尔钟　曹德英　陈少苹　程秉珂　杜国忠　傅德源　傅登钲　高树椿　季承彬　简国材　焦肇麟　李邦彦　李馨兰　廖德燊　林树昌　刘广才　刘鸿铭　刘淑琴　刘闻良　刘玉珍　刘　庄　娄树华　罗光炎　牛瑞珍　齐惠珍　曲爱华　韶龚岳　孙登甲　孙观敏　陶　卫　田美荣　万玉龙　王善民　王书成　王致禄　文光亚　吴问青　吴英濂　武广贞　徐美丽　徐钟秀　许渐爽　杨永甲　张丽苹　张守智　赵树棠　赵亦君　朱慧贞　朱庭富
1955 届	卞学诚　蔡素心　曹文运　陈工凯　陈玉文　窦济钧　高　钰　葛炳礼　郝　盈　贾秀芬　姜慧文　焦国杰　寇鸿如　李汉章　李洪珍　李佩芫　李寿恺　李西昌　梁熙彦　廖正衡　刘淑文　刘文郁　陆　禾　栾秀珠　麦金枝　潘世蕊　单　颖　施汝毅　石得宽　孙贵恕　汪冰华　王宝华　王慧蓉　王家骏　王世华　王　嵩　王希春　王钟慧　吴曼渠　谢玉文　邢志东　阎秀芝　尹天珍　袁适生　曾淑文　张大本　张德山　张翰英　张宽心　张孟冬　张　琦　张清道　张若华　张文朴　张效廉　张玉秋　赵　达　赵德民　郑金波　周蓝宝　邹时圣　邹秀玉

续表

1956届	白鸿章	白静春	陈德宾	陈志刚	陈子康	戴锦娣	耿以敏	谷守成	郭庆丰	何关有
	洪如诗	黄树坤	黄 旭	黄以祥	计 超	金昱泰	李静媛	李兰陵	李量夫	李庆春
	刘振昌	马香仁	孟庆珍	莫亮猷	潘恩霆	彭天杰	钱桐伯	邱乐缘	任尔俭	苏毓华
	田淑平	田英芳	汪定端	王瑞琴	王元继	王镇和	翁文熙	武学曾	夏冠芬	冼汉隆
	徐喜初	徐志英	薛君萱	杨桂云	杨性恺	杨英岎	由蕴明	于淑华	余长江	俞 征
	喻敬纯	张晨鼎	张健如	张其钺	张熙春	张先道	张秀文	张瑶芬	张永俊	张志深
	赵树妍	郑葆芳	周菊兴	朱耀斌	朱仲涛					
1957届	曹治蕙	陈壁如	陈芳洵	陈光宇	陈 灏	陈以设	陈 英	程达武	代锦娣	戴乃文
	戴启昭	邓淑尧	鄞灿楣	冯铁城	高名蕙	郝钦皋	何德培	贺思华	贺希英	贺桢涛
	洪如诗	胡怀谦	黄文教	黄秀群	黄志亮	黄祖兴	贾佩兰	蒋硕基	蒋维敏	金进良
	黎承瑞	李逢玲	李贵云	李惠卿	李培珊	李盛栋	李世靖	李淑贞	梁庆之	廖兴祝
	林袅鸣	凌燕湘	刘福岚	刘静子	刘莉筠	刘文钊	刘献娥	刘治平	卢庆宣	罗国维
	罗伦元	马季敏	南忠泰	倪德修	裴荣兴	彭德贤	蒲书玉	丘铿盛	邱静贞	邱玉民
	邱志新	仇 珍	任尔俭	阮志湧	邵婉丽	孙承耀	孙明华	孙钟瑛	汤禄廷	唐淑慧
	唐文藻	唐言忠	王家廉	王肇慈	王 正	王 智	温澄濂	温泽润	翁克敏	吴良辰
	吴灼华	向世璜	谢丽梨	熊允升	徐告生	徐舒楣	宣文峋	杨克俭	杨启民	杨士梁
	杨寿生	杨万福	杨 隗	杨文慧	杨振玉	杨植震	姚学先	余洁贞	余开江	余 昕
	俞东平	曾柔曼	张承襄	张鸿兰	张 基	张镜敏	张康钺	张兰茹	张其河	张士玲
	张同文	张文惠	张远略	章宗穰	郑仁坊	周华仙	周绍英	周淑贞	朱嘉美	朱天恩
	朱秀岚	朱 旭	朱耀斌							
1958届	毕槐林	常维章	陈怡娟	陈允震	程达武	程地慧	崔楼簾	邓善祯	邓自飞	丁雪英
	冯亚男	高满同	高淑珍	郭树敏	何维敏	胡怀谦	胡 迈	黄素媛	姜国芬	蒋蕴州
	赖鸿森	赖跃农	李广全	李惠安	李慧娟	李 杰	李淑芳	李淑贞	李同仁	李溪显
	李玉英	梁沛珍	廖志广	林世珍	刘奎舫	刘 堃	刘松青	闵良慕	宁慧时	潘正绳
	齐字铭	钱德慧	冉广培	沈立钧	石得玉	史建中	史宗钦	苏 讯	苏应涛	孙晋文
	孙丽玉	孙明华	汤禄廷	汤瑞祥	唐家珍	陶冠珍	佟降梅	王福兰	王汝静	王若村
	王 玮	王泽廉	肖孔钢	谢 玲	徐芳芝	杨惠仙	杨启民	杨文昭	姚纪臣	殷毓灿
	余开江	袁其彬	曾 春	张惠宗	张芝兰	赵昌惇	赵淑珍	郑国麟	周世恒	周淑珍
	诸葛璟	邹 玲								
1959届	包昌年	陈克明	陈美霓	陈庆云	陈玉珍	陈章霖	陈镇国	程耀尧	迟兴婉	杜宝山
	段瑞玲	樊 萍	冯树馨	耿 秀	耿学久	韩生儒	何少华	胡春华	胡儒清	胡树永
	黄佩丽	黄儒兰	贾宝良	蒋盛帮	康震东	雷爱竹	李佩文	李庆余	李天赏	李文华
	李锡泉	李一贯	李志兰	林薇薇	刘鲁美	刘宇伦	刘源泓	柳树诚	陆 淳	毛怀珍
	茅树国	孟庆文	秦兴起	任玉华	佘世望	沈慕昭	石致敏	苏翠华	陶 琅	滕再新
	田荷珍	田梦胪	汪叔度	王德昭	王定锦	王复珍	王贵琴	王晋强	王丽媛	王佩珍
	王适安	王彦中	吾尔汗	吴国庆	吴锦怀	武筱云	邢效芬	邢兆桂	徐寿天	徐伟英
	严秀珍	杨文波	杨 翼	姚乃莛	姚天白	叶珍有	应赛金	余其创	俞崇架	虞慰曾
	袁美玲	乐惠英	张国贤	张嘉同	张木兰	张培芬	张佩珂	张蓉蓉	张铁垣	张玉鸾
	张昭惠	赵岚宁	赵秀芳	赵玉茹	郑慧芳	周以璐	周卓华	朱乃璋	朱瑞鸿	

续表

1960 届	薄发庆	蔡景镐	曹居东	曹瑞英	曹显新	程善民	迟锡增	戴云华	邓希贤	丁若栖
	董亘平	房德超	冯建民	冯明礼	高永华	葛洪铎	龚双莹	龚荫樵	郭金雪	过福泉
	韩华琼	韩继珍	何道颖	华耀先	黄鸿宜	霍怀民	蒋宏第	蒋　雄	金曼一	李椴曾
	李慧珍	李纪洪	李建琪	李梅青	李启隆	李启中	李慎之	李学志	李蕴华	李正楷
	刘根成	刘靖国	刘佩玉	刘　珊	刘贤南	刘秀忠	刘玉芬	卢文锐	陆丽仪	马恩弟
	马亚敏	毛欣根	孟庆慧	孟治寰	苗桂英	潘传智	彭承欣	戚慧心	祁黛君	单德芳
	商宪卫	尚作魁	沈　逸	沈　英	宋明瑞	宋淑芳	宋希蓉	宋延均	孙淑媛	唐爵男
	万效章	王壁瑜	王承海	王大章	王迪哲	王慧之	王金阁	王　静	王平华	王千杰
	王恕蓉	王　兮	王星堂	王兴魁	温立本	乌美瑛	吴　泳	吴仲达	夏宗锐	肖政宝
	谢鹤鸣	熊炎庚	徐巧媛	严乃信	杨淑芬	杨振远	伊亨林	于润湖	于振华	张宝林
	张承炳	张　基	张淑梅	张维权	张玉钰	翟金库	赵春耘	赵静庄	赵同言	赵中立
	周诚宝	周启秀	周显能	朱屏南						
1962 届	边凤仪	曹凤娥	陈安之	陈秉顺	陈丽璠	陈尚娴	程玉青	崔志武	达　人	杜　萍
	杜上鉴	冯政鑫	高永华	郭月君	韩　俊	韩淑玉	何清鉴	何泰石	胡起蓉	胡献安
	黄超元	黄玉媛	贾温茹	金　鹏	金玉华	荆小玲	邝钜源	黎松强	李汉源	李世光
	李雅安	李荫浓	李毓庆	梁春余	林绥玲	林知恩	林治愈	林忠贵	刘恩霞	刘鸿儒
	刘鸿元	刘　尧	刘玉山	陆桂英	陆颂高	罗宏俊	吕兰秀	美　贤	牛恒仓	庞淑玲
	彭熙情	屈韵文	邵　元	石淑琴	史久堃	宋有思	孙兆祥	唐芸汉	唐子银	王建正
	王　珏	王宜辰	王运琪	吴馥萍	肖均陶	肖连卿	熊　钊	徐文昌	徐　瑛	亚　勋
	么东海	严　敦	杨敬慧	于祥云	张桂琴	张彭泽	张肖陶	张钰伦	赵仰周	钟浪华
	周绍瑚	朱金梁	朱克良	庄梅初	邹祖华					
1963 届	白福秦	包绍华	边顺兴	卜宪隆	蔡惠滨	蔡仙英	柴瑞祥	常庆芳	常秀芳	晁继德
	陈福起	陈鹤鸣	陈连崑	陈士龙	陈玉镜	陈中行	程春生	程泉寿	池　洪	迟安民
	崔孟明	丁之沂	杜芷芬	樊辛卯	范光莹	方贝敏	冯俊元	冯学之	富延强	高同泰
	古文知	郭保林	郭建权	郭汝钺	韩万书	何家斗	何立棠	洪钟山	候振邦	胡月珠
	华　新	黄立寰	黄自怀	惠　玲	贾　永	贾长奎	姜　羽	蒋纪昆	焦钟园	金淑贞
	金渭英	晋　恭	居秀夫	鞠蕊元	康秀茹	康致泉	孔祥菊	蓝万松	李翠亭	李　敏
	李若谷	李同成	李云洲	李志文	林宗藩	刘　冰	刘凤鸣	刘洪恩	刘淑芳	刘　恕
	刘斯强	刘　玮	刘振国	刘志敏	芦冠勇	陆寿麟	马连方	马振民	米秀英	彭镇洪
	丕　绩	丘　侃	丘益鸣	饶嗣平	任　伦	儒　彬	阮培胜	善　琳	邵　强	石昌男
	史梅林	史铁美	世　英	首第柄	淑　芬	宋暖琴	宋希黄	苏　珍	孙秉萱	孙静娴
	谭朝玉	谭　洪	唐致元	田启陆	汪水明	王安忠	王德申	王端云	王恩光	王黑筱
	王惠嫣	王京红	王俊杰	王上荣	王绍民	王士恭	王淑君	王维丽	王杏娣	王振山
	王宗艳	旺巴德木加甫		维　楣	魏延福	吴诚华	吴良琼	吴淑慧	郗懋钧	夏国昌
	夏锦才	孝　良	信仕荣	邢书英	许吉诚	许杏娣	薛延德	阎凤卿	杨吉贤	杨冀孟
	杨金有	杨其梦	杨树杉	杨宛虹	杨兆华	云自厚	张宝兰	张炳坤	张呈祥	张崇辉
	张翠兰	张继良	张　聚	张兰恒	张兰萍	张善继	张守善	张秀欣	张云然	张运通
	赵金武	赵全慧	赵士章	赵廷富	赵宪卿	郑嘉茹	周凤芝	周相丰	朱棣儒	朱秀贞
	朱正芳	朱志浩	祝金焕	梓　洪						

续表

届别										
1964 届	艾地白	白宝琨	陈梦青	陈文博	迟文锦	丁绍凤	董眉川	董正中	杜宝石	杜祥春
	冯芝香	高一翔	龚行三	顾江楠	顾治平	哈吉尔	何际发	何钰铃	何长庚	贺传正
	胡鼎文	华英圣	黄福荃	黄菊香	黄鹏运	黄玉薇	贾荣炽	金春菊	金奇廷	金奇庭
	金渭英	景爱光	康致泉	伉铁伊	孔祥琦	拉　拉	李炳强	李翠仙	李洪炎	李　敏
	李习纯	李杏妹	李宜伟	李　直	梁家湖	林丽华	林清枝	林祖池	刘桂英	刘润民
	刘　渔	刘正浩	刘志才	卢凤荃	骆文燕	吕恭序	马兆明	马振民	买力开	毛又德
	梅　约	聂　熔	裴　毅	乔冠儒	屈淑英	瞿慰萱	饶禹亮	沈瑞珍	沈玉全	舒密云
	苏家兰	随庭群	谭耀坤	汤福奎	唐仁和	唐致元	陶世武	田光华	汪纪民	王秉基
	王慧智	王美文	王　群	王伟格	王湘贞	王秀梅	王秀中	王学斌	王　瑜	吴明山
	吴锡勋	冼明格	肖兴国	邢慧莹	邢仪德	幸肃清	熊培芝	休洪范	徐祖洪	严晋娟
	阎志翔	杨道君	杨惠英	杨景安	姚祖达	叶奕芳	易果然	易荣立	尹冬冬	于学增
	于泽康	于宗海	余尚先	袁青山	曾华樑	张炳海	张春兰	张桂保	张国银	张敬信
	张梅静	张儒华	张韶华	张天巧	赵小玲	朱文祥	朱秀贞	邹蓉芝		
1965 届	蔡起鼎	蔡文兰	蔡振元	曹兴祖	车瑞春	陈丹霞	陈桂芝	陈洪如	陈进岭	陈兰安
	陈明亮	陈廷煜	陈文荣	陈英吟	陈远东	陈悦良	陈兆斌	丛培君	崔　结	崔雪芳
	戴生汉	邓雄飞	丁福营	丁　科	董金志	窦淑敏	段佑生	范崇芝	范世福	方柳珠
	方世瑞	方玉栋	冯亚胜	付爱玲	付美华	高秉章	高善雄	贡万云	关湛铭	郭春木
	郭贵华	郭莉珠	郭淑英	郭之宜	国　丰	郝淑荣	何先莉	皇明辉	黄汉寿	黄开清
	黄小林	黄振英	纪根懋	季昌桃	贾　福	贾新来	江玉仙	焦克芳	金惠廷	金　涛
	金哲湘	康龙英	康曼华	孔凤兴	黎宝英	李爱霞	李翠华	李恩善	李桂琴	李国蔚
	李甲辰	李　杰	李兰和	李荣昌	李太华	李　伟	李文海	李祥昆	李永绪	李玉珍
	李月英	李长安	李中坚	李忠孝	李宗来	廖碧慧	林　辉	林艳春	刘东元	刘度男
	刘恩惠	刘桂英	刘国英	刘家慧	刘莲花	刘全荣	刘特命	龙素兰	楼金莲	罗保生
	罗英才	吕长富	毛拉库尔班		莫树辉	木哈买提木沙(别克)			欧阳恒升	
	潘实娣	潘振卿	彭家华	齐立芳	秦　禄	秦颂石	瞿根棋	任俊英	容芬芳(容军)	
	商小玉	沈国妙	施芳珠	舒芙洁	宋天颖	宋秀屏	宋智芳	孙柏茂	塔里哈	唐克顺
	唐荣瑞	田昌荣	汪惠健	王翠珍	王惠兰	王济洧	王家祺	王建文	王俊英	王平安
	王世琴	王淑霞	王锡臣	王夏菊	王永远	王振山	王尊尧	魏俊卿	魏治国	温国源
	文锁元	吴玲玲	吴新民	奚仲廉	夏玉芳	向朝焕	肖忠焕	谢　彪	谢兰珍	谢庆麟
	熊建南	徐采柏	徐立富	徐玉祥	徐振沪	许丹枫	薛学礼	严鹤龄	严毓仁	晏中瑞
	杨登印	杨敦志	杨　悌	杨喜高	杨先杰	杨虞农	姚兴明	姚宗荣	于德海	于长海
	袁仕殷	袁毓华	云逢仁	曾昭喜	翟爱珍	张桂芬	张桂梅	张桂珍	张觐桐	张庆田
	张淑惠	张　水	张素珍	张素珍	章淑珠	赵超然	赵国军	赵海兴	赵世龙	赵淑荣
	甄谓先	郑全福	郑振勤	周爱球	周惠祥	周维香	朱葆珍	朱慈池	朱化龙	朱美金
	朱天麟	庄秀恋								

续表

1966 届	毕毓秀 陈善能 陈文奎 戴志英 董振国 顾建芳 郭奕忠 韩忠昌 胡礼德 黄云仙 焦崇浩 李怀仁 李焕景 李 杰 李敏德 李荣藩 李熊趾 梁达辉 林洪开 刘传生 刘大昌 刘凤英 刘国臣 刘西江 刘忠信 刘宗悦 马伟英 权秀满 申炳华 史淑芬 斯德克 宋永松 孙国印 谭桂英 田腊珍 王惠兰 王树和 王之茂 魏俊卿 伍金陵 夏尊权 肖家铎 谢义华 解桂珍 徐 闻 杨贵忠 杨宏度 杨继炳 殷文娟 尤乃璋 于佩凤 于志芳 袁国清 张瑞芬 张 旭 张燕燕 张银云 赵国军 赵育民 郑楚曼 周定莲 周树昌
1967 届	鲍 慧 陈东海 陈奋祖 陈福兴 陈洪斌 陈 蓉 陈星壁 陈学文 陈泽穆 池永清 刁锦煌 冯 丽 冯敏莉 葛光华 关湛铭 郭秀芬 郭扬通 何伯纯 何承文 侯桂生 胡桂生 黄惠炎 黄莲华 黄锡沧 蒋国清 金俗谦 李 和 李惠芬 李惠琳 李启文 李淑珍 李文治 李伍群 李 毅 李中庆 连凤羽 林桂珍 林贻箴 刘艾玲 刘文玲 刘兴寰 刘忠莲 柳君芳 路世杰 吕国炯 马文龙 马宗振 毛蕙玉 毛拉库尔班 牛春云 彭英科 冉新权 芮琴华 时锦樵 宋秉纶 孙贵有 万翠娥 汪正浩 王凤云 王山江 王文元 吴九成 伍伟夫 肖振峰 谢锐芳 谢天成 解兰芳 邢淑惠 徐星家 徐忠勤 鄢捷年 杨松坚 易传球 尤瑞琛 云逢仁 张爱华 张彩萍 张昌理 张慧文 张集祉 张润焰 张献仲 张湘文 赵永丰 赵永明 赵玉玲 郑亚斐 周风楼 周淑香 邹太和
1968 届	陈景福 程国清 程平平 程文蕊 窦新让 范岳蔚 方宴金 丰 容 冯永嘉 高静娴 高文澜 高 伍 管正学 郝玉伟 胡家莹 滑 敏 黄 安 黄炳炎 黄成就 黄振忠 金吉林 金乃方 李大用 李海志 李华栋 李利民 李茂富 李文絮 李玉英 梁东海 林宝喻 林立兵 刘贵生 刘洧玺 刘文华 卢桂春 陆金玲 吕志敏 潘 睛 钱维忠 沈则显 宋天珍 隋真龄 孙昌增 孙凤琴 孙学武 汤长华 唐 里 田光慧 王朝天 王福珍 王华凯 王犍生 王枚堂 王美玉 王 瑞 王世华 王希敏 王永臣 王玉华 卫继英 魏锡堃 温秀玲 吴秀英 邢淑惠 徐丙申 许晓雯 薛淑芳 杨素玲 杨有海 尹一兵 玉山江 云逢仁 翟跃仁 张积树 张孟钦 张晓玲 张孝华 张秀荣 赵家森 赵恺祥 赵秀智 赵玉发 郑白燕 郑光远 郑质莹 钟天牧 周培黎 周新丽 周以群 周仲凡 左立文
1969 届	白玉山 柏青安 鲍 慧 卑广殿 蔡黄娥 蔡瑶甫 陈 光 陈桂如 陈宏岩 成如范 程洪炎 丛修杰 崔桂兰 邓穗园 董学畅 董玉芳 杜奇石 杜树英 范巧英 高良善 高小天 弓锋轩 韩家良 韩毓萍 何清明 贺 蓓 胡元振 纪道清 姜观信 姜梅芬 姜玉波 金名惠 金瑞霞 金中萍 孔久红 李海云 李兰英 李月英 李宗和 林 璜 林瑞民 刘 亨 刘洪竹 刘训国 刘燕金 刘玉英 刘云芳 刘长青 刘志贤 陆路德 马瑞雪 马秀金 孟昭题 穆复勤 潘金林 戚月明 邱明海 全玉福 任仲湖 申世学 石玉佩 司全印 孙柏筍 孙帮波 孙海鹏 陶惠兰 田 刚 汪凤仪 王宝岭 王承业 王春华 王德辉 王雨泽 王兆宏 魏娟民 吴伯麟 吴德芳 吴桂君 吴国玉 吴万伟 吴长基 向丽君 肖少兰 杨春泰 杨恩孚 杨桂花 杨华泰 杨罗清 杨益荣 叶人和 岳秀兰 查步明 张锦柱 张淑桂 张淑琴 张新华 张玉书 赵鸿词 赵敬泽 赵凯祥 赵玉兰 周国祯 邹彬彬 左增堂

续表

1970 届	白淑贤	蔡士豪	曹秋珍	常晓虹	陈春树	陈献桃	陈长海	董玉芳	冯瑞琴	高存应
	高培文	高志明	古俊荣	郭志弦	胡美玲	黄均中	黄棕媛	回春茹	贾绍荣	蒋　琦
	李发美	李桂芳	李洪彬	李洪范	李建本	李星华	李自强	梁国柱	刘大英	刘桂君
	刘汉芳	刘绍芳	刘长聚	刘忠喜	路俊英	欧阳细冬		蒲生英	秦荣冠	曲凤娥
	宋淑珍	苏世芳	孙桂华	孙　玫	唐芳琼	田晓盛	田　园	王帮秀	王济有	王健民
	王玉芳	王玉梅	王月娥	邢连英	徐尚哲	杨丽萍	于善梅	余乃芳	余秀菁	喻金娥
	袁玲先	张翠苹	张舵夫	张改莲	张厚祉	张　良	张廼芳	张声华	张永安	张长寿
	赵桂香	赵慧春	郑万巨	郑先祥	钟　萍					
1976 届	卜月海	蔡花珍	陈小强	陈英杰	丁淑媛	董　毅	董玉民	冯好转	冯术常	高　淮
	关福珍	郭淑芹	韩淑英	姜德宽	李成甫	李殿华	李　金	李士义	李淑芬	李秀香
	李振福	林军辉	刘国祥	刘素华	刘　然	刘　贤	刘秀维	马凤玲	马瑞香	毛亚林
	潘　星	秦　燕	绳惠玲	司仪康	宋　嘉	佟淑玲	佟万良	童凤祥	王辉贤	王晋康
	王瑞玲	王亚明	王玉荣	隗合通	谢小平	徐　增	闫炳伦	杨德芳	杨　华	杨美琪
	杨淑霞	杨文忠	于秀婵	于秀兰	张崇昭	张进海	张艳华	张玉珍	郑宝环	郑新妹
1977 届	安淑琴	曹继成	常向前	陈文玲	丛　敏	丁焕芝	杜俊霞	杜玉玲	范宝华	付荣全
	郭凤琴	郭全乐	郭雪清	胡建龙	贾海顺	李桂荣	李巨岭	李文全	李秀福	李秀兰
	李子华	刘恩沛	刘兰萍	刘秀兰（大）		刘秀兰（小）		刘秀芝	刘月秀	卢小彬
	陆　军	吕　杰	孟祥存	苗中正	潘兆华	秦龙生	商智新	尚玉香	汤中佳	王炳英
	王凤英	王桂兰	王建华	王金凤	王树忠	王素珍	王秀敏	王玉敏	魏秀莲	武晓宪
	徐立海	严娥丽	于香芹	詹　明	张贵凤	张丽萍	张连水	赵新华	赵田志	郑怀彦
	钟玉利	周福燕	朱桂云	庄锦文						
1978 届	曹福友	陈银英	戴磊星	董丙祥	董玉忠	杜金莲	杜万河	段培新	范　任	方　方
	冯桂珍	冯山源	冯　涌	高蕙珍	高士敏	高秀敏	郭大群	郭秀玲	郭玉兰	韩进国
	韩秀伏	金　凯	金　虬	李柏松	李春华	李富明	李乃华	李　奇	李素静	刘　斌
	刘秉如	刘月英	刘仲田	鲁　永	路玉凤	吕文玲	吕　云	马世芬	马文江	聂玉英
	牛树建	彭秋玉	齐长青	秦书海	任秀萍	邵月玲	石秀菜	史春红	苏建华	唐琪悦
	田守江	王朝华	王桂英	王静云	王瑞平	王淑华	王燕平	魏永平	吴国兰	吴国宗
	吴兆祥	吴振光	武益民	肖春来	信振起	徐金玲	徐秀筠	许秀玲	薛树林	闫于华
	阎国民	杨秀丽	杨玉平	杨跃军	于天忠	于文生	于占国	张锦楠	张全领	张　雪
	张永祥	赵广新	赵久平	赵向军	赵迎春	赵玉宝	周长海	朱宝山	左振太	
1979 届	包志敏	保万锦	曹士芹	曹　薇	程桂芬	邓家毅	杜素英	段富贵	付德玉	管继武
	韩增敏	韩长桂	胡宝海	纪春田	姜明杰	李连江	李淑琴	李新凤	李玉兰	李育民
	蔺广涛	刘桂英	刘国庆	刘金凤	刘书芹	刘淑敏	刘淑英	刘玉海	刘玉华	刘玉珍
	米青江	苗连英	宁少敏	庞宪考	屈树茹	任正清	任志魁	史兰厚	苏民发	索长侠
	田俊英	王进凤	王栾英	王淑香	王小平	王玉荣	王正龙	谢尚银	许书林	闫秋芝
	闫淑华	杨凤兰	袁春花	袁富军	战秉玉	张　斌	张翠琴	张贵清	张连来	张秀芬
	赵淑侠	赵　宣	赵泽荣							
1980 届	大巴桑	见　参	旺　家	沙　吉	塔　措	小巴桑	卓　嘎			

续表

1981 届	本　科：陈丽芳　程　华　戴　平　戴远芳　戴　云　邓　桦　邸　立　樊淑明　郭爱民 郭建国　郭　明　韩晓梅　何绍仁　贺　京　冀永强　贾　丰　贾捷频　蒋利人 李华民　李小林　李彦华　廖小华　林奇青　刘宝成　刘光明　刘丽华　刘利军 刘士励　刘　薇　刘小英　刘晓铿　柳　原　鲁　明　马思渝　米淑兰　潘　易 石晓宇　石　喆　孙兰新　孙晓芹　孙心铁　谭　力　田玉凤　王大拙　王　非 王　森　王绪茂　王雪梅　王延丰　闻钟平　吴　琼　吴　如　夏　敏　徐　佳 徐景崙　闫艳春　阳　华　姚　远　阴桂菊　游　虹　余　兰　张　铭　张小华 赵　冬　赵　和　赵　黎　周勋全　朱　青 硕　士：蔡冠梁　管正学　郭荣昆　揭草仙　金俗谦　李　和　苏树军　汪正浩　严梅荣 于建国　张存和　张一先　赵佳歧　郑世钧　钟维雄　朱兴沛
1982 届	柴　明　陈松林　陈苏河　陈小毛　地布嘎　丁燕波　丁重明　冯　林　冯志强　高平安 韩小华　韩煜棣　郝金声　胡丹平　胡乃非　姬晓灵　焦小宝　李秉定　李连城　李森兰 李苏萌　李献文　李耀辉　李逸峰　刘京萍　刘文和　刘晓秋　陆宁宁　吕思义　毛兰存 门少平　苗润圃　牛希荣　彭鸣凯　屈爱桃　任昱全　时永霞　司秋娟　孙增圻　谭　超 涂绍宗　万令紫　王安琳　王德瑛　王明召　王淑昆　王天开　王　艳　魏星光　肖　蔚 肖永亮　邢孔声　徐金波　徐振峰　薛元力　颜昌仁　杨　光　杨小可　尹哲生　游　虹 于　禾　于　潜　袁余洲　张爱军　张力学　张聂彦　张颂培　张新彦　张艳芬　赵　明 赵　鸣　赵毅民　郑小玲　钟起玲　庄德志　邹民华
1983 届	本　科：阿　娟　白彦丽　曹敏仙　常小丽　陈丽莉　陈仕平　陈梓云　邓伊鸣　冯俊贤 高爱平　高灼全　宫一宁　关燕雲　何　蕊　何小禄　贺文英　贺　璇　赫春香 胡　叶　黄道飞　黄建林　黄建平　纪昌植　冀学葵　贾　平　江　红　康国君 李　黎　李　琴　李唯奇　李文旭　李玉兰　李云巧　梁瑞洪　廖学红　刘　方 刘剑平　刘荣祥　刘　卫　刘西茜　刘晓华　栾铁鹰　吕桂琴　马国坤　马西富 马玉强　孟克巴亚尔　欧阳叙龙　潘　力　潘　智　庞育群　钱必东 钱光宇　丘庆生　邵　爽　沈玉丽　施永生　石少慧　宋兴志　苏月峰　孙东明 孙怡菁　孙　勇　汤　煜　王启为　王瑞林　王天元　王卫红　魏　琦　文　筱 吴本佳　吴光亮　吴　勤　吴玉庭　吴　云　肖　力　谢九如　谢云峻　徐宝荣 徐　蓓　徐卫星　薛晴初　严　镭　杨丽萍　杨　炼　杨　林　杨子江　殷恒辰 殷　慧　于普增　于志辉　余大书　袁　騉　袁　霞　曾小兵　曾小玲　张洪建 张秋云　张玉梅　赵　莉　赵世芬　赵　燕　钟　华　朱　庚　祝桂林 硕　士：包华影　国毓智　鲁毅强　秦　伏　王继生　严　煤　赵承易
1984 届	本　科：曹敬东　陈道文　陈　静　陈茹珊　陈　寅　崔云平　段晓涧　方　燕　房珂玮 付渝滨　高　霞　耿　茜　耿绍旺　龚万森　谷亚平　谷岩松　汉雪萌　何连锋 贺毅敏　胡　丹　胡晓萍　黄海旺　江银潮　姜兴龙　金凤明　金燕男　赖晓绮 兰桂刚　雷光继　李博雅　李　杲　李宏宇　李　静　李　敏　刘　贵　刘　尧 刘英平　刘　云　芦秀芬　路双兴　马明生　马润萍　蒙　敏　孟宪明　穆永琪 潘　宁　逄砂砂　戚乃玫　乔洪文　秦　丽　任丽萍　任　旭　沈德林　史　英 苏西平　孙家娟　孙　君　王东冬　王　飞　王力元　王　青　王清萍　王志珍 魏　毅　吴　燕　吴远东　肖养田　辛淑萍　邢京娜　严　琳　颜流水　杨红波 杨晶晶　于金莲　于　晓　于　鷃　余　静　虞云龙　张　锋　张国雄　张　静 张晓丽　赵建英　赵　睿　钟　灵　周　丹　周宏才　周天红　朱　琳　朱　霖 朱昭宁　卓泽雄 硕　士：程　华　范良悠　何绍仁　刘汉兴　王　非　杨云云　张小华　赵　冬

续表

届别	名单
1985 届	本　科：包山虎 陈慧芬 邓凤华 邓旭 丁桃 董志 杜亚桃 方亚寅 冯衡生 高贵芹 高颖 关金英 关幼荣 郭刚 何春玲 贺小凤 胡达古拉 胡思前 黄谷 黄祖华 孔岩 李春玲 李嘉 李建华 李思殿 李艳 李一红 李永红 梁利芳 梁明霞 林锋 卢振栋 罗时敏 罗欣 马斌 马勇强 米良 潘熙金 秦昉 邱瑾 曲欣 阙菁 任晓姮 单承锦 单汝东 宋华 汪欣欣 王钢 王洁 王晶 王景华 王俊华 王磊 王芃 王锐敏 王润彤 王向阳 王晓东 王晓玲 王信 王学良 王志文 吴迪 吴飞鹏 吴小红 吴悦 向幼姝 解玉莉 徐碧 徐海山 严西平 杨慧 尹静梅 尹守义 尤欣 于坚 于永鲜 张宏昌 张慧萍 张金 张录翠 张青卯 张雪萍 郑芊 朱慧卿 朱龙观 祖建 硕　士：陈苏河 陈小毛 丁燕波 胡乃非 黄元河 李秉定 刘新厚 马涌 唐明生 王明召 王淑昆 肖蔚 张爱军 赵明 赵鸣 博　士：金俗谦 杨云云 钟维雄
1986 届	本　科：阿米娜 蔡琴 岑兆维 陈晨 陈静 陈琪娟 陈庆阳 陈蓉 陈晓兰 陈志 丛小红 笪远峰 德力努尔 范楼珍 范思源 付丽霞 高丽娅 龚荣洲 关莉 郭军安 国振峰 郝兰 何煦 贺道远 胡辉 季明杰 贾晓春 蒋晞 蒋娅萍 金红琳 金顺姬 李林 李茂家 李思殿 李维超 李卓 栗印环 梁晓蓓 廖丽丽 林成滔 林秋明 林运明 刘崇智 刘芳 刘红 刘红霞 刘火安 刘剑 刘俊康 刘梅 刘平 刘小海 龙小川 孟祥增 木拉提 欧阳兆槐 曲维义 任建华 任蕤 任颖杰 施雁 史冷初 史亚君 宋传正 宋丹青 宋国卿 宋晓红 孙冬冬 孙根行 孙伟群 孙晓波 孙艳杰 唐丹凤 唐京明 田宏健 田立新 田玉芹 佟玉丽 万宝 王繁泓 王宏 王磊 王伟 王亚辉 王怡庄 王毅 温宏彦 文丛华 武向丽 夏克坚 肖冬 肖丽媛 谢小红 徐妙玲 徐泳 徐智华 徐祝浩 许佩瑶 薛会君 薛志坚 杨春 杨文芝 姚蓉君 于锦 于水 曾小清 张彩兰 张国军 张嘉旸 张建蓉 张健 张洁明 张蕤 张威 赵丰 赵健身 赵胜波 郑化 郑淑英 郑文齐 郑旭煦 周长智 朱顺清 朱志明 祝九娣 邹新 硕　士：陈仕平 冯绍彬 侯永根 胡渝 李文旭 李云巧 刘剑平 刘晓华 吕桂琴 王祖浩 徐蓓 于志辉
1987 届	本　科：安燕 蔡虹 陈国成 陈集浩 陈静 陈立明 陈玲 陈明哲 戴辉雄 段世利 方敏 高云华 高志玲 郭先武 韩菊仙 郝英杰 郝茜 何文天 黄丽华 贾留千 蒋建平 姜筠 康卫国 李春明 李洪峰 李丽珍 李连海 李松梅 李文君 李艳云 李夏 李晓华 刘春兰 刘利 刘燕 刘有昌 刘芸 路俊英 鲁岩 马海丽 麻泓 玛丽娅 麻显清 马强 马志英 毛汉卿 聂俊 彭子琼 冉建新 任莉 荣浩 容建明 石香玉 舒瑞琪 宋志強 陶式微 滕云 田凤英 王福民 王皓 王江 王汝刚 汪晓红 王晓丽 王兆祥 隗亚林 魏雅娟 武常春 吴薇 吴卫峰 向本琼 肖昌盛 徐健 徐菊华 薛秉敏 杨炳朝 杨慧 杨燕 杨应存 於秀芝 于丹 占素娟 张爱萍 张德清 张国军 张丽萍 张辽云 张少阳 张扬 赵苓 郑晓霖 郑云松 仲丽华 周金萍 周钧 朱芝兰 祝九嫦 邹应全 硕　士：陈良壁 陈暹重 崔云平 方德彩 冀永强 姜兴龙 李杲 李华民 路双兴 马明生 蒙敏 蒲敏 任丽萍 沈德林 谭雷 王建成 王力元 王卫宁 魏毅 肖养田 张霁 张令军 张颂培 郑小玲 朱霖 朱昭宁 博　士：刘汉兴

续表

届别	类别									
1988届	本科：	巴洪虹	陈海森	陈丽红	陈丽梅	陈氢武	陈社中	陈香莲	董定君	杜亚明
		段新方	樊霞	付兴发	高东红	高凌	耿哲	龚四林	郭洪	郭中立
		韩蔚	胡庆林	花文斌	黄孟祥	黄卫国	黄丹文	姬延鹏	嵇正平	季红
		姜银富	雷戈	黎世洪	李帮平	李继高	李建蓉	李卫华	李争宁	梁辉
		林梅	林鹏程	刘爱红	刘承美	刘峨	刘爽	刘贤钊	刘新宇	柳卫民
		罗代川	罗婷	马建播	马青艳	马耀	马作兴	倪国君	齐德民	屈宜春
		全蜂花	申敬红	沈岑	施树荣	孙利英	孙忠	滕永红	田学文	童华强
		涂著德	王杰	王立军	王维真	尉红	魏淑霞	吾满江·艾力		肖秋国
		辛斌	徐冬余	许小炼	鄢润秀	杨军	向廷见	姚永峰	于浩	于源
		俞善辉	郁楠	张砚	张红	张红玉	张宏	张小红	张志宏	赵世民
		赵秀峰	钟守期	周涤	周骏	周志兵	朱丹	朱延文	祝昉	宗志强
	硕士：	昌成	高贵芹	解玉莉	罗时敏	吕秀开	马斌	潘熙金	彭美蓉	宋华
		苏西平	王润彤	王晓东	王晓强	王信	王学良	吴小红	徐碧	徐业平
		杨瑞娜	易林	于坚	战军	张春丽	张青卯	张小祥	张亚红	章兴
		赵新华	祖建							
	博士：	黄元河	于建国							
1989届	本科：	阿布拉·布河克		艾万东	卜恩朝	常娜	陈才锜	陈昌金	陈曦	邓玉恒
		董维萍	冯胜昔	高亮	高晓红	高志迎	高智慧	龚丹	谷保中	韩全胜
		何山	何勇军	胡志远	花正新	黄彬	黄海洪	黄丽娟	黄燕	加尔肯玛
		简天英	蒋剑	金伟明	雷长彬	李朝晖	李承刚	李荣军	李思盛	李秀玲
		李永敬	廖红雨	刘剑	刘俊香	刘宁	刘怡天	刘勇	刘宇坚	刘云
		罗敏	罗书华	罗义辉	吕永乾	马红玉	马建	毛军文	母云勇	聂红霞
		乔仲勤	且江花	卿太平	瞿海林	邵巍	沈荣生	史建斌	苏艳梅	孙芬芳
		孙佩莉	汤昊	唐冬元	汪蕙如	王爱军	王桂芝	王建东	王丽	王永芝
		王宇	翁卫	吴红梅	吴兰宝	吴伟	夏永静	肖澜	谢红	谢明
		谢云	徐芳	许艳	薛维	闫晓波	杨明杰	杨水秀	杨岩峰	殷英华
		余翔	郁茜	袁建伟	湛建阶	张保成	张连青	张明国	张彤	张闻
		张秀建	张站斌	章异群	赵彩虹	郑红文	周峨	周化立	周洁	周京戎
		周晓文	周益红	朱凯滨	朱玉佩					
	硕士：	陈光巨	崔建国	傅丽霞	国振锋	贾丰	况水根	雷光继	李茂家	林运明
		任颖杰	宋丹青	孙艳杰	田玉芹	王磊	温宏彦	吴远东	夏鲁惠	解俊峰
		薛会君	于水	张嘉旸	赵丰					
	博士：	朱霖								
1990届	本科：	曹津	曹兴銮	陈黎琳	陈荔梅	陈曦	陈晓婷	陈应河	戴叶飙	丁玉芹
		丁元庆	段霞	方倩	冯尧	付军梅	高焰	顾红	何波	何永军
		何战英	胡文胜	黄小坚	黄云星	江发平	姜新钢	金从武	金晓英	寇德刚
		李爱民	李建新	李琳	李祥龙	李欣	李新建	李长秀	梁遒	廖宏标
		刘彩莲	刘绍仁	刘曙光	刘顺会	刘伟	刘雪松	刘尧	刘玉珍	吕海涛
		吕京平	吕雁民	马润平	欧阳小虎		庞怀林	钱桂芬	任清华	宋尚清
		苏栋	汤玉清	汪爱武	汪华	王建东	王桐信	王威	王雪梅	魏婴宁
		吴丽玲	徐仁锋	薛同革	阳明书	杨建湘	杨晓琳	杨勇	殷丽虹	于凤华

续表

<table>
<tr><td></td><td>于秀娟 袁战友 张红英 张华 张蔚婕 章静 赵兴凯 周秀华 朱军民
朱孔颖 朱咏华 庄咏梅
硕士：毕华林 蔡虹 曹保鹏 戴辉雄 葛平华 耿茜 郭旭明 纪纲 李洪峰
李奇 李松梅 李夏 刘利 卢振栋 米良 秦丽 舒瑞琪 陶式微
吴迪 阎学锋 於秀芝 于永鲜 张国丰 张雪萍 仲利华 周钧 周天浩
祝九娣 祝钧
博士：谢前 赵冬</td></tr>
<tr><td>1991 届</td><td>本科：曹萍 曹智华 晁怀京 陈红映 陈华伟 陈建明 程嘉豪 程伟强 储召生
崔保师 费向军 冯东 高晨花 高红艳 高韶杰 国洪文 杭剑峰 何康
胡少文 季连石 贾同改 姜宏 姜玲 姜新钢 姜新睿 邝丽君 雷平
李荣 李瑞涛 梁京梅 梁遒 刘爱国 刘劲松 刘愷 刘顺果 刘拥军
刘元媛 卢蓉 罗滨 马春琪 马翠玲 亓新华 钱文远 阮亚飞 石磊
石明辉 史红军 宋学琴 孙红岩 孙军 孙文锦 汤燕闽 唐正红 汪晖
王波 王成军 王宏志 王慧 王立旻 王涛 王晓红 王迎 王勇
王勇 韦璟 吴家权 吴维平 徐雷 徐宇栋 许辉 颜秀梅 杨建绒
杨立新 杨彤 杨学东 杨轶帆 杨宇红 姚春晖 姚玉江 易筱筠 于彪
于国英 于林 张斌熊 张成刚 张德山 张凤娥 张继红 张立苗 张智勇
赵剑虹 赵久玲 赵俊东 赵曙婷 郑子荣 钟建国 钟进 朱玫 朱梅
庄斌 邹芬
硕士：陈丽梅 陈爽 陈香连 段新方 付浩 高凌 耿哲 黄银燕 黎世洪
李建蓉 李艳 林梅 刘峨 刘蓉 刘新宇 卢秀芬 施祖进 腾永红
涂著德 王艳 杨钦 尤欣 于浩 张绍文 朱冬生
博士：张小祥</td></tr>
<tr><td>1992 届</td><td>本科：安左红 常育峰 陈欢 陈嘉华 陈前火 陈天琳 陈天舒 陈万登 崔燕波
邓开龙 杜茜 范玉霞 范召东 高雁军 葛飞 郭春红 郭嘉 何韶宇
胡嵘 虎正祥 黄宝峰 黄翊峰 贾建才 蒋兆华 金怡 黎文生 李安
李东云 李凤英 李红梅 李克忠 李敏君 李世进 李卫东 李英 李云娟
梁家伟 梁小玉 林丽娟 刘智萍 龙虹 龙亮 吕德胜 马飞 马国月
马晓煜 马占玲 苗玉斌 名勇 倪刚 潘露佳 邱伟雄 覃桂宁 申军红
莘赞梅 施芙蓉 史波 宋锐 苏建东 孙月珊 唐红霖 万航 万苏海
汪朝阳 汪辉亮 王东文 王晖 王吉亮 王珂 王丽 王志清 吴成杰
吴礼法 吴义熔 武玲玲 肖健 肖军 熊美容 徐建 徐长亮 许国花
严玖宁 杨爱农 杨春 杨德志 杨新峰 杨遇春 易建国 袁辉宇 战玉华
赵旭悦 张海艳 张继红 张立 张彤 张维清 张伟民 张晓峰 张焱
周洪仙 朱七庆
硕士：陈才 陈才琦 陈寿爱 丁本羽 黄彬 蒋剑 李文萍 廖红雨 马思渝
孟庆国 潘颖 且江花 王斌 王淑萍 魏冰 文丽荣 曾向群 张站斌
赵志东 郑志兵 周传华 周宏才 朱铿 朱志宏
博士：陈光巨</td></tr>
</table>

续表

届别	名单
1993届	本　科：阿小芳 曹和胜 陈蓉 陈素华 陈为民 陈晓华 陈争 崔丽 崔巍 笪贤兰 邓永智 丁海英 冯燕梅 高峰 高世杰 高巍杨 宫清丽 龚思源 顾松挺 郭保华 郭志武 何民辉 何香红 贺新 贾红梅 贾秀平 姜怡晶 蒋洁 阚炜 黎安勇 李春红 李凡 李世进 李艳华 刘晓星 刘艳华 刘莹峰 刘兆荣 龙波 鲁建民 马鸿 蒙超 孟祥福 潘秀珍 潘瀛 钱卫东 秦佼佼 秦蕾 任英姿 史玉荣 舒融 宋希娟 宋秀兰 田弋夫 童晓 王国庆 王俊生 王良友 王梅天 王瑛 卫泽敏 魏新华 吴迪 吴晶 吴立明 吴文清 吴晓东 武丹 肖岚 熊剑 徐延玲 徐忠奎 薛恒钢 闫娜花 杨青 杨晓昇 杨燕 杨雨若 杨志芳 姚军兰 姚乔煌 叶波 尹松雷 尹志锋 余新田 袁学军 岳波 张光润 张俊波 张蕾 张平化 张水蔺 张霞 张小冬 张晓彤 赵桂琴 赵蔚 赵彦玲 郑素云 郑铁花 郑岩 周春喜 周俊 周守明 朱冬彦 朱建宏 朱静 朱于坚 宗育达 硕　士：曹兴銮 陈畅 陈德英 贯军 郭红 韩巨善 胡兴定 黄承志 康富安 李成 李建新 李长秀 廖宏标 刘国正 刘晓宇 刘雪松 聂小平 钱扬义 孙东 孙晓日 童金强 王红森 王林同 王素青 吴俊南 徐振峰 阳明书 游风祥 于凤华 张涑戎 赵兴凯 朱军民 邹扬 博　士：方维海 于浩
1994届	本　科：陈朝晖 陈矛 崔承来 邓颖新 丁西明 方慧聪 方昕 付良青 高放 高红莲 高薇薇 高玉芝 韩毅 黑丽芬 黄伟杰 黄晓冬 贾文绩 贾永春 简利娟 江滨 姜兴来 金乐宁 靳平 孔军 孔瑛 寇文明 来盛德 李红茹 李宏 李嘉 李利 李启文 李玉红 李越兰 李长福 连彧 廉英姬 林浩静 林美巧 刘宝 刘斌 刘海燕 刘靖 刘璐琪 刘敏 刘娜娜 刘向阳 刘喆 罗凤娇 吕仁强 马维雄 梅哲华 潘雁 朴龙吉 秦海英 屈金萍 任红彬 容健 邵建明 时维东 宋江英 宋金秀 宋维平 孙建永 孙翔东 孙孝君 孙亚迪 谭俊 谭美娥 谭权 涂可军 王昌丽 王春华 王丹 王公进 王进 王景 王陆瑶 王文春 王云春 王志欣 魏凤荣 魏国 温彪 吴大勇 吴靖 相红英 谢昭全 徐敏 徐愿坚 许菁 许贤忠 许艳玲 颜晓燕 杨鸿波 杨华 杨玲娟 俞晓泉 乐进军 曾晖 张旌 张久菊 张军 张庆健 张翔 张晓红 张燕 张颖 张政 赵敏 赵新 钟华 钟妮华 周荔强 周莉 左俊林 硕　士：曹晓燕 陈华伟 冯静 韩全胜 胡劲波 李承刚 李美仙 李顺来 刘爱国 刘劲松 刘晓东 刘晓亚 马春琪 田国新 王宏志 谢元峰 许莉 杨晓兰 杨铁帆 张宝辉 张家新 张津高 张智勇 郑晓梅 钟建国 朱先军 邹袒 邹应全 博　士：陈丽梅 段新方 高凌 李庆明 涂著德 张红群

续表

1995 届	本　科：安　露　白继萍　包　琳　常　宏　陈焕萍　陈锦龙　陈　乐　陈　磊　陈　文 程存秋　崔安录　崔世金　邓跃茂　范玉芬　冯丽平　符小艺　高春民　耿德玉 耿玉琴　郭丰启　韩淑梅　韩　越　韩蕴新　何　勇　侯　盾　黄丽芳　黄　瑛 贾聪莉　江　琴　蒋照俊　焦子夏　黎　洪　李富友　李维嘉　李　伟　李文漪 李新娟　李燕玲　郦　枫　廖尚高　林　军　蔺东斌　刘　诚　刘芬芳　刘海滨 刘汉平　刘双九　刘伟华　刘显秋　陆　洁　麻丽华　马淑华　马晓梅　孟海燕 南思乔　聂丽华　牛焕双　彭道锋　齐红涛　曲小军　任景玲　石　梅　宋　锋 宋　琦　苏建林　孙　路　唐　波　唐晓雪　万小强　汪　倩　王　蓓　王德祥 王贵杰　王　华　王焕清　王　辉　王季常　王希强　王　燕　吴　萍　吴迎春 辛万香　邢宝珏　邢　剑　熊　欣　徐　明　杨　敬　杨　文　姚宏志　姚　羽 张彩玲　张金军　张　俊　张现忠　张欣然　赵爱戎　赵朝阳　赵河林　赵洪珊 郑　斌　郑海燕　郑丽颖　郑伟希　郑　曦　支　瑶　周宇红　周　玉　周志祥 朱东娣　朱麟勇　邹晓蓉 硕　士：程志明　董淑荣　范楼珍　范召东　冯志强　高　强　简天英　拉亚·当贝里 郎爱东　李仙粉　刘　婷　龙　虹　吕海涛　吕双喜　马　飞　苗玉斌　彭旭峰 盛颖宏　水　冰　谭学才　万苏海　汪朝阳　汪辉亮　王淑贤　武　玲　席宏伟 肖　军　杨林静　杨遇春　伊莱尔　禹玉新　赵　刚　赵　莹　赵志刚　郑洪伟 朱七庆 博　士：康富安　刘国正　斯钦达来
1996 届	本　科：蔡　鹭　曹洪国　陈　吉　陈继宁　陈健全　陈介豪　陈庆德　陈亚飞　陈宇华 戴新河　邓孝光　丁慧莉　董　冰　杜敦乔　杜　伟　傅立民　高凤堂　郭步尧 郭向梅　何建丽　何　琰　胡海晴　胡　松　胡云东　黄建明　黄瑞林　纪学海 贾贝克　江利辉　雷卫娟　李界雄　李　密　李　琴　李　蓉　李　涌　李志刚 李重阳　林红焰　林加明　林　燕　刘国鹏　刘海鹰　刘江东　刘　琳　刘　婷 柳世明　马　红　马红艳　马君茗　马　俊　孟瑞斌　潘　俊　彭　涛　乔　平 瞿　辉　任　莉　史传国　宋华青　苏　杰　孙和阳　孙小愚　汤　淼　唐　娟 唐艳辉　王　鹏　王胜龙　王顺富　王应东　王玉岩　吴　蓝　吴晓丹　向天成 谢曙初　邢　悦　闫　涌　杨丽敏　杨　强　杨素言　叶　琳　尹宏一　尹燕鹏 应中正　尤永磊　于立安　臧春梅　曾傲雪　张登科　张华蕾　张锦春　张　坤 张　强　张　蕊　张　巍　张亚东　张艳辉　张毅强　张勇生　张玉萍　赵　飞 赵　凤　赵进学　赵　霞　赵榆霞　赵玉萍　赵长宏　周　全　周雪莲　朱　芳 自国甫　邹从文　邹立科 硕　士：包安德　陈红映　陈　玲　崔家玲　高　峰　龚思源　贾红梅　荆海强　凯伊塔 黎安勇　李春红　刘兆荣　鲁建民　乔春华　乔国才　宋育达　宋苑苑　唐海波 童　晓　王梅天　吴立明　吴维平　谢　英　杨　彤　余新田　张光润　张俊波 张平化　张　霞　张晓彤　张　颖　周春喜　周守明 博　士：曹晓燕　黄富强　汪志祥　徐振峰　张涞戎

续表

1997届	本科：	艾水高	蔡立坚	蔡小萍	曹枫	曹永春	唱勇勤	陈发财	陈曻	陈思
		陈旺兴	陈向阳	陈晓	代正军	戴伟翔	党东宾	邓亚鹏	樊静萍	高冀鹏
		高修库	葛微	谷硕欣	郭得全	何千舸	何轶慧	洪京	胡业宏	黄炜
		蒋志峰	靳存华	孔祥波	李红玉	李惠明	李娟	李莉	李松玲	李岩
		李永明	李玉秋	林德炎	刘传玮	刘鲲	刘莉娟	刘渊渊	刘长宁	刘正国
		刘志成	刘智刚	罗军	马畅	马泽	彭绘文	彭琳	秦应池	桑寿德
		邵勇智	沈新胜	宋希玲	宋祥苏	孙刚	孙钢	万锡茂	王翠芳	王翠娟
		王福义	王国斌	王厚伟	王华	王怀文	王立文	王文超	王雪明	王椸
		吴红	吴士坤	吴燕	吴战宏	吴征辉	谢光清	谢亮华	谢述平	徐小辉
		徐新建	徐颖	徐远峰	许海明	杨红霞	杨静	杨年军	杨文菊	杨武
		杨武	杨学兰	杨益强	杨正亮	杨志伟	姚斌	姚丽军	余振强	曾祥友
		张大强	张敢	张辉	张基道	张瑞德	张树宇	张文胜	张淅芸	张小刚
		张新宇	张业胜	张蕴	张振述	张智强	赵建国	赵秋林	赵仁邦	赵伟
		赵亚娟	赵毅	周蕊	周志杰	朱铁林	朱怡	朱宇	庄后锋	庄锦幼
	硕士：	陈朝晖	邓颖新	方慧聪	高放	苟宝迪	黄永华	雷鸣	李红茹	李俊
		李玉红	刘春	刘春生	刘海燕	刘锰	刘雁红	倪智刚	彭云贵	宋维平
		王春华	王俊丰	王志欣	魏国	吴义熔	徐敏	徐仁锋	许贤忠	杨华
		易筱筠	殷淑霞	张析	赵敏	钟华				
	博士：	苗玉斌	汪辉亮							
1998届	本科：	蔡毛	蔡晓冬	苍源	岑亚娜	陈东	陈敏敏	陈苏侠	陈文娜	陈英
		陈英豪	丁万见	丁晓武	丁雅韵	段玉良	范愉	方芳	方宇	高金辉
		高丽梅	郜剑峰	郭雪峰	郭雪雁	郝俊刚	何维松	侯明黎	胡久华	胡运峰
		黄茸	贾兵	蒋燕	揭宇飞	金靓	李宝芹	李冰冰	李兰	李力
		李美波	李爽	李学譓	李妍	李召旭	里刚	梁晓东	林昳	林瑞蔡
		刘红云	刘华	刘世雄	刘勇	刘远霞	鲁新玲	陆小波	陆晓林	吕方
		吕娅丽	马昌期	马翠杰	毛旺民	缪国芳	庞红梅	彭程	桑寿德	单明德
		沈煜新	史文杰	孙亚刚	谭宏伟	唐松林	王春	王冬松	王利红	王迷娟
		王巍	王正来	王志丹	魏晴天	温凤华	吴东芽	吴久伟	吴秀妮	奚采宏
		夏江滨	徐海	徐凌	徐颖	许正涛	严捷	杨鳌	杨海波	杨建权
		杨琰	杨芸	曾云	张春艳	张大强	张广宁	张珺	张茂焕	张田蕾
		张文伟	张小刚	张新勇	张艳	章晓晴	赵果求	赵明新	赵平	郑乐民
		郑向军	钟庆云	周颖琳	周永亮	祝恒	左春山			
	硕士：	陈丽涛	陈小乐	杜世萱	冯丽平	贾芳	李富友	陆洁	马淑华	牛焕双
		石土金	唐波	汪倩	王华	吴燕	吴志云	武霞	徐明	杨敬
		由芳田	张现忠	赵朝阳	支瑶	邹晓蓉				
	博士：	贾红梅	张站斌							

续表

1999届	本科：	蔡 彬	柴春林	常晓屿	陈建文	陈林波	陈旭霞	楚进锋	旦正措	范冬梅
		范 林	范晓凤	高荣华	郭敬华	郝昀铮	胡源生	黄 鹤	季海冰	金明玉
		金新颖	金星花	孔秀花	李 波	李 广	李建英	李 莉	李琳琳	李 妮
		李 溱	李维恪	梁 燕	林芳兰	林海龙	凌 云	刘彩萍	刘瑾辉	刘 军
		刘新星	刘学松	刘 颖	刘 渝	刘宇峰	刘 媛	罗素蓉	雒 娟	吕关锋
		马奇菊	马晓慧	穆光伦	宁亚兰	欧阳波	蒲 丹	祁 欣	秦东梅	邱 东
		任俊平	任 毅	阮栋梁	单 璐	沈成效	施 伟	宋晓友	苏 莉	苏伶俐
		苏美华	孙春燕	孙丽妹	孙婉莹	孙兆前	田 芳	童晓峰	王春燕	王丽红
		王文昌	王小萍	王小权	王元琼	吴宏光	吴青平	吴 龚	吴志云	肖克彦
		谢 亮	熊 峰	徐 波	徐海龙	徐海涛	徐 玲	徐铁莲	许薇薇	许 杨
		轩念东	鄢来艳	杨红伟	杨丽娜	于 璐	余 兰	袁大强	袁精华	岳亲姣
		张桂娟	张建立	张利国	张 伟	张小波	张英锋	张正东	赵改英	赵晓红
		朱晓莹								
	硕士：	陈介豪	胡玉娇	贾秀平	金 虬	李 翔	李杏利	李学强	刘国鹏	刘 婷
		马红艳	彭 涛	曲国翠	唐艳辉	陶海荣	吴 芃	徐 红	杨素言	臧春梅
		张金芳	张俊华	张山鹰	张铁莉	张亚东	张艳辉	赵伟建	赵 霞	周 全
		朱 芳	自国甫							
	博士：	冯志强	殷淑霞							
2000届	本科：	蔡 波	常金勇	陈宏霞	陈毓林	陈忠芳	代传雄	戴 梅	戴志刚	丁 里
		樊彩云	方秀琳	费德军	冯淑娟	付海明	耿 瑾	关英华	郭红霞	郭慧玲
		韩 睿	郝桂阳	侯占文	胡海燕	黄 辉	黄晓斌	蒋小波	焦 鹏	康 娟
		孔剑峰	兰宁静	李 超	李洪燕	李 霁	李俊萍	李 琳	李 姝	李 伟
		李晓夏	廖玉婷	林 毅	刘 刚	刘红云	卢永虹	罗龙宾	吕燕卿	马 杰
		马丽华	秦静萍	曲雯雯	沙国帅	单媛媛	邵科峰	沈红玉	沈 霞	史 强
		宋文娇	唐成皞	唐旻骜	万永红	汪建宏	王 勃	王德发	王关全	王 晖
		王 卉	王 健	王 娟	王小兵	王笑花	王 耀	王影丽	韦美菊	温利权
		文道波	吴兰香	吴伟词	奚新宁	薛凤丽	杨宝华	杨凌露	杨水燕	杨伟坤
		杨 歆	叶海玲	叶开宇	殷延华	尹延刚	于杰英	于金发	于金龙	于 恺
		于乃佳	袁 蕙	曾 钢	张东杰	张宏宇	张 琳	张纬勇	张现化	张益强
		赵 芳	赵玖庆	赵娜娜	赵泉波	郑焕利	周金明	周俊峰	周 敏	朱国良
	硕士：	蔡小萍	曹尔新	储昭升	段新红	傅立民	高翠芬	高冀鹏	韩 菊	何干舸
		黄 峰	江炎兰	李红玉	李玉学	刘建群	刘璐琪	刘 茹	刘 银	毛燕宁
		聂丽华	戚 琦	王 凡	王立文	王利军	王 玉	吴 燕	吴战宏	杨 静
		张俊平	张伟民	张淅芸	赵 丽	庄锦幼				
	博士：	胡劲波	李富友	陆 洁	于 泳	张存中				
2001届	本科：	艾亚凡	白光耀	蔡 伟	曹 媚	陈克伟	陈世稆	陈腾杰	程 采	崔东涛
		戴志刚	邓 艳	董 强	董素英	方 华	方 园	封燕燕	郭 蓉	侯文博
		胡祥丽	黄光明	黄木华	黄晓芬	黄学亮	黄鸯珍	姜 虹	蒋 敏	蒋永欣
		金海光	金 末	孔婀静	李春云	李靖轩	李 俊	李敏一	李 默	李全松

续表

2001 届	李　翔　李　晔　李　莹　李至敏　李志敏　李佐臣　刘　波　刘芙蓉　刘丽君 刘　姝　路　春　牛静芳　潘艳清　彭　峰　覃廷良　邱丽美　屈春芸　全春莉 邵　华　佘平平　沈　丽　施致雄　史成玲　舒亚非　宋文静　苏长轶　孙　尚 孙　岩　孙业乐　孙长艳　谭家双　唐傲寒　唐笑难　汪　洋　王华瑞　王　娟 王朋伟　王水锋　王松蕊　王英春　王振松　魏锋林　魏晓姗　温海涛　吴福丽 伍丽萍　谢国财　谢　懿　熊　辉　熊　林　徐傲霜　徐金東　许国珍　许慧玲 许妙琼　许哲凡　杨凌春　杨　路　余欣欣　臧建英　曾晓英　张雪皓　张宇蕾 张仲文　章国明　赵虹华　赵慧平　郑筱燕　周　林　周先海　周艳霞　周玉成 朱雪峰　卓黎阳 硕　士：岑亚娜　丁雅韵　杜续生　郭雪峰　郭雪雁　胡久华　黄　茸　蒋　燕　黎文生 刘　华　刘远霞　陆晓琳　马晓梅　孙翠萍　孙晓丽　孙志敏　谭宏伟　王　琪 王　旭　吴冬梅　夏江滨　谢天华　杨海波　杨　芸　杨正龙　张春艳　张　艳 赵明新　周颖琳 博　士：李　夏　贾　芳
2002 届	本　科：白旭东　柏贞尧　陈立明　陈文亮　陈祥纪　戴宇容　杜　江　段智明　方大儒 冯　毅　高建新　高云星　葛　勐　龚汉元　关海霞　郭海勋　郭　昕　洪良腾 胡小蒙　皇甫力超　黄海波　黄丽卿　黄素兰　黄维益　姜　博　蒋雪峰 金雅娟　孔　琳　孔旭新　李　程　李华锋　李立文　李丽颖　李　林　李留成 李　鹏　李树林　李为玲　李　轩　李雅芬　李彦生　李玉红　林　玲　刘　婧 刘连英　刘　昱　龙　平　吕海云　马富莲　马骎骎　米红梅　潘燕娜　全芙君 邵　娜　申素辉　沈景花　沈雄波　时　芸　苏帮武　孙　霖　孙旭波　孙玉梅 谭玉改　唐　显　田春军　田彦聪　汪建军　王　斌　王　军　王　军　王　柯 王立建　王明海　王晓斌　王　雪　王彦斌　王耀顺　王　瑛　王玉凤　魏云波 吴发超　吴　涛　肖季川　肖　明　熊健杰　徐　南　徐晓云　徐月明　徐长乐 杨国栋　杨丽春　姚军健　易　欣　张　宏　张　雷　张　婷　张晓静　张旭宏 张银屏　张永毅　张佑专　赵　伟　赵晓明　赵学颖　钟茅茅　周志锋　朱　萤 庄文娟 硕　士：程玉华　戴年珍　郭　睿　黄　鹤　季海冰　姜　华　李　波　李慧珍　李　溱 李晓东　梁锁芹　梁　燕　刘　鲲　刘鹏辉　刘巧平　刘　颖　刘　渝　刘　媛 陆　燕　宁亚兰　庞雅莉　单　璐　石　梅　苏伶俐　孙春燕　田　芳　王春燕 王雪飞　王蕴峰　吴　红　谢　芳　许　羚　鄢来艳　杨世迎　于仁波　袁大强 袁精华　袁晓玲　战玉华　张关心　张　靖 博　士：卞祖强　杜世萱　李玉学　童　晓　吴战宏　旭　昀　张现忠
2003 届	本　科：蔡松林　常　祺　陈滨文　陈　程　陈春霞　陈　平　陈　双　陈　艳　程德平 崔　凯　崔雪芹　崔　妍　丁少珂　段丽娜　方　龄　方庆军　冯　丰　冯冉冉 高　宇　郭志强　韩志伟　郇　乐　黄韶鹏　黄　庭　姜　涵　蒋超群　琚　宝 李加冕　李井亮　李　玲　李　娜　李　鹏　李慎涵　李文静　李武松　李晓昱 李　毅　李英秀　李中君　梁峰丽　梁江锋　林玉梅　林媛媛　刘　磊　刘巧华 刘　睿　刘文文　刘晓晨　刘亚俊　刘宜孜　刘志明　罗　刚　罗　丽　罗　茜 吕媛媛　马丰年　马洪武　马祥艳　明　欣　母伟花　欧阳捷　庞　岳　覃　睿 权　力　史丽斐　宋　超　宋飞杰　孙海霞　谭淑娟　陶　倩　田　松　田彦勤

续表

	王　勃　王　超　王　芳　王广利　王　果　王　婕　王　京　王静波　王　俊 王　黎　王玲珠　王蒲斌　王　申　王希蕊　王一峰　王　怡　魏建业　魏　锐 肖　红　杨　菲　杨晶晶　杨　萌　杨　帅　杨　雯　姚　勇　叶嘉莹　易　鹏 余馨祎　运凤侠　曾立凡　曾应超　张传瑞　张金桃　张　靖　张　娟　张　琳 张　祺　张　锐　张世存　张　璇　张雅玲　张　艳　张　艳　赵詠琪　郑金辉 钟天映　周潘旺　周绪岗　周忠辉　周子文　朱　芸　邹南智 硕　士：常琳琳　戴　梅　董淑静　方秀琳　冯淑娟　郭慧玲　胡海燕　黄晓斌　康　娟 李慧萍　李淑欢　李襄宏　廖玉婷　罗静卿　曲雯雯　任　宇　阮栋梁　沈红玉 宋文娇　孙　敏　汤启明　王德发　王　晖　王影丽　杨　华　杨金瑞　杨凌露 易　琳　张利萍　张现化　赵洪玉　赵怀周　周金明　周　磊 博　士：丁万见　董　彬　何千舸　刘丽琴　马淑兰　王　静　郑向军
2004 届	本　科：安利萍　安险峰　曹丽丽　曹志钢　陈芳芳　陈泓序　陈　琳　陈　灵　陈小钦 陈亚争　程　靓　程兰青　褚战星　崔刚龙　崔静瑕　代　颖　丁　星　董华斌 方　芳　冯静楠　付诚杰　高冬梅　葛　岩　古成威　韩　英　郝亚暾　何家燕 黄　铭　黄文静　黄　珣　黄　烝　贾明月　蒋　瑛　金　灿　孔德靖　李　彬 李　斌　李东平　李杰辉　李　晶　李美花　李荣金　李如茵　李永福　李　柚 李云婷　林　莎　林战伟　刘　芳　刘姣姣　刘水云　刘文斓　刘兴宇　刘　逸 陆清霞　罗锦贤　罗　权　吕　娟　毛佳佳　毛院来　孟　静　孟　茂　孟　翔 倪玲燕　农雪影　庞楠楠　彭　亮　钱　健　秦　川　秦　萌　饶　燕　任小虎 茹　懿　尚荣荣　佘晓敏　司　洁　宋宏涛　宋　涛　宋　艳　宋志鑫　孙国星 孙同臣　孙雨竹　孙　岳　谭大鹏　汤栋霖　唐荣会　王安康　王丰玲　王　华 王　慧　王　娟　王立众　王　敏　王能坤　王森森　王　毅　王宇轩　王　跃 王志军　韦　轶　翁丹凤　吴宝燕　吴建平　吴念真　夏凌云　夏　添　夏晓静 谢娅妮　熊　歆　徐　丽　徐　亮　许红光　薛建强　杨鸿裕　杨　岩　叶礼华 殷新颖　尹　兵　于丽芳　于平蓉　余大品　余梦晓　余　媛　余　铮　张爱平 张　婧　张　军　张清约　张文超　赵　甜　赵　欣　赵贞贞　郑　佳　郑婷婷 郑晓丽　周芳宇　周　萌　周　南　朱成刚　庄茂伟　邹琼慧　左　英 硕　士：艾亚凡　白光耀　鲍翠玲　曹东方　陈世租　陈晓霞　丁　岚　侯文博　胡　敏 黄　令　胡玉萍　黄光明　黄莺珍　蒋　敏　孔婀静　李金花　李敏一　李　晔 李志敏　李志荣　刘春萍　刘芙蓉　刘　强　鲁礼林　罗素蓉　宁　滨　潘艳清 沈　丽　施致雄　孙彭利　孙　岩　王水锋　王文君　王竹红　吴福丽　夏　玲 许妙琼　杨凌春　叶海鸿　虞爱加　臧建英　张剑英　张　唯　张玉琦　赵慧平 博　士：楚进锋　郭敬华　郭倩玲　贺平丽　孙成科　谭宏伟　王明召　王轶博　张俊波 张小波　赵红梅
2005 届	本　科：艾玥洁　白雪梅　蔡佳勋　蔡林歆　曹　姗　陈陆策　陈　鹏　陈天然　陈妍伶 陈　烨　程　玲　翟晓晓　丁春红　丁跃坤　方　明　富　瑶　甘秋玲　高　敏 郜贝贝　顾　婷　郭文静　郭先伟　郭　欣　郝　强　贺元鹏　胡　洋　虎　燕 黄　艳　江艳春　姜丽君　姜　玥　焦渴心　鞠和凤　柯　明　匡伟伟　李春妍 李　丹　李丹阳　李光早　李佳奇　李江军　李　黎　李　亮　李　鹏　李熙琛 李　享　李鑫倩　廖荣臻　林　艳　凌　慧　刘　博　刘　昊　刘京津　刘　娟 刘丽琼　卢　瑜　罗　亮　罗晓燕　马　佳　孟　丹　彭江华　彭　捷　彭莉华

续表

	乔　堃　谌云龙　生志昊　隋　艳　孙金沅　孙　俊　覃光炯　唐　林　涂婷婷 王　飞　王　峰　王翙翙　王　剑　王　蘋　王　荣　王双涛　王小珠　王晓军 王啸啸　王雪珍　王珍珍　危莉莉　卫　燕　吴凌荔　吴　倩　吴　燕　肖　鑫 谢烛明　徐加良　徐文涛　许　川　薛立伟　颜　芝　杨春燕　杨利军　杨雯雯 杨筱杨　杨行远　杨　洋　尹朝莉　于艳丽　余彩芳　余　慧　俞小伟　袁　浩 袁天天　曾定军　张朝赛　张晨蕾　张　蝶　张红海　张　劼　张　梅　张　涛 张晓萌　张　岩　赵立青　赵　鹏　赵园青　郑帅至　周平童　周　清　周文昌 朱立斌　邹杨涛
	硕　士：白旭东　蔡重庆　陈华英　陈　颖　崔　丽　邓学彬　丁　芬　丁小勤　杜　江 段智明　范　林　范晓琼　付建华　高　岚　高兴柱　葛新华　胡冬雪　黄海波 黄素兰　贾　静　金　未　金雅娟　李　华　李晋峰　李　鹏　李小焕　李玉红 林丽娟　刘　超　刘玉美　刘　昱　吕佳蔚　苗庆红　那　娜　潘燕娜　彭胜勇 齐红涛　单文静　申素辉　宋万琚　苏永杰　汪　玲　王彩霞　王　雪　王永森 吴青平　吴月芹　肖季川　徐晓云　杨丽春　杨晓静　杨云霞　游桂荣　余　惠 张　静　张　雷　张　颖　张佑专　张宇蕾　赵河林　赵莉芸　赵晓丽　郑　华 郑泽宝　朱　清
	博　士：陈雪波　丁元庆　韩力慧　郝桂阳　何洪源　黄俭根　刘崇波　刘红云　刘　鲲 刘迎春　孙　红　万永红　韦美菊　杨宝华　杨建权　袁　蕙　邹应全
2006届	本　科：阿依古丽·阿不都如　白红存　查智豪　陈桂荣　陈　力　陈晓彤　陈　欣 陈　宇　陈忠辉　崔孟超　崔倩玲　丁可伟　冯欢欢　冯　岩　甘文广　干　丽 耿　娜　管锦鑫　韩　洋　何健民　胡科家　胡淑贤　胡雪娇　胡志新　黄明哲 黄　卫　贾之光　江洁玲　蒋尚达　赖　丹　雷雪梅　李风云　李桂霞　李　阔 李世媛　李天志　李万刚　李　馨　李　阳　林　鑫　刘春凯　刘晶莹　刘　璐 刘　睿　刘　霞　刘效勇　刘有珍　陆　晴　罗守俊　罗　意　马　丛　明　聪 潘　洋　齐　鲁　覃　冰　全俊达　任佳蕾　邵莹洁　沈　博　史建陶　孙媛媛 唐静玥　陶家媛　田春爱　万　婧　王　欢　王佳颖　王庆刚　王绍臻　王胜蓝 王　涛　王晓艳　王效莹　王　瑶　王　珍　王　卓　魏　伟　吴　杰　吴兴奎 吴　彦　伍　方　向　丽　肖勇生　许小英　颜瑜瑜　杨　欢　杨松林　杨幸幸 杨　旸　杨悠悠　杨　钊　姚晓芹　叶舒张　由　佳　于晓玲　余晓兰　喻　俊 张博言　张郭根　张　宁　张　睿　张睿昕　张淑婷　张万霞　张　颖　赵丹玲 赵　方　赵丽娜　赵　玲　赵信坚　赵　羽　郑海燕　郑佳宁　郑俊华　郑婷婷 郑宜君　朱丽萍　邹千里
	硕　士：安　玉　白　娟　崔　妍　丁少珂　冯金萍　郭　伟　郭　昕　韩见生　黄　庭 李爱云　李慧方洁　李加冕　李娇阳　李　林　李　卿　李晓昱　刘美芳 刘宜孜　刘　芸　龙照燕　鲁爱梅　吕媛媛　马骎骎　欧阳捷　庞　岳　裴　强 沈丽敏　盛丽英　史丽斐　孙淑娟　汪　铭　王　超　王桂霞　王钦忠　王艳芳 王　耀　武香香　谢　懿　许　伟　闫会卿　杨　萌　易　鹏　袁晓斌　张　凡 张　花　张金桃　张　娟　张雅静　张雅玲
	博　士：艾　林　白　伟　淡　默　高　杰　何克娟　侯锡梅　黄　令　李全松　李　勋 秦海丰　曲雯雯　佘平平　孙业乐　孙长艳　汪　洋　王　岩　谢智中　张爱华 张锦明　张兴赢　赵秀娟　周艳霞

续表

2007 届	本　科：安蜜儿　敖宇飞　曹榕　陈程　陈河平　陈利　陈祥　陈颖芝　陈袁星 陈祯文　陈振民　丛科　丁惠娟　董华　高慧　高越　郭恩若　郭雪飞 韩靖　洪学敏　黄常刚　黄婷　黄侦勇　吉鑫敏　贾娜尔·吐尔逊　姜国玉 姜洪阔　孔力　寇肖楠　李隽　李勤　李硕琦　李夏元　李晓芳　李欣蔚 李雅静　梁宁宁　廖韬　刘航　刘若尘　刘霞　刘亚欧　陆远　罗元梅 吕淑秋　马培海　马祎　马雨伟　买合木提·买买提　孟青蕊　孟庆章 牟甜甜　聂海晶　聂梦云　庞燕　彭国春　漆遥　乔洪文　秦静　裘丹丽 芮水军　申林　盛曦　宋春阳　苏建国　苏芹　孙鲁闽　孙祥全　谭祺 田垒　田源　田志仁　汪建国　王德财　王清华　王宜冰　王颖　王仲芳 文芳　吴涛　夏即雅　项丹萍　邢苗苗　徐丽华　许皓之　杨静　杨力 杨彦　殷欢　尹康伟　尹晓云　于天君　俞丹霞　曾琼　曾晓蕾　曾银丹 张博　张健源　张强　张仕坚　张文学　张旭　张艺儒　张忠磊　赵磊 赵莉　赵蕊　赵阳　赵勇　郑奕　周纯洁　周庆玲　周小沫　周晓宇 朱有惠　朱志强　左金鑫 硕　士：鲍居宇　曹军　曹丽丽　程兰青　褚战星　丁红霞　杜锐英　范卫卫　范文博 方礁　付诚杰　高冬梅　韩建梅　侯淑红　胡绍平　黄凤仙　黄莹　贾京津 贾龙　贾战杰　金芳　康志梅　孔德靖　黎莹　李彬　李敏　李铭 李晓春　李玉梅　林玲　刘凤来　刘佳　刘琼　罗权　乔敏　秦川 石永芳　宋涛　孙绪霞　陶倩　滕国凤　王华瑞　王顺慧　王晓莉　王毅 翁丹凤　吴爱琴　吴宝燕　吴建平　吴喜亮　武开业　夏玲玲　夏凌云　熊丽琴 熊歆　徐彩霞　徐荣芳　徐小燕　徐晓丽　闫杰　杨玲竹　姚威　余大品 余媛　曾竟　张德春　张军刚　张莉　张莉娜　张琳　张秋艳　张巍 张文雨　张义敬　张毅强　赵琳　赵越　赵贞贞　周芳宇　周杰　周蕾 周南　周强　周珊珊　祝岩岩　邹琼慧 博　士：陈祥纪　陈震　高丽华　郭海勋　郝兰　蒋小平　李海花　李娟　李澜 刘锰　刘姝　吕海云　唐傲寒　王凤勤　王瑛　杨丽琨　张宏　张文杰 庄文娟
2008 届	本　科：蔡梅燕　曹毅　陈健敏　陈哲　程振华　丁云　杜欢欢　段玉娇　方圆 房小捷　丰鑫田　冯小军　甘红梅　甘晓　高成伟　高洁　高文超　高智雄 耿珠峰　郭锦堂　洪豪蓉　胡昕芳　黄腾冬　姜秉寅　姜方志　姜峰　景志英 雷川虎　李安寅　李斌　李璟　李可　李书沐　李硕　栗巍　廖慧军 林佳丽　林双妹　刘陈瑶　刘洪亮　刘丽虹　刘艳梅　刘扬　罗庆捷　吕珊娜 马天天　马志伟　米合古丽·乌斯曼　苗丽　苗欣　南彩云　倪艳 聂晶　努尔曼古丽·麦合木提　潘程　潘瑞静　蒲世勇　钱钦　山婷 史文亮　宋佳　宋萍　孙妍　孙一　汤睿昆　唐雅婷　田婧　王丽华 王思毅　王伟平　王潇　王晓蓉　王雪　王亚娟　王延　王彦　王争 魏晓焱　魏鑫　魏艳平　文默　吴伟洪　息淑霞　徐娜　许美凤　闫浩 杨磊　杨梅　杨敏　杨镕榕　尹红菊　于亮　于正明　原雁翔　翟文阁 张策　张东晟　张帆　张杰　张瑞超　张晓军　张晓琴　张晓文　张雪 张震　赵冰清　赵玉双　郑志伟　周瑞静

续表

	硕　士：白艳红　蔡林歆　曹　冉　常淑霞　陈春晖　陈　鸿　邓　小　窦军彦　樊永霞 冯建霞　付凤艳　甘秋玲　郜贝贝　郭　玮　郭先伟　郝亚暾　侯　婧　胡　洋 黄春艳　黄　勍　黄晓英　霍永恩　井婷婷　邝良菊　李东平　李海平　李佳奇 李　丽　李　鹏　李　享　李　艳　廖　梁　林　艳　刘会青　吕岩彦　马子倩 倪　妮　乔　堃　乔雅丽　尚　倩　孙月茹　田玉霞　王晓红　王啸啸　王雪珍 王延青　王珍珍　魏翠梅　吴静晓　徐瑞艳　许明炎　晏　凯　杨文江　姚雅童 尹求元　于　静　于平蓉　于艳丽　翟晓晓　张晨晓　张春香　张　蝶　张　娥 张礼聪　张苏娜　张晓萌　赵爱丽　赵明彦　赵艳霞　赵云涛　郑帅至　周建丽 朱华瑞　邹永青 博　士：曹义龙　陈世稆　郭运行　韩美娇　韩明娟　胡久华　李鑫倩　刘　莹　马丰年 马扬光　母伟花　田彦聪　汪建军　汪长征　王　勃　王力元　王晓丽　魏　锐 肖红艳　杨树业　杨　媛　张　凤　张　艳　赵瑞奇　周海华
2009 届	本　科：阿布都艾海提·买买提　阿依加马力·阿不来提　白　冰　蔡健炜　曹健豪 陈彩凤　陈朝霞　陈花蕊　阿依加　陈美玲　陈群霞　陈婷婷　崔　砺　邓畯元 杜晶磊　范　娅　傅雷晓萌　古丽巴哈尔·达吾提　古丽米热·木沙 顾晨昕　郭　操　郭文虎　何　丽　何　清　何　勇　黄　彦　黄　雨　黄祯宝 纪艳苹　郏　佳　贾　寒　蒋　姝　蒋　涛　蒋文彬　焦云鹏　景慧慧　李　波 李常逸　李　虹　李欢欢　李珏瑜　李　龙　李　奇　李　艳　李玉良　李　悦 李　喆　李志勇　李子婧　梁国兴　廖小萱　林　蕾　林　潇　林　昕　林宇威 刘　斌　刘慧娟　刘　娟　刘丽丽　刘　青　刘　薇　刘晓萃　刘越鹂　刘佐军 卢　天　陆雄杰　彭　景　秦　晋　阮　杰　史英杰　宋　杰　宋　扬　田占强 王爱民　王丁娇　王　欢　王进莹　王丽婷　王　婷　王小荣　王修懿　王艳青 王逸萌　王　跃　望　舒　魏妍波　吴楠楠　吴玉丹　夏晓翠　徐江飞　徐　珺 徐延昌　严　娇　颜朝莉　晏丽华　杨　崱　杨发丽　杨　维　姚诗琪　叶　芳 殷可馨　殷　玮　尹　佐　张妮娜　张荣慧　张晓强　张　幸　赵晨醒　赵明慧 赵伟军　赵　煜　支二娟　周　嵩　朱　娟　朱美霖　庄敏阳　邹　旭 硕　士：白雪梅　曹　伟　陈　力　范翠红　冯欢欢　高　洁　郭　蓉　郭燕东　韩承玲 韩　洋　贺昔怡　侯继东　胡淑贤　姬进进　江洁玲　江雪清　焦渴心　孔繁荣 李桂霞　李金凤　李世媛　李志燕　梁艾华　梁芬芬　刘春凯　刘　璐　刘　睿 刘　伟　刘　霞　卢永勤　马艳子　莫君明　潘　洋　庞广宪　戚　娜　任佳蕾 任占华　沈　刚　苏延伟　孙国星　孙　鹏　孙媛媛　王　欢　王　晋　王俊美 王忠华　吴玉花　向　丽　闫建红　杨　欢　杨晓升　杨幸幸　杨忠菊　叶孝轩 于　倩　查智豪　张艾兰　张冬青　张家慧　张建宏　张庆伟　张瑞雪　张淑婷 张文花　张　洋　张　颖　赵　羽　郑俊华　郑婷婷　周西斌　祖文川　祖　艳 博　士：陈　颖　邓学彬　凡素华　冯　丰　郭喜红　胡红智　刘　键　刘艳菊　刘　逸 陆清霞　明　欣　石高峰　宋万琚　陶海荣　王　果　王　慧　杨　萌　尹　兵 张　勇　周　威　朱艳艳

续表

<table>
<tr><td>2010 届</td><td>本　科：阿依努尔·买买提　安穹鹰　昂修竹　曹努希　常峰伟　晁小雨　陈　豪
陈　龙　陈　思　陈志海　丁　玲　丁　璐　董威红　方　明　冯　石　甘　露
高金龙　耿　翀　郭楚威　郭志德　韩　枫　何冠洋　何艺宁　侯菲儿　胡　斌
胡佳宏　贾明哲　金恩泉　李　诚　李丹丹　李　典　李光武　李　嘉　李敬亮
李文婷　李贞翔　廖连燕　刘　理　刘海波　刘海辰　刘　慧　刘　佳　刘　淼
刘　鹏　刘伟龙　刘新华　刘　煦　刘艳红　刘　阳　卢　兴　马淑风　马英新
马治丽　孟建新　聂　晶　努尔古丽·拉提莆　庞　雪　戚凌娇
哈尼柯孜·阿卜杜瓦伊　乔　克　秦　箐　任　哲　苏　同　孙伟海　汤泽辉
唐　欢　唐铭声　唐亭婷　陶　霞　王　楠　王　胜　王思源　王维臻　王晓捷
王新乐　魏　琪　吴　瑞　吴少珏　吴一凡　肖家文　谢　静　谢明阳　行寒放
徐　佳　徐嘉祎　徐　滔　续克平　薛龙新　闫学云　严云绮　杨琛琛　杨丰玮
杨　静　杨　胜　尹博远　郁　尧　再比布拉·艾孜布拉　曾　璐　曾秀英
张红娟　张见远　张　健　张　楠　张　新　张友帆　赵剑波　赵　靖　郑　翔
郑燕珍　郑羽楠　钟晓媛　周戴薇　周　洪　周　堃　周清扬　朱鹏琼
硕　士：蔡　霞　柴红梅　常杰森　陈　芳　陈瑞琴　崔香兰　党玉琴　丁惠娟　董素利
杜风华　杜　丽　段东东　浮婵妮　高　莉　高　越　顾智军　贺红梅　黄常刚
黄思良　姜宏文　姜丽莉　蒋彦飞　李从娟　李会姣　李井亮　李　琳　李同波
李小兵　李小霞　李振升　林　莉　刘变变　刘　航　刘洪英　刘青春　刘　雪
刘　岩　刘　奕　刘永菲　刘　真　陆　晴　马东梅　米　娜　明正球　倪贵智
倪　逸　聂海晶　牛　翠　潘焕蕊　庞　燕　彭江华　彭　娟　彭人才　乔　悦
裘丹丽　任慧英　孙啸涛　谭　祺　田菲菲　王丰玲　王洪玲　王清华　王香丽
王　颖　王仲芳　吴道晶　吴玉杰　吴征辉　夏即雅　相　梅　肖时卓　辛宝娟
邢　娟　许　敏　燕少华　杨　帆　杨礼滨　杨晓露　杨　彦　于　媛　昝　炬
展美琴　张　冰　张　博　张东杰　张　芳　张凤桂　张丽新　张　强　赵　蕊
郑丽华　钟　捷　周小沫
博　士：崔刚龙　崔国友　丁丽娜　段新红　郭伟玲　郝　强　黄改玲　剧川川　刘亚静
苗小培　彭　亮　秦瑞平　撒妮雅　王秋文　武　英　杨　洋　杨云霞　于立海
赵仁邦</td></tr>
<tr><td>2011 届</td><td>本　科：艾比布力·阿力木　艾尼瓦尔·托乎提　白海连　陈梦玢　陈　鹏
陈　茜　陈玮帝　陈潇潇　成丽丽　丁　希　杜云娜　段梦笛　樊　婷　方　芳
冯　萍　高　攀　高　茹　巩晓阳　郭晓丽　何嘉骏　呼佩佩　胡　婷　黄　婷
黄　欣　黄亚玲　惠永伟　姜　忠　蒋艳云　卡哈尔·亥他木　康永明　郎慧泽
李德光　李德维　李根薰　李　化　李杰年　李林颖　李希涓　李细毛　李新强
李雪珂　李洵之　李玉龙　李哲伟　李志玲　梁小亮　林　玲　林　娜　刘　畅
刘东平　刘　昊　刘　倩　刘　荣　刘特立　刘一阳　罗明勋　吕　安
麦麦提江·图尔荪　梅　强　穆晓艳　聂余娥　牛　瑞　农议笔
帕尔哈提·艾孜子　潘军军　彭闻博　彭玉苹　普兆洪　齐　婧　乔　瑀
饶　伟　热依扎别克·那扎尔别克　热孜万古力　任　强　任文省　荣　蓉
阮　玲　宋安琪　苏　晖　孙瑞琪　谭天宇　田　丰　田辉凤　田　琼　屠少昂
王海鹤　王　昊　王　澜　王　穆　王　楠　王小平　王欣怡　王裕婷　危和狄
韦凯霖　韦松贝　韦　薇　韦燕鹏　魏　蔷　魏　然　魏煜茗　吴　迪　吴瑞娟
武建宏　肖　典　解金城　熊士龙　徐　聪　徐梦云　徐　鹏　演姣姣　杨定坤</td></tr>
</table>

续表

	杨康明 杨思博 杨　柘 姚晶晶 姚列菊 叶　磊 于昊宇 于艳军 袁红霞 岳　攀 张町竹 张　红 张　娟 张　磊 张利平 张智敏 赵　弟 朱靖烁 朱　琳 邹云飞 硕　士：白林灵 常　宁 常　青 陈　林 陈　娜 陈　晓 成瑞仙 刁翠梅 董丽娜 董秀杰 杜红娟 段晓锋 段玉娇 范云晓 方　圆 丰鑫田 冯　曼 甘红梅 高　兰 高雪芬 耿珠峰 郭东方 郭红娟 郭三仙 郭　伟 郭文彦 韩　颖 郝卫亮 胡继潮 郇　乐 黄秉蓉 黄艳君 霍金凤 贾娜尔·吐尔逊 姜方志 姜　峰 姜　蕊 蒋红年 焦湘华 金　冰 孔兴蕊 李建洲 李丽青 李　玲 李书沐 李文雅 李院华 栗艳花 梁　慧 林佳丽 林双妹 林珍珍 蔺希庆 刘陈瑶 刘春延 路　芳 罗　虹 罗志勇 雒　华 门永军 苗　欣 莫　璇 潘　程 邱红梅 石素芳 宋　佳 宋永卫 隋明明 孙　艳 汤睿昆 唐雅婷 田志仁 王敬英 王　娟 王录飞 王　梅 王　伟 王　潇 王晓蓉 王秀荣 王雪瑞 王亚娟 王亚男 魏　鸿 魏建业 吴士坤 伍群丽 武　瑶 肖珊珊 谢莉娜 徐　娜 许美凤 许晓慧 闫　浩 闫建茹 尹红菊 尹振芬 于海静 俞海悦 詹婵娟 张灿丽 张　策 张海燕 张　林 张世存 张小梅 张银屏 赵果求 郑绪铭 郑志伟 周春芳 朱　南 博　士：艾玥洁 白红存 曹　军 陈　希 陈燕敏 崔孟超 丁　瑞 鄂义峰 耿明伟 贺　勇 黄燕宁 李新新 廖荣臻 刘晶莹 刘　陆 宋韶灵 杨　波 杨　玲 杨文江 姚慧琴 曾华辉 张富仁 支　瑶
2012 届	本　科：阿卜杜莫民·伊盖木拜迪 阿卜杜热西提·阿卜杜拉 彻丽木格 陈　程 陈　雷 陈　诺 陈嫣然 陈宇宁 迟乃超 党博文 丁晓新 东建强 董　勋 杜振华 方小静 方秀华 高云生 格根塔娜 葛　星 龚　雪 郭梦曦 郭艳芳 哈力旦·阿不都热衣木 海热尼姑丽·阿米提 韩旭东 何　芬 何　根 胡晨蕾 胡继云 胡若欣 黄大真 黄金旧 黄明浩 黄　喆 戢　良 金　欢 雷海英 雷雨烟 雷振山 李慧杰 李嘉欣 李　青 李日晨 李伟丽 李晓莹 李志恒 栗生艳 林　蝶 林　浩 刘洪宝 刘艳琪 刘艺冬 刘　瑛 罗超慧 罗　路 罗夏月 马邦俊 马　密 马　娜 马倩楠 马勤勤 马青梅 孟银杉 米文英 明红安 牛彩霞 欧　丹 乔　月 邱亚楠 全丹桃 沈佳男 沈朋祥 沈庆亚 宋宏全 宋　珏 苏少钦 孙　翔 唐文平 唐雨晴 仝晓宇 王纪学 王　娟 王　瑞 王　赛 王　桐 王宇星 王正华 魏　茜 魏　筠 文纪瀛 吴佳君 吴天宝 伍小兰 武　佳 武健超 西日艾·买买提 夏斌斌 夏祥杰 谢艳青 熊　星 徐文文 许彩双 许烨馨 薛冰清 薛飞雪 薛翔宇 闫可心 阳颜平 杨　超 杨洪强 杨佳维 杨　洁 杨　露 杨　敏 杨笑微 杨亚红 杨　扬 杨　懿 杨莹莹 杨玉婷 姚晶璟 姚谊谊 叶昌雄 叶信曦 叶亚菲 殷秀楠 袁凤梅 袁菊懋 袁　盼 袁　青 袁琼玲 张　咪 张　擎 张晓影 张　育 赵　娜 赵　盼 赵新平 赵　扬 甄　臻 郑意粉 周　倩 周荣强 周迎盛 朱菁菁 朱丽娟 硕　士：白万里 曹海燕 陈彩凤 陈　豪 陈　丽 陈美玲 陈群霞 陈婷婷 陈婷婷 陈　鑫 陈玉蓉 楚楠凯 杜晶磊 冯燕梅 傅雷晓萌 高慧宇 宫　贺 顾晨昕 顾红霞 郭凯娟 郭胜男 韩鑫婷 胡　琴 郏　佳 贾　莉 景慧慧 李林娜 李　奇 李志勇 李玉良 梁　燕 林珍珍 刘慧娟 刘丽丽 刘亭廷 罗格非 罗小亮 罗云芳 马　娜 庞玉莲 彭　景 戚贵金 史俊清 宋　扬 孙慧杰 孙季萍 唐海巍 仝　珊 王丁娇 王嘉文 王　婷 温　婧 文　林

续表

	吴金祥 吴楠楠 邢亚晶 徐延昌 阎彩霞 杨发丽 杨 光 杨郁君 殷玉敏 尹海权 袁翠丽 张辰凌 张红林 张 晶 张莉君 张 沫 张 嵩 张 新 张 彦 赵晨醒 赵 静 赵凌舟 郑 楠 朱鹏琼 博 士：陈姝凤 陈 跃 窦军彦 郭富丽 郭治佛 韩 娟 黄 琼 李硕琦 李熙琛 李颖若 李玉梅 李志芬 连一苇 刘 丹 刘东方 刘萍萍 马 纪 马莹莹 牟甜甜 乔洪文 乔卫叶 任文山 申 林 申前进 孙斌杰 孙中心 陶家媛 汪建国 王芳芳 王亚茹 吴其俊 吴泽辉 武香香 许荆立 杨 旸 于晓东 张安国 张仕坚 赵晓珑
2013届	本 科：阿尔娜·阿斯哈尔 艾孜哈尔·艾合买提 巴哈古丽·阿布力米提 曹 乐 陈保山 陈 诚 陈青妹 陈祥超 陈雪微 成正阳 程肖雪 程媛媛 崇 岩 次仁达瓦 邓 芳 丁河玉 董 阳 方华权 方思安 傅建梅 傅英懿 高会萍 高 宇 葛 阳 郭红霞 郭 菁 郭美荣 郭晔嘉 韩 为 韩 阳 何小勇 何一冰 何颖芳 洪 璐 侯 莹 胡 俊 黄明利 季少飞 蒋 渊 雷 振 李蓓蓓 李佳妮 李金星 李利平 李薇璐 李 文 李燕云 廖韦德 刘苗苗 刘茜云 刘亚辉 刘治国 龙 寒 路明军 曼苏尔·买买提江 莫若昊 农姻铃 帕提曼·阿不都瓦衣提 彭 娟 乔 虹 热沙来提·巴吾西 沙依丹·玉苏甫 施红波 史婉君 史颖颖 宋春年 宋静怡 宋 玥 唐 功 唐 茜 唐 婷 田 茵 汪琳舒 汪鹏鹏 王 丹 王洪维 王建武 王军慧 王 蕾 王青蓝 王文好 王晓琳 王永凤 王宇轩 魏 洁 吴 婧 吴 鹏 伍宝珍 喜 霞 向雪頔 向 玉 肖 品 谢 茂 谢文菁 熊 锦 徐 瑞 徐 爽 徐西遥 薛红略 颜 启 杨郸丹 杨 飞 杨丽萍 杨 柳 杨少媛 杨新轩 杨雪莲 杨玉飞 叶森云 叶玉荣 叶 子 伊力夏提·图尔荪 尹 刚 尹兆兰 余 静 喻 永 曾 婵 曾晓星 扎西拉姆 张 丹 张 迪 张东峰 张 劲 张梦雨 张 琦 张 秋 张 淑 张小芹 张小艳 张晓阳 张新硕 张 晔 张 玉 张玉竹 赵怡斌 赵永晔 甄 雪 郑润茜 周 龙 周 琴 周 瑶 周泽秋 邹冰清 硕 士：阿依加马力·阿不来提 陈 亮 陈 媛 崔珊珊 党海彦 丁 玲 高金龙 高京杰 高利娜 高扬眉 耿 静 何冠洋 何艺宁 胡佳宏 胡津畅 黄 臻 贾春娥 贾明哲 贾天敬 蒋淑华 焦甜甜 金恩泉 李滨洁 李佳霖 李敬亮 李 冉 李石磊 李 桃 李 喆 连 冰 梁改婷 梁国兴 林春容 刘承萱 刘 慧 刘 佳 刘进进 刘琳珺 刘 淼 刘 鹏 刘淑月 刘永娟 卢富华 吕彩霞 吕沙沙 马建涛 马丽燕 裴 捷 乔娜菊 乔秀平 任娟汶 沙乃怡 石蕊霞 宋鹤丽 孙慧娇 孙丽娜 孙陆沙 孙亚红 唐铭声 王桂红 王 丽 王 蒙 王 锐 王思源 王 涛 吴少群 吴少芝 杨九只 杨 胜 杨晓珺 殷丹丹 殷 玮 尹 佐 曾 璐 张金萍 张恺娜 张明如 张 琦 张蕾蕾 张向媛 张晓雷 张 鑫 张艳丽 张召欣 赵剑波 赵 靖 赵伟军 赵玉珍 郑 敏 郑育竹 钟清明 钟晓媛 博 士：陈华龙 陈翊平 高海月 何 轶 焦 皎 李 艳 梁芬芬 刘凤来 刘佳奇 刘彦芳 刘 莹 卢 珍 沙栩正 田 婧 王 晶 温丽娜 徐香玉 阎小青 于平蓉 余金星 张 浩 张明星 张燕茹 赵晓冉 赵玉双 赵云芳 郑泽宝 朱金唐

续表

2014届	本　科：阿依努热木·阿布都热依木　安一鸣　毕艳林　蔡毓娟　陈霏霏　陈巧玲 陈淑婷　陈甜甜　崔慧梅　崔　杨　戴晴云　丁　娜　董博为　范小婷　方圆圆 冯梦莉　冯诗语　冯　田　高亚雄　高子棋　葛依雯　苟玲玲　郭嘉琪　韩　怡 何雨晴　侯交叶　侯　婧　侯文群　胡宏宇　黄爱育　黄东旭　黄劲嵩　黄　坤 黄　露　黄文静　黄盈盈　加央拉姆　菅雨乐　金　琳　李彩琳　李　晨 李储鑫　李昳玮　李庚楠　李　杰　李兰伟　李　璐　李佩纹　李腾飞　李文娟 李先圣　李　雪　李雨桐　梁　超　梁大钊　梁红丽　林　超　林　琳　林　灵 林娜玲　刘芳芳　刘甲楠　刘力瑶　刘　庆　罗艳玲　马浩凯　马　蓉　马嫣然 努尔比耶·穆合塔尔　潘姝霞　彭　慧　彭　欣　皮文登　齐亚楠　琪其格 秦　琴　卿　畅　饶海霞　商哲海　尚　宇　申　震　沈　涛　盛　颖　石　玉 史　凡　斯力木汗·买赛地　宋晓庆　苏　婉　孙泽浩　谭仕琴　唐建华 唐　磊　唐　苏　万　芬　万鹏飞　汪　鑫　汪月瑛　王爱平　王冠军　王　婧 王　静　王丽婧　王婉洋　王银河　王永飞　王泽群　王兆果　魏玉杰 吾拉音江·麦海提　吴恩宁　吴　虹　吴立萍　吴　琼　伍贤玲　武秀琪 夏祥渊　肖　璐　熊　东　徐　佩　徐闻斌　杨　瑾　杨莉萍　杨丕堃　杨穗倩 叶建伟　益西龙桑　银媛琳　游　英　于　雪　余振英　张步清　张菊花 张秋霞　张思琪　张天骄　张昕喆　张紫姝　郑云飘　周　静　周　倩　周卫兰 朱　起　邹庆立　邹雅妮 硕　士：艾比布力·阿力木　艾尼瓦尔·托乎提　陈宏欣　陈丽红　陈　茜 陈潇潇　邓艾芳　丁伟华　段瑞红　范雅冰　方　芳　冯　萍　高广鹏　葛　莹 郭彩霞　郭　蓉　郭志德　韩佳颖　贾娜娜　孔丽满　李辰宇　李根薰　李　化 李　莉　李树佳　李　莹　李长玉　刘　畅　刘春锋　刘海燕　刘　叶　梅　强 孟红青　孟　茂　宁红玉　努尔古丽·拉提甫　潘国华　乔　瑀　全芙君 时晓利　苏会珍　苏天异　孙瑞琪　孙　新　陶闪闪　田辉凤　屠少昂　汪美荣 王　锋　王　昊　王培培　王　鹏　王晓蕾　王　星　危和狄　韦燕鹏　魏莉莉 吴海燕　吴瑞娟　项兴宇　徐　聪　徐国文　徐　颖　徐增平　薛改青　薛　甜 杨　茜　杨锐钦　杨　柘　于艳军　袁丽琴　岳　攀　翟　伟　张东日　张国庆 张　娟　张　磊　张晓鹏　赵　弟　赵　昕　赵　媛　甄甜丽　郑和莹　竺　青 宗彦清 博　士：SAJID　MUHAMMAD　MAHMOOD，KHALID　曹　炜　陈立翠　陈彦梅 范兴文　何　清　侯　聪　黄鸣春　姜言霞　李超群　李海凤　李　伟　李子婧 林　潇　刘　娟　刘丽虹　马　琳　彭乔虹　商维虎　孙红保　孙　莹　唐小枚 童元峰　王　娟　王香凤　吴菁箐　徐升豪　余洪涛　岳红伟　岳　岭　曾　竟 张　磊　张莉娜　赵　宁　赵祚全
2015届	本　科：阿依努尔古丽·艾合买提　毕雯馨　卞　凌　布买热依木·阿不都热合曼 曹文倩　岑　杨　柴佳燕　陈　帆　陈虹屹　陈　飒　陈　瑜　陈昭靖　池海珍 达　娃　代亚雯　邓开恩　邓　群　杜桂芬　段天宇　范璇子　方舒晴　方　宇 房　群　甘倩倩　高金利　高艳艳　龚　珊　龚　艳　缑晓艳　古力给娜·艾尔肯 顾秀秀　顾雪莉　郭书琳　郭　帅　郭妍如　郭已铭　胡　蓉　皇甫少杰 黄和眸嫣　黄蓉蓉　霍妲雨佳　金　灿　亢思元　孔维燕　李春香 李春雪　李丹丹　李德高　李慧宇　李京哲　李天姝　李　彤　李　燕　李志伟 梁淑越　廖颖嘉　林繁萱　刘晨曦　刘　芬　刘　恒　刘玲玲　刘绮思　刘青昀

续表

	刘　旭　刘　瑶　刘育辰　刘悦琦　卢　帅　罗　斌　罗宏瑞　蒙　行　莫宏鸿 聂文星　农　亮　潘　藩　潘紫薇　彭曼舒　覃佩凤　阙春妮　单瑞哲　师冰洁 时圣寓　司艳云　苏月娟　孙　敏　孙鹏志　孙　阳　谭　军　滕　也　田　慧 田晶晶　图尔孙·托合提　涂霈雨　汪炜琳　王传祺　王灵犀　王玲洁　王明玉 王那那　王　晴　王瑞萍　王岳清　王　争　韦柳鲜　魏植槐　文　健　吴　熙 夏艳霞　向久慧　肖　好　谢若箫　谢苏菲　谢玉鑫　解晓英　徐　卉　杨　雷 杨　柳　杨钦兰　杨晓敏　姚　宁　叶雅红　叶　宇　易　洵　余　翔　袁梦微 袁仲平　曾　尘　张佳栋　张建新　张明奎　张　纳　张　倩　张婷婷　张心睿 张馨文　张　璇　张逸纯　张泽仙　张　哲　赵雅馨　郑天源　仲美燕　周洪艳 周倩羽　周　玥　周彰海　朱景润　朱雪慧　主晓洁 硕　士：陈　雨　陈媛媛　代晶泽　董　丽　杜春妍　冯　婷　郭晓丽　郭玉君　郭智瑞 韩斐斐　韩晓雨　胡凡华　惠艳春　菅小凡　景梦丽　康　冲　李　川　李淑花 李思慧　李希涓　李希文　李　香　林丽娜　林雁南　刘　曼　刘秋伶　刘　爽 刘小荣　刘　洋　陆　恒　毛　倩　申赛男　沈佳男　苏文娟　孙慧娇　谈晓昀 王　晶　王　澜　王兴民　王　妍　王子田　魏　娟　吴爱琴　武仙英　幸燕梅 薛龙新　杨春娜　杨万婷　杨维芳　杨　懿　殷秀楠　于　倩　张　丽　张柳青 张　蒲　张　影　赵　利　赵秀秀　郑　丽　郑　越　周冬冬　朱菁菁 学科教学（化学）硕士：陈　银　程　倩　褚华琪　樊　婷　高　冲　郭梦曦　黄亚玲 姜　忠　蒋艳云　郎慧泽　雷海英　刘　征　牛　瑞　齐　婧 史　平　宋超男　索雅惠　王海鹤　王　瑞　王玉琴　韦　薇 吴　迪　吴海萍　仵红雨　武建宏　贤　娴　薛　瑾　颜金茹 演姣姣　姚晶璟　叶　磊　衣　爽　张町竹　赵　盼　周　倩 博　士：陈　凯　崔乘幸　杜意恩　范小青　古振远　谷庆阳　关培杰　海　波　李光武 李泉洁　李　悦　李贞翔　刘昆明　庞　雪　宋国山　孙彦丽　唐劲军　童明琼 王　慧　王立云　王琳琳　王维臻　王　霞　王学丹　望　舒　魏　琪　谢　芳 姚晨曦　张吉成　张荣慧　赵明霞　周　雪
2016届	本　科：阿丽米热·阿布力克木　艾尼瓦尔·依明　包莉满　陈婧凝　陈　苗　陈太鑫 陈文强　陈　潇　陈　昭　程亚菡　程英洪　崔兆涵　董　琰　樊文君　范夏璐 方娟雯　高　冰　高绮哲　耿雪雪　巩明雪　郭知力　韩煜杰　韩　志　郝　丹 郝　爽　侯凌翔　胡　静　胡若曦　胡斯洋　黄　超　黄姗姗　黄文秀　黄炎鹏 黄璋睿　姜　阳　蒋舒婷　兰　杨　李　丹　李　峰　李　欢　李　琳　李梦思 李鹏运　李秋菊　李仕林　李幸晓　李杨洁　李源纯　梁继影　林博娇　林　柳 刘　丹　刘静远　刘　敏　刘盛堂　刘思凡　刘志杰　龙　丹　陆　胜　罗　曼 吕常宁　吕子奇　马佛青　马　旻　宁燕丹　彭静怡　彭　瑞　祁　雯　强　玉 饶　梦　热比姑丽·图尔荪　任倩仪　荣　媛　沈博文　沈锦涛　沈懿鑫 施辰娜　孙亮亮　孙明月　谭炼千　谭雪飞　唐王逊　汪　燮　汪宇浩　王泓宇 王　敬　王俊晓　王　磊　王丽君　王茗涵　王　琦　王钎义　王雅鑫　王　远 王邹梦珂　韦标东　魏诗瑶　魏雅清　吴俊彦　夏陈马雅　肖文明 肖正君　辛　欣　熊　琳　许沁琳　闫　丽　杨　博　杨　帆　杨　帆　杨　坤 杨琼宇　杨　晓　杨雅婷　殷　欣　尹高雷　于文静　曾繁继　张荻琴　张　富 张力仁　张良宝　张　龙　张　默　张　楠　张胜杰　张钰渤　赵睿玥　赵欣书 赵云星　周　黎　周枭羽　周智慧　朱　嘉　朱天嶣　朱小玲　朱　旭 组丽皮亚·阿力木

续表

<table>
<tr><td></td><td>硕　士：丁河玉 董玲玉 董　阳 杜　娜 方红梅 方利霞 傅英懿 高苗苗 高远君
高志丹 耿彩伟 韩　娇 何　娇 和　兵 贺　莎 胡志宇 贾　嘉 李官正
李利平 李　燕 李　杨 李玉飞 梁　晓 刘　红 刘　欢 刘小丽 刘燕婷
刘　振 卢　佳 马剑秋 马　腾 梅　敏 孟海英 秦佳佳 任红玉 石胜杰
史维幸 宋春年 宋艳丽 唐　茜 唐　权 王　刚 王　欢 王晋慧 王军慧
王　乐 王　蕾 王丽婷 王　晔 吴　红 徐文慧 薛倩倩 杨美秀 杨　娜
杨玉菡 叶佳俊 袁娜娜 张　斌 张晨颖 张东菊 张　锐 张淑贤 张新硕
张旭冉 张雪娟 赵　拓 周恩伟 周淑婷 周　欣 周　瑶
学科教学（化学）硕士：彻丽木格 楚东杰 方秀华 高　攀 葛明月 侯　肖
黄金旧 黄　婷 李杰年 李淑芳 李雪珂 李易鸿 刘　瑛
路录录 马勤勤 马青梅 马　薇 苏晓晓 王青蓝 王　赛
王文娟 王　影 王珍珠 武健超 薛翔宇 杨　超 杨丽萍
尹兆兰 袁　盼 张　迪 张　晋 张　杨 赵雅萍 朱雪琳
博　士：陈　琪 代永成 樊择坛 方　波 方　涛 高永光 郭瑞华 郝海燕 胡娅琪
贾建华 李　丹 李晓旭 廉文静 廖连燕 刘　倩 刘特立 马素芳 毛建辉
王红娟 王乐莉 王　男 王　媛 王　跃 夏淑华 徐　超 徐勤超 翟　红
赵治巨 钟彧龙 朱　萤 朱忠诚</td></tr>
<tr><td>2017 届</td><td>本　科：阿卜杜柯尤木·阿卜杜喀迪尔 白晴文 宾凤娟 卜　静 陈砂杉 陈文恺
陈西霞 陈晓涵 陈　卓 程雨亭 楚梦琳 代莉萍 代宇轩 邓　嵘 丁　鑫
董　巧 董书应 范文寒 冯　亮 高慧敏 高　明 耿玮洁 谷金晔 谷正花
郭青昕 郭泽琪 郝洁晨 贺　平 洪海燕 胡　江 胡思远 黄　佳 黄丽琴
黄巧玲 黄思铭 黄　玮 黄瑛洁 贾美娟 贾珉语 李　春 李丽娜 李美含
李　勉 李　沛 李　欣 李宜珂 李周美慧 梁　超 林巧红 林诗婧
林诗韻 刘本玉 刘　惠 刘慧宇 刘　娟 刘俊成 刘力铭 刘黔林 刘炜彤
刘晓文 刘奕含 刘　莹 刘泽兰 马鸿飞 马　杰 马秋琳 马　婷 缪昀轩
穆合拜提·莫合旦尔 牛方舟 潘薇如 彭丽燕 卿　晶 邱冬冬 邱亚楠
邵百一 邵　欣 申蕾林之 沈芸稼 石舒宇 宋静磊 宋　盈 苏　展
苏子辰 孙　雯 孙雪萍 孙　越 汤典东 田耕坤 田佳乐 田园园 童瑜洁
王　涵 王金攀 王　娟 王　芮 王润泽 王　舒 王晓锐 王雪颖 王　莹
王宇童 王　征 王　政 韦晨阳 魏龚平 魏奕鸣 魏瑜嘉 吴海静 吴佳莉
吴　双 吴　彦 武雨婷 解天馨 徐　莉 徐　扬 徐印城 许晗宇 许文晴
薛晨羽 薛金鑫 杨慧芳 杨　建 杨锦漾 杨柳梦颖 杨天罡 杨巍璐
杨小英 杨　阳 杨钰婷 叶　琳 于维雅 俞一君 扎西措姆 曾　倪
张爱琪 张　栋 张贵俊 张　靖 张梦泽 张平洋 张天应 张　钰 张竹青
赵楚楚 赵　欢 赵建平 赵姣姣 赵　倩 郑晨露 郑怀宇 郑婷婷 钟欣颖
周　博 周　航 周　洁 周锐芒 朱际宇 朱　靓 朱丽莎 朱　叶 祝　淼
硕　士：曹建花 陈淑婷 崇　岩 慈英倩 崔小梅 段雨欣 方圆圆 冯　蕾 耿明希
郭淑辉 郭晓霞 郭晔嘉 韩素芳 何颖芳 侯　冉 侯　莹 姜明辰 姜明慧
李　晨 李　慧 李　静 李美娜 李毅然 李　熠 梁　冰 廖　庄 林　蓉
刘　芳 吕海娟 马丽姣 马蓉芳 马亚茹 彭璐芳 齐云川 强大娇 任丽娅
申　震 施　冰 宋　玲 宿　雯 唐晓英 汪　蒙 汪梦飞 王白娅 王彩玲
王丹惠 王　欢 王珊珊 王　璇 温彩霞 吴　乐 吴立萍 肖红梅 谢荣斌</td></tr>
</table>

续表

	徐海燕 徐倩 徐晓舟 杨冬月 杨景 杨丕堃 游英 于雪 于泽 张可欣 张亲 张秋霞 张思琪 张晓彤 赵丽英 赵鹏 赵月 周聪 祝华彤 学科教学（化学）硕士：成正阳 党博文 东建强 何芬 呼佩佩 惠永伟 戢良 金琳 雷雨烟 李慧杰 李哲伟 栗生艳 刘荣 罗路 罗夏月 马娜 马倩楠 聂余娥 彭玉苹 乔月 宋玥 苏少钦 田茵 王丹 吴婧 解金城 许烨馨 杨佳维 杨敏 杨笑微 杨玉婷 姚列菊 叶玉荣 银媛琳 袁凤梅 张红 张咪 张晔 朱丽娟 博士：常雪萍 丁爱祥 丁博文 杜德健 方煜 付化龙 龚雪 郭越新 韩玲利 何根 胡若欣 蒋亚飞 孔端阳 雷振 李志恒 梁燕燕 刘建萍 刘瑞 孟婷婷 牛彩霞 裴强 任红 汪航 汪凌萱 王大伟 王丹 王晴 王桐 王占勇 魏蔷 谢斌斌 许莎莎 薛托 阳颜平 杨薇 杨文静 张磊 张蔷蔷 张潇泰 张哲 赵浏 郑璐 周旋
2018届	本科：蔡文昊 曹永利 陈霏霏 陈涵 陈恳 陈圣亚 陈姝琛 陈顺云 陈思颖 陈妍 陈岩 程成 程艺 次仁巴宗 代漪 戴依聪 戴桢颖 旦增色珍 丁洁 丁静怡 丁梦 杜筱佳 杜忠银 方选 方煜恢 符方航 付佳元 高鹏肖 高小雅 关瑞瑞 郭昊 郭嘉宝 郭蕊 郭永圣 郭子攀 韩冬阳 何一冰 侯琴 胡棣玺 胡庆南 黄劲嵩 菅雨乐 金欢 鞠少欣 孔思敏 拉巴仁增 李迪 李何子者 李家彬 李嘉仪 李进洋 李敏 李敏 李明悦 李莎莎 李宛 李旺 李悦 梁晓敏 梁英宁 林蝶 刘可嘉 刘梁 刘庆 刘书雅 刘显斌 刘小春 刘闫伟 刘艳香 刘瑛文 刘泽坤 龙家瑜 陆康娣 陆恬 陆小雨 陆元仙 罗明勋 马慧雅 马小平 马子渊 梅文雅 蒙磊 缪承益 聂逍遥 潘军军 戚淑燕 秦文婧 任瑾 邵玉梅 盛珂旸 史兆鹏 宋珏 宋雅莉 宋子正 孙凌达 孙思敏 孙亭亭 孙文甲 孙泽浩 覃婵 谭其硕 谭钰珍 汤锦 唐获雅 田川 童小琴 王澄宇 王储 王惠 王露旋 王蓬 王全 王蕊 王舒炜 王翔 王忆婷 王长鑫 王子睿 魏楠 吾拉尔别克·乌拉什 吴迪 吴佳君 吴梦莹 吴子豪 伍小兰 夏青 肖传馨 谢琛 谢艳青 徐曼玲 薛淑蓉 鄢雨欣 杨涵旭 杨仅亦 杨静然 杨鹏武 杨穗倩 杨昕睿 杨雪莲 杨亚红 杨亚莉 杨宇飞 扎西次旺 张坊源 张洁 张婕 张李博 张书婷 张婷婷 张小芹 张欣琪 张雅坤 张亦舒 张颖桢 张悦 赵璐 赵佥 赵巍 赵雪 赵智陶 郑莘荷 郑思佳 钟成 周荣强 朱恒伟 朱琳 朱贞贞 卓红梅 邹玲喆 硕士：安晓婷 陈凯花 程肖雪 崔林丰 方舒晴 方晓雨 冯立飞 高敬 郭美松 郭睿 郭巍巍 韩胜楠 郝秀芳 胡小宁 霍姮雨佳 金璐 亢思元 寇春 李翠云 李丽丽 李梦璐 李彤 李亚男 林繁萱 刘绮思 刘阳 刘洋 刘玉杰 刘元 马艳 曲琳 史宇 宋佳 孙敏 孙睿江 谭筝丽 唐世霖 滕也 王菁 王璐 王树伟 王婉洋 王霄 吴丹 吴敏 吴莹莹 武杨杨 郗梓帆 向雪琴 肖好 谢林霞 谢苏菲 杨美玲 杨茜茜 姚会影 湛玉林 张斌 张灿灿 张虹利 张萍 张璇 张颖 张瑜 张岳 张泽仙 赵琴 赵文文 赵岩 赵艳 学科教学（化学）硕士：艾孜哈尔·艾合买提 曹乐 陈程 次仁达瓦 郭红霞 郭菁 韩怡 洪璐 黄喆 李薇璐 李伟丽 莫若昊 乔虹 全丹桃 沙依丹·玉苏甫 王纪学 王正华 吴虹 叶雅红 邹冰清 邹雅妮

续表

	博　士：常　进　陈亚男　程媛媛　段小江　冯娉娉　郭　蓉　贺　丹　胡　婷　李　冬 李　杰　李世俊　李淑花　梁杜娟　刘福涛　刘广建　刘亚辉　陆　恒　南利蕊 裴海闰　商　聪　尚　佳　史幼荻　苏飞飞　万明威　王新颖　王子飞　吴　景 吴亮亮　薛　兵　闫巧芝　杨　曼　杨晓刚　杨永晟　杨玉梅　尹　磊　余成媛 余雅男　袁方龙　张璐璐　张晓阳　周歆璐
2019 届	本　科：安惠雯　白雪娟　包丽媛　柴广琳　车　磊　陈超颖　陈　楠　陈巧灵　陈爽爽 陈霆雷　陈语葳　褚　童　地力胡马尔·吾斯曼　董思颖　段婷婷　多吉卓嘎 冯梦雪　高子婷　葛文博　龚梦洁　顾赛清　管雨薇　郭文韬　韩莉莉　何佳欣 贺苑林　胡晓月　黄　丰　黄　英　黄紫荆　黄宗煜　贾佩京　贾思鑫　江雨豪 姜　璐　蓝　斌　冷铭婉　李　昂　李迪杨　李冠中　李佳璇　李　杰　李林璘 李　娜　李　萍　李　松　李　童　李雯弢　李燕芳　李泽众　梁琼芳　刘姣燕 刘　涛　刘希睿　刘泳一　刘　渝　刘子腾　刘紫珊　卢　娜　罗灵心　罗欣媛 吕超文　吕芳芳　吕诗云　马　灿　马　锋　马守宏　马旭妍　马训德　孟芸竹 孟　昭　牟舟帆　南圆圆　牛晴旻　彭小慧　彭　一　钱乃馨　秦梦歌　任小星 时竞竹　宋石恺　苏琬婷　苏雨禾　孙　荣　孙子珺　唐　晶　陶宛玉　田淙河 田旭娅　万苏晨　王　娜　王诗元　王时雨　王湘平　王雅梦　王雅雯　王颖兴 王昭懿　王子羽　吴文峰　吴宇晴　席东蔓　向甜琦　谢怡然　谢雨晨　熊荷蕾 胥文佳　杨滨如　杨金环　杨　康　杨　澜　杨路侠　杨秋雨　杨思敏　杨婷媛 杨　昕　姚　蔺　易　妹　尹伊颜　印一忱　张晨雨　张晟曦　张得美　张恺琦 张舒婷　张心怡　赵昊琦　赵　璇　赵艳羽　郑　佳　周桂兰　朱旖璇　庄佩凤 邹紫微 硕　士：白金梅　毕俊敏　毕艳林　曹萌颖　岑　杨　陈　洁　陈婉婷　程　钰　崔景雪 崔晓艳　邓穗敏　杜　威　冯娟娟　郭文彩　海　滢　韩森凯　韩苏娜　郝　丹 黄　靖　姜　阳　焦　晨　李　丹　李　宁　李　琦　李　赛　李莎莎　李玟俐 李晓艳　李秀芬　李　雪　李玉巧　李钰莹　厉耀华　梁继影　林　柳　刘晨昱 刘慧辉　刘　佳　刘　静　刘　楠　刘盛堂　刘小林　刘　颖　卢　帅　罗铖吉 马　葛　孟　婷　莫覃超　宁燕丹　宁章伟　彭静怡　任晓圆　阮　晴　施辰娜 孙明月　田　璐　屠　佳　王　芳　王　蕾　王钎义　王　倩　王瑞华　王　珊 王斯宇　王杏林　王怡珊　肖桂英　肖正君　严臣凤　杨　帆　杨琼宇　姚依男 殷　红　殷　欣　袁　廷　曾惠敏　张汉昌　张换香　张慧星　张金霞　张力仁 张钰渤　周慧敏　朱天嶕　祝　欣 学科教育（化学）硕士：陈巧玲　陈雪微　邓　芳　高　冰　高会萍　高　茹　侯文群 黄　坤　黄明利　黄盈盈　加央拉姆　李　琳　李　青 路明军　罗　斌　潘姝霞　卿　畅　邱亚楠　热沙来提·巴吾西 任　强　盛　颖　史婉君　唐　婷　王　晴　王永飞　徐　瑞 杨莹莹　姚　宁　喻　永　张　纳　张　倩　张　淑　赵新平 周　倩 博　士：艾文英　崔燕云　冯诗语　高晓怡　高远君　姜鹏程　康　阳　李　川　李一珂 李玉良　李则宇　连　冰　刘凤泉　刘　平　刘向洋　龙　姿　罗艳玲　马　芳 马丽爽　明守利　彭　欣　沈晓彤　史　凡　宋晓庆　孙　婉　孙卫东　田海燕 王　欢　王倩倩　王晓琳　王新颖　王雅婷　王　岩　魏艳玲　肖　品　邢观洁 徐莹莹　徐泽轩　杨少媛　杨宇东　张丛丛　张　岩　张照胜　赵永晔　郑　越 周冬冬　周凯翔

续表

2020届	本　科：安晓丹 巴桑措姆 布威阿依谢姆·杰力力 蔡　成 曹梦宇 陈梦露 成婧荣 次　宗 达尼亚尔·白合提亚尔 达娃卓嘎 代　警 代美琪 旦增拉珍 邓钧文 邓亦婷 董世煜 董夕瑜 董翔宇 付颖佳 高　翕 高　阳 葛春雷 葛宇飞 宫　蕊 郭梦薇 郭羽筝 韩明睿 韩一榕 胡　珀 胡　晓 胡　拯 华　婧 华夏欣 黄倍倍 黄承宏 黄红红 贾　珂 贾卫杰 蒋斯佳 靳子瑄 孔维嘉 况婷瑞 李丹阳 李芳芳 李田雨 李玮昱 李　鑫 李星哲 李　璇 李　莹 李真真 梁　婧 梁旭东 廖芳杰 廖沁馨 林钰航 刘策立 刘　静 刘俊杰 刘敏超 刘萍萍 刘天晴 刘　琥 刘　欣 刘雪丽 刘逸敏 刘卓然 卢浩然 卢湘文 鲁兴娜 罗学妮 罗　杨 马雪蕊 毛雨琪 沈昱卓 石柯凡 石　硕 史宇娟 舒屹林 锁啸芸 谭妍琪 唐铭聪 唐小棋 唐宇琦 王　冰 王殿雄 王　飞 王昊阳 王　珂 王　然 王雪敏 韦华乐 魏鹤旸 文帜彬 吴定瑾 吴坷琪 伍皓玮 向　红 肖　聪 肖睿琦 肖　琥 熊　珂 熊明琛 徐　沛 许丽锌 许　滢 许洲恺 杨　然 杨义昌 叶　倩 叶宇鑫 于珮瑶 俞伯荧 曾　琦 曾　媛 张承成 张地多 张广韬 张癸淇 张杰华 张若愚 张天凤 张意卓 张语嫣 郑红娟 郑建志 周陈静 周　航 周力威 朱莉花 祝靖达 邹异渊 硕　士：宾凤娟 陈媛媛 范　旭 方竹音 高　明 耿燕子 宫　馨 郭青昕 国　荣 郝思濛 何佳乐 贺　平 胡德华 胡美琪 胡　姗 黄　浩 黄　玮 贾丽艳 贾　璐 贾敏娜 金　田 李虹洁 李嘉炜 李　婷 李宛彤 李维嘉 李　欣 李兴宇 李雅静 林博娇 林钎钎 凌　芮 刘慧宇 刘俊成 刘茜茜 刘　莹 刘泽兰 刘正扉 龙虹静 卢知浩 牛晓晓 潘春亚 强兵朝 邵成园 邵　欣 沈芸稼 宋　晨 宋静磊 苏　展 孙　雯 田佳乐 王超琼 王　芮 王晓锐 王雅平 王　阳 王永松 王宇童 王　玉 王　政 王子豪 吴　彦 吴镛峰 解天馨 薛金鑫 杨皓杰 杨静波 杨　彤 杨志红 叶常郁 叶　琳 尤凤娟 於亦佳 于维雅 曾　倪 张爱丽 张佳楠 张　靖 张明慧 张雅惠 张　宇 张　月 章洁妮 翟苗苗 赵亚楠 赵云龙 郑　睿 周　博 周　倩 朱际宇 学科教学（化学）硕士：樊文君 高艳艳 巩明雪 何雨晴 侯交叶 黄　露 黄蓉蓉 孔维燕 雷振山 李丹丹 李秋菊 罗宏瑞 马　旻 彭　慧 彭　瑞 石　玉 孙鹏志 唐　磊 唐　苏 汪月瑛 王雅鑫 王　征 魏玉杰 夏艳霞 杨　飞 曾繁继 张　富 张小艳 张　玉 张紫姝 周彰海 朱景润 朱　靓 博　士：邓宇飞 丁雅丽 方　宇 付　强 高　航 高　猛 何国学 贺进禄 侯　冉 侯超苹 胡志宇 贾浩然 雷　振 李春香 李　淼 李　清 李瑞安 李义磊 刘天棋 刘　媛 马　妮 毛秋云 彭曼舒 时圣寓 宿　雯 孙菲菲 唐　权 汪　航 王建新 王　康 王秋花 王淑霞 解晓英 叶　雯 于沫涵 袁萌伟 张恺娜 张利芳 张晓影 张　莹 郑　丹 周　蔚 朱玉军

续表

2021届	本　科：安楠　蔡慧妹　蔡万豪　陈楠楚　陈秋霞　陈申华　陈心悦　陈亚云　成语彤 次旺曲珍　杜华清　付娜　高虎　高杰　高素素　高妍　高仪楠 葛庆雨　耿天翼　谷春景　郭芳杰　韩逸雯　黄春慧　黄柯　黄馨　黄垠嘉 井然　凯迪日耶·阿布都卡哈尔　康泽之　蓝芹芹　李岸臻　李鹤　李泓昱 李书云　李欣阳　李亚凤　李一林　李粤菲　李照　梁敏　刘博宁　刘博宇 刘畅　刘虎成　刘森　刘艳平　刘奕江　刘宇慧　卢颖　陆柯涵　罗媛媛 吕乐乐　吕思緦　吕振华　马驸驹　马璐瑶　马明　马雪晴　马艳燕　米雅杰 娜迪拉·玉素甫　欧珠卓嘎　彭栋　齐振宏　冉自勇　任晟宇　单佳慧 邵萍　邵壮　史韵琪　宋景根　苏鸿艳　苏旭佳　宿可新　孙敏　唐珑畅 唐荣　特力克·古勒哈孜　田葆青　王宏远　王慧敏　王靖琦　王丽琴 王丽艳　王晴　王若晴　王思涵　王晓蓉　王晓轩　王欣竹　王毅锴　王玉环 魏芯蕊　吴丹　吴竞达　吴腾珉　吴兆齐　辛燃　徐碧晴　徐阳　杨洪仪 尹广星　尤书悦　余忠娇　袁璐璐　张博文　张昊冉　张花蕊　张锦程　张仁槐 张思萌　张天歌　张文超　张昕昳　张雨杉　张玉霞　赵启航　赵雨微　赵紫名 郑菁卉　郑培杰　周薇　朱兵艳　朱慧敏　朱利荣 硕　士：包阔　曹永利　柴君利　陈砂杉　陈希　陈雪　陈义民　程俊辉　党育杰 董畅　董俊杰　杜筱佳　范浩然　高慧敏　郭春超　郭伟杰　韩俊　郝玉霞 何静　侯敏　胡晓晨　黄婉莹　吉英　贾一鸣　姜雪丽　金煜豪　靳莹 孔繁博　李家彬　李静　李梦晨　李晓琦　梁星冉　梁雅漩　刘倩倩　刘炜彤 刘怡晨　刘颖颖　刘月　刘珍　刘智敏　龙家瑜　卢晓星　鲁华　陆小雨 路平　吕凯文　马杰　马锦涛　马晓娣　马泽含　毛柏懿　米文英　彭沁 戚淑燕　单坚开　沈欣　石钰鑫　田川　王会　王惠　王凌云　王全 王睿　王舒炜　王思璇　王熙熙　王晓宇　王欣　王艳妮　王艳茹　王莹 王韫智　韦晨阳　魏楠　魏文婷　温彩莹　温洁　吴子豪　肖传馨　徐超 许启菲　闫晓清　杨晗　杨建　杨诗宇　杨颖　杨玉洁　于渼璇　余童 张晨星　张倩倩　张心莲　张雅雅　张远　赵超然　赵一霖　郑欣欣　庄圣一 学科教学（化学）硕士：丁娜　方娟雯　谷正花　胡斯洋　李沛　刘敏　刘奕含 秦琴　王敬　王瑞萍　王雪颖　谢玉鑫　于文静　张建新 张婷婷　张馨文　郑云飘　朱起 博　士：陈潇潇　陈绪朗　方思安　方业广　付蕾　甘倩倩　郝爽　何传生　姬晓琴 贾斐　贾轶静　景文杰　李华君　李林蔚　李树珍　李卫祥　李永强　连宇坤 刘晋宇　刘焱骁　路博　马乐乐　齐月恒　秦泰　任航　宋俊杰　孙江晖 孙学毅　孙泽民　唐芳　唐一琪　王琛　王德强　王飞扬　王浩　王君凯 王明玉　魏雅清　吴浩　吴敏　吴文萍　夏冬　熊琳　徐琦　薛军非 闫俊　杨丽娜　杨雅婷　杨燕　姚会影　姚新月　叶国　尹博远　袁昶 袁旭　张彩娥　张涵　张腾烁　张小宝　张晓军　张莹　赵睿玥　赵若彤 周圆圆

续表

2022 届	本　科：白树芳　常晓楠　陈方玥　陈俊中　陈思宇　陈星雨　陈雪萱　崔庚辛　崔　凯 戴淑珍　戴莹莹　邓若彤　杜　涓　范明暄　范亦潇　冯　勘　冯敏莹　冯　雪 傅英焕　高凡舒　高瑞瑞　古丽苏米阿依·肉孜　顾东浩　韩沛雯　郝　赫 何奕恒　何雨晴　洪小燕　胡雅思　季晨睿　贾昊源　姜　艳　金燕宁　金　熠 康　珏　李成龙　李　昊　李　龙　李龙飞　李　梅　李　瑞　李奕舒　李羽佳 李雨汕　李源源　梁明维　梁　爽　梁志恒　林雨霖　刘屹然　刘誉阳　刘　云 刘臻睿　龙建敏　卢景泉　卢中伟　陆　安　陆荷洁　罗　皓　罗　漫　骆施睿 马文頔　马云浩　宁显虎　努尔扎依·卡合曼　邱世汕　邱子涵　邵雅钰 史可欣　舒　心　司海洋　宋佩仰　宋钰欣　苏世龙　隋　鑫　孙梦越　孙欣洁 唐　禧　唐湛秋　田兴悦　万立辰　王慧瑶　王婷艺　王小雪　王雅欣　王一帆 韦颖颖　温且姆·莫敏　吴航锐　吴　敏　吴倩如　夏崭忆　夏忠刚　谢汶迪 谢志杰　严舒怡　央　珍　杨静怡　杨沁祎　杨世龙　杨　硕　杨　洋 依巴迪古丽·瓦斯力　银海宁　尹郅涵　于凡冬　喻肇玺　袁苗青　曾　诚 曾武敏　张　闯　张　兢　张敬东　张梦媛　张杨杨　张艺凡　张梓涵　翟华娟 赵孟雨　赵　敏　甄博宇　周朵朵　周子彦　朱　琳　庄麒玄 硕　士：巴肖华　蔡中升　曹浩颖　陈利红　陈霆雷　代丹丹　党　倩　董　佳　董婧雯 杜泽超　段婷婷　冯俊红　冯艳红　高骁捷　高　燕　龚梦洁　管雨薇　郭雯雯 郭雅洁　何佳欣　何鹏彬　侯瑞娟　侯　悦　姜　璐　解祥真　孔思敏　李　昂 李欢婷　李佳璇　李嘉琪　李嘉仪　李　杰　李　杰　李林璘　李敏洁　李　松 李祥园　李鑫萍　李艳琳　梁琼芳　刘　航　刘　琳　刘梦阳　刘子腾　马悦然 孟宸宸　孟　昭　聂　飞　欧阳晴雯　史　可　宋涵博　宋石恺　宋宇菁 孙鑫伟　唐　爽　田慧敏　田思佳　王　迪　王　芳　王昊宇　王　倩　魏代娜 吴思琴　吴宇晴　吴振民　夏千舒　向甜琦　谢　芳　徐孝诚　许慧敏　许圣琦 许　爽　杨得森　杨祎晴　姚　安　姚林夏　姚雨晴　岳　楠　张晨雨　张得美 张　洁　张明明　张书婷　张　嫣　张子鹏　赵国华　赵金龙　赵　朦　赵　熹 赵雅妮　赵彦蕾　郑幸子　周　微　朱　叶　朱亦紫　朱永果　朱云桦　庄佩凤 邹　琳　邹紫微 博　士：陈文恺　程　成　丁艳花　方晓雨　高艺轩　韩清志　洪海燕　霍姮雨佳 及燕铭　李晶晶　李　晔　李钰莹　李子问　刘静远　刘　为　刘旭英　陆　静 陆志方　路　皓　孟　婷　潘滢浩　庞玉莲　乔　璐　邱志宇　阮　晴　邵百一 宋秀芳　孙爱焕　孙　鑫　滕坤旭　王　聪　王建军　王士春　王　涛　王晓东 王怡珊　武　沛　桑　颂　夏　烨　肖桂英　肖国威　辛阳阳　杨佳佳　尹红菊 于梓洹　袁　廷　张　锦　张龙飞　张　珊　张思琪　张　岩　张钰渤　赵雅馨 赵　艳　郑涵文
1980 年前研究生	余长江　俞　征　周菊兴　金宗德　昝正亮　闫德怀　吴锡良　江琳才　杜宝山　林薇薇 苏翠华　王彦中　张木兰　朱瑞鸿　姚而良　栗公英　黄德文　蒋　雄　孟庆慧　潘传智 吴仲达　郑彝盉　董亘平　孙淑媛　王壁瑜　王千杰　于振华　赵静庄　彭承欣　陆丽仪 杜上鉴　朱子浩　顾治平　曾华梁　陆路德　郑全福　白尔钟　陈　韶　程秉珂　季承彬 焦肇麟　李馨兰　刘　庄　刘闻良　齐惠珍　曲爱华　王善民　王致禄　吴问青　许渐爽 张丽蘋　赵树棠　王瑞琴　王元继　武学曾

续表

大专	1987届：崔 红 董秋蛟 杜锦红 鄂玉英 葛晓虹 苟香兰 郭丽萍 郭裕红 胡向东 黄丽娟 李成斌 李 红 李红兵 李丽川 李 梅 李鹏程 李胜林 李四明 林德杰 刘 涛 龙玉才 罗青秀 马建青 裴有炼 邱力行 单明珍 孙 刚 王红斌 王红兵 王少春 王新莲 王雪萍 熊 焰 徐东涛 严富强 岳小玲 张湖云 张占明 张争保 郑平改 周 蔚
	1994届：曹爱丽 景闯友 孔亚迪 李风海 李付军 李 赟 李松林 李彦丽 刘志涛 马 欣 孟庆峰 秦 静 任立新 孙红建 唐世芳 王庆显 王卫国 王志强 薛风彩 杨建涛 尹国旗 尹 红 勇 凤 于江飞 郁献生 张久菊 张 磊 张平海 张 涛 周瑞红
	1995届：曹双林 陈浩文 陈洪翠 程风云 高丙新 郭国丽 李付勤 刘 成 罗建军 马合买提 任希见 盛永进 石爱琴 宋德奇 王铁建 王玉林 王柱宝 吴春林 吴景军 徐新国 许 凯 杨华山 张超峰 张春竹 张洪波 张景永 张友存 张玉婷 郑瑞霞 周玉红 朱春英 朱亚辉
	1996届：李 岩
	1997届：边长贤 陈宏伟 崔福荣 崔红星 范琳琳 韩燕飞 李 波 李建英 李素利 梁新颜 刘 云 马兴涛 马运福 聂元江 彭 斌 盛维政 宋永军 孙翠青 孙友波 孙兆敏 王春江 王国华 王晓英 王艳玉 吴 锋 吴 梅 许庆胜 张贵红 朱述国
	1998届：鲍志刚 蔡 波 曹光华 迟淑慧 邓子贤 黄微玲 窦仲敏 胡 松 贾晓莉 姜奉业 兰润青 李玉龙 刘 军 刘昌维 刘承钢 刘桂枝 栾 辉 任叙双 王 磊 王黎明 徐 耀 杨伟强 尹 坤 由广顺 于 双 于淑宁 张 莉 张建彬 张元芹 周建英
	1999届：陈治国 彭薇达
	2000届：刘 松 吴柳彬 郁 斌 郁 玻
	2017届：曹素平 曹 颖 冯 岳 贺葵娜 姜玉芳 康 茜 祁尧莉 秦 彤 苏忠一 孙艳娇 孙颖新 王丹丹 宣佳圻 杨佘倩 张秀芳 郑 然
	2018届：曹晓聪 陈 瑶 高 杰 郭 芳 李 榕 刘春丽 刘佳琪 刘如岩 娄方静 孟昭伦 王宏宇 王 梅 谢丽新 谢 楠 杨 彬 张丽丽 赵鹏飞 左剑锋
	2019届：陈思雨 褚金霞 邸红英 郭爱华 黄 伟 计 宇 赖水长 李卫强 梁志英 吕红玉 聂 晨 潘紫珊 田利华 王国栋 王军杰 吴梦雨 吴 尚 于晓琪 张梦婷

由于校友们的情况原始资料不全，会有遗漏和不准确之处，今后还望各地校友及时把信息反馈给我们，以便及时补充更正。

第三篇

学科优势和贡献

北京师范大学化学学科在基础化学教育、科学研究和服务国家需求等方面都做出了突出贡献，经110年奋进，形成了若干在国内外有重要影响、富有特色的优势学科方向，建成了多个省部级重点实验室和2个国家级实验教学示范中心。

理论与计算化学优势突出。刘若庄院士是我国理论化学方向的创始人之一，在国内率先开展了化学反应从头算研究。方维海院士是中国理论化学新生代的领军人物。在2位先生先后带领下，理论及计算光化学教育部重点实验室落地。近年来理论与计算化学团队与法国、德国、瑞典、美国等国家的国际著名理论化学家建立了稳定的合作关系，并担任国际重要期刊副主编、客座主编和编委等。理论与计算化学、机器学习和数据挖掘技术等领域的成果不断呈现，在国际上产生了重要影响，成为国际理论与计算光化学研究高地。

放射性药物产学研成效显著。刘伯里院士等创立的放射性药物方向，是国内高校重要的培养本、硕、博放射性药物人才的基地，拥有我国高校唯一通过GMP认证的生产放射性药品转化平台，研制出若干个具有自主知识产权的用于肿瘤及阿尔茨海默病诊断的放射性药物。近年来，该学科方向进一步加强创新药物研发，部分已进入临床研究。

能量转换与存储材料研究聚焦前沿。依托高分子化学与物理及其他相关学科优势资源，北京师范大学建成了能量转化与存储材料北京市重点实验室。实验室重点研究聚合物太阳电池、钙钛矿太阳电池、锂离子电池、热电材料和非线性光学材料中的关键与基本科学问题，为服务全国和北京市能量与材料相关领域研究做出了贡献。

化学教师教育引领发展。刘知新教授是我国基础化学教育学科和化学教学论课程的开创者之一。新世纪，王磊教授团队是化学基础教育课程标准、教育装备和教师发展等纲领性文件的主要决策者。全国主要的3套高中化学教材的主编全部毕业于本学科。本学科为全国20多所师范大学培养了大批化学教育领军人才，也为基础化学教育培养了众多中学书记、校长和特级化学教师。

实验教学体系先进。1998年起，原属于教研室（或研究室）管理的化学实验课程从教研室中剥离出来，建立北京师范大学化学实验教学中心，统一负责实验课程安排和大型仪器管理等，完善了“一体化、三层次、多模式”的化学实验教学新体系。北京师范大学化学实验教学中心先后被评为国家级实验教学示范中心、国家级虚拟仿真实验教学中心，实验教学团队被评为国家级教学团队。

第六章　理论与计算化学的发展

本学科方向具有悠久的历史和辉煌的过去。中华人民共和国成立后，以刘若庄院士、傅孝愿教授为代表的理论化学家，开启了量子化学研究方向，在反应动力学的理论研究方面取得了系列重要成果，使北京师范大学成为国内最早开展化学反应量子化学研究工作的单位之一，为北京师范大学理论与计算化学学科方向发展奠定了良好基础。进入 21 世纪，在方维海院士的带领下，本学科汇聚了一批优秀青年人才，他们守正创新、自信自强，逐步建成了理论及计算光化学教育部重点实验室、量子化学生物学教育部创新团队、理论及计算光化学创新研究群体和“111 引智基地”等。本学科理论及计算化学群体在国内有明显特色和优势，在国际理论和计算化学领域也拥有一席之地。

一、刘若庄院士是理论化学方向的创始人之一

刘若庄院士在我国率先开展了化学反应从头算研究。早在 1978 年北京师范大学就组建了量子化学研究室，并于 1982 年由教育部正式批准成立。该研究室是我国运用量子化学手段研究实际化学体系的重要基地，也是我国理论化学对外联系的重要窗口之一。在此之前，北京师范大学物理化学已被国务院批准为博士点，是中华人民共和国成立后有学位制度以来第一批有硕士和博士学位授予权的学科方向。

▲ 刘若庄院士

刘若庄院士是北京师范大学理论化学方向的代表性人物和中国计算化学的奠基人之一。刘若庄院士从小就养成了严谨认真的作风。在指导有机化学和定量分析实验的同时，刘若庄院士开始翻译英文版《定性分析理论基础》，该书于 1951 年由商务印书馆出版，作为大学丛书之一，成为 20 世纪 50 年代重要的教材和参考书。1951 年 9 月，兼任辅仁大学化学系主任的邢其毅先生聘请刘若庄为辅仁大学化学系讲师，1952 年院系调整后到北京师范大学化学系从事教学科研工作。历任国家科委化学学科组成员、国家自然科学基金委员会物理化学评审组评委、国家教委理科化学教学指导委员会副主任、中国化学会常务理事、

北京化学会理事长、中国科技大学兼职教授、中国科学院感光化学研究所兼职研究员、世界理论有机化学家联合会会员、墨西哥国立自治大学客座教授，以及《高等学校化学学报》等多种期刊编委。

刘若庄院士长期从事分子间相互作用、化学键和化学反应理论的研究，先后在氢键、配位场理论方法、有机导体和半导体理论计算、激发态势能面和光化学反应机理探索等方面取得了丰硕成果。20世纪50年代，我国的理论化学尚未形成体系，著名化学家唐敖庆回国后任教于北京大学化学系，开始讲授结构化学相关内容，刘若庄院士曾担任其助教。1949年，刘若庄院士在《中国化学会会志》上用英文发表了第一篇研究论文《修正特鲁顿规则》，50年代从事的氢键研究成果被录入《十年来中国科学（化学卷）》。1963—1965年，当时的高等教育部委托唐敖庆教授在吉林大学举办1期为期2年的物质结构学术研讨班。刘若庄院士曾为物质结构学术研讨班8名正式学员之一，其余学员为邓从豪（山东大学，1993年当选为中国科学院院士）、张乾二（厦门大学，1991年当选为中国科学院院士）、鄢国森（四川大学，1984—1989年任四川大学校长）、戴树珊（云南大学）、孙家钟（吉林大学，1991年当选为中国科学院院士）、江元生（吉林大学，1991年当选为中国科学院院士）和古正（四川大学）。在这期学术研讨班上，唐敖庆主讲了量子化学方面的系列课程，并带领学员开展了配位场理论方法的研究，建立了一套从连续群到点群的不可约张量方法，从而统一了配位场理论的各种方案，创造性地发展和完善了配位场理论，为研究配位化学、稀土化学、工业催化剂和激光材料提供了新的理论依据。研究成果后来荣获1982年国家自然科学一等奖。

▲ 刘若庄（前排右一）与唐敖庆（前排左二）及师兄弟

“文化大革命”时期，北京师范大学化学系刘若庄教授等也未放松科研工作。刘若庄先生对自己感兴趣的问题，如双核分子氮络合物、温和条件下的化学键理论等，做了详细的读书摘记。1976年，刘若庄先生完成了国内第一篇运用量子化学计算方法研究实际体系的论文，较好地解释了砷化镓在氧离子注入后的半导体特性。20 世纪 80 年代开始，他创造性地将量子化学理论和计算方法用于研究化学反应途径和沿反应途径的动态学问题，优选、改进并扩充了研究方法，综合研究了多种化学反应，取得了具有国际水平的系统研究成果。20 世纪 90 年代开始，他对有机导体和半导体理论进行了较系统的研究，发表学术论文 130 余篇，合著专著 3 本，合译专著 4 本。刘若庄将分子内相互作用的分解方案推广到相对论赝势，用以研究含重原子的反应体系，其成果于 1987 年获教育部科技进步二等奖。中间体、过渡态和反应势能面的理论研究，使北京师范大学理论化学研究团体在 1989 年获得国家自然科学三等奖。刘若庄教授 1990 年获全军科技进步二等奖，1999 年当选为中国科学院院士，2002 年获教育部科技进步一等奖(第二完成人)。

▲ 刘若庄先生在指导学生

刘若庄先生一生严谨治学，在中国应用量子化学研究领域耕耘几十载，取得了累累硕果。他将这些成就归因于肯吃苦、能奋斗："搞科研要不怕吃苦，做科学研究要有执着精神。一个人哪怕只做出一点点的成绩，都需要艰苦奋斗，没有什么巧的路可走。我觉得我是中等人才，不是什么特别聪明的人，但我很努力。"作为教授、博士生导师，刘若庄院士爱生乐教，提携后学，培养出了多位量子化学领域的知名学者，主持创建的物质结构助教进修班还走出了现已成为中科院院士的方维海教授，为我国科技发展和教育事业做出了杰出贡献。

傅孝愿教授也是这一时期理论与计算化学的杰出代表。傅孝愿教授出生于 1928 年 2 月，湖北英山人，1950 年毕业于北京辅仁大学化学系，毕业后留校任助教，1952 年起一直在北京师范大学任教，历任讲师、副教授、教授，是首批硕士研究生导师，北京化学会理事，世界理论有机化学家联合会荣誉会员，北京师范大学化学系教授、博士生导师。傅孝愿教授在高校从事教学和科研工作 48 年，讲授了物理化学、化学热力学、统计力学基础、量子化学选读等课程，培养了大批本科生及 29 名研究生和访问学者。傅教授科研工作主要是研究化学反应机理和反应动力学，与合作者共同发表科研论文 160 篇(其中 46 篇发表在国外期刊)，其中部分论文获奖，包括国家教委科技进步奖 3 次，国家自然科学奖 1 次。曾多次受邀在学术会议上做科研工作报告(国内国外各 6 次)，获得好评。1992 年提出了环加成反应的新模式，引起国际同行关注。在多伦多大学和香港大学等多所知名大学进行学术交流和讲学。1997 年被选为世界理论化学家协会(WATOC)理事。

二、建成理论及计算光化学教育部重点实验室，取得系列原创成果

(一)建成理论及计算光化学教育部重点实验室，师资力量雄厚

依托于北京师范大学化学学院，理论及计算光化学教育部重点实验室(Key Laboratory of Theoretical and Computational Photochemistry，Ministry of Education)成立于 2009 年，近年来，北京师范大学理论与计算化学方向得到了更大发展。本学科研究队伍实力雄厚，通过自己培养、国内外引进和学科交叉融合，汇集了一大批优秀的中青年骨干，现有教授 25 人、研究员 2 人、副教授 7 人、工程师 2 人。

中国科学院院士 1 人(方维海)；

国家“杰出青年自然科学基金”获得者 6 人(邵久书、刘亚军、陈雪波、苏红梅、陈玲、杨清正)；

教育部“长江学者特聘教授”2 人(邵久书、崔刚龙)；

国家优秀青年科学基金获得者 1 人(崔刚龙)；

全国百篇优秀博士学位论文奖 1 人(陈雪波)；

科技部“973”计划项目首席科学家 1 人(方维海)；

教育部“跨/新世纪优秀人才”3 人(方德彩、祖莉莉、陈雪波)；

国家海外优秀新青年基金获得者 1 人(李晨阳)；

国家其他高层次青年人才计划 7 人(崔刚龙、申林、龙闰、宛岩、朱重钦、李振东、郭静)。

(二)取得多项突破性科研进展，在国际理论及计算光化学领域有重要影响

实验室在发展激发态电子结构理论和多尺度非绝热动力学方法以及解决光化学和光生物过程的科学问题等领域有自己的特色和优势，同时，在量子计算和深度机器学习相关的领域，进行前瞻性的布局，以期在理论及计算光化学领域的整体研究水平跻身于国际一流，逐步培养和造就国际上有重要影响的学术大师。实验室的工作一方面聚焦科学前沿，建立切实可行的研究方法；另一方面与实验研究紧密结合，解决材料和相关学科的基础和应用问题。过去的几十年，团队围绕理论及计算光化学的核心科学问题：激发态电子结构和非绝热效应，重点发展了电子结构理论和多尺度动力学方法，并用以解决光催化、光生物和材料光化学过程的关键科学问题，取得了系列创新性成果。下面概要介绍 5 个方面的突破性进展。

第一，实验室发展了量子—半经典、混合量子—经典和全原子—粗粒化的动力学模拟新方法；提出了基于轨道定域化和组态优选的多参考、二级微扰理论算法，并在此基础上建立了驻点和交叉结构的从头算优化方法体系；编制了普适的多态电子结构计算和多尺度非绝热动力学模拟软件包，搭建了具有光化学研究特色的计算模拟平台。

第二，实验室以商业软件为基础，利用自己发展的方法和搭建的平台，对光催化的烯酮不对称环加成、过渡金属催化的氧化偶联和惰性键活化等反应，进行了电子结构计算和动力学模拟；发现了重原子效应、非绝热效应和电荷迁移激发态的独特作用，提出了全新的协同非同步机理，且已经得到了实验的支持。

第三，实验室发展了多尺度的量子力学和分子力学模型，在国际上首次对偶氮苯光异构触发的 FK-11 多肽的解折叠过程，开展多尺度非绝热动力学模拟。

第四，实验室在平均场近似下，发展了基于含时密度泛函理论的非绝热动力学模拟方法，并用于模拟系列新颖光电功能材料的界面电荷分离和无辐射的电子—空穴复合动力学过程，目前国际上仅有极少数课题组可以开展这方面的工作。

第五，实验室将理论和实验紧密结合，研究了化学、生物和材料的发光性质；首次发现重原子的相对论效应可戏剧性地改变金属团簇的发光强度和产率，开辟了相对论化学量子的新方向；在理性设计的基础上，精准制备了黄色荧光石墨烯量子点(GQDs)，并成功用于干细胞的生物标记，这一工作具有开创性。

近年来，理论及计算光化学团队一方面发展激发态电子结构和动力学量子计算模拟的新方法和新算法，探索量子计算对激发态电子结构计算和非绝热动力学模拟的潜在优势，在国际上率先实现了 H_2 光响应性质的量子计算，为引领激发态量子计算这一领域的发展奠定了良好的基础；另一方面自行研制飞秒时间分辨的瞬态吸收显微镜和飞秒时间分辨紫外可见、荧光、红外光谱等超快光谱装置，搭建超高时空分辨的激光光谱和成像实验平台，实时跟踪和探测化学和生物体系的激发态动力学过程以及载流子在半导体内和光伏材料中的传输过程，并与激发态电子结构计算和非绝热动力学模拟深度融合，在生物光化学、半导体光催化和激子传输机理方面取得一些原创性基础研究成果。

实验室成员承担多项纵向和横向课题，其中包括重大项目、重点项目、重点国际合作项目、面上和培育等研究项目。值得指出的是，2015 年实验室获批基金委“理论及计算光化学研究群体”，到目前为止，这是唯一获批的理论与计算化学领域基金委创新研究群体。作为 4 个单位之一，2016 年实验室参与主持了基金委“动态化学前沿研究”科学中心项目，并于 2022 年得到滚动继续支持 5 年。实验室成员还主持了国家重点基础研究发展计划(973 计划)、国家重大科技专项、国家重点研发计划等项目及课题。在长期、稳定国际交流合作的基础上，实验室 2015 年被国家外专局批准为“理论及计算光化学”111 引智基地。此外，烟台开发区、显华有限公司和北京师范大学共建了“烟台京师材料基因组工程研究院”，一期经费为 1 亿元，按照协议其中的 15%将被划拨到我校，支持实验室的相关基础研究。

学科团队已经与法国、德国、瑞典、以色列和美国等高水平大学及研究机构建立了长期稳定的合作关系，开展了卓有成效的学术交流和合作研究，取得了系列重要的研究成果。方维海教授作为中方主席，在 2008 年启动了中法双边理论化学会议，至今已经举办了 7 届。会议采用中法双方一对一讨论和质疑的形式，进行报告和讨论，真正做到了以我为主、双方对等的深入交流。在此基础上，中国 3 所大学(北京师范大学等)和法国 7 所大学共同签署了理论化学联盟协议。此外，方维海、苏红梅、刘亚军、崔刚龙、陈玲教授还举办了多次国际国内学术会议，10 多位成员多次应邀参加国际会议，并做大会或邀请报告。

(三)理论指导实践，推动产学研成果落地

依托理论与计算化学团队的研究基础，2019 年 4 月，烟台开发区和烟台显华化工科技有限公司联合出资 1 亿元，与北京师范大学合作建立了“烟台京师材料基因组工程研究院”(以下简称研究院)。研究院又作为烟台“材料数据库与数字化模拟研究中心”，加入山东省

政府出资打造的“先进材料与绿色制造”山东省实验室。在山东省和烟台市政府支持下，研究院在国内率先开发了电致发光显示材料数据库，发展了基于机器学习的遗传算法，并结合计算化学中的分子碎片模型和含时密度泛函理论，初步实现了候选发光分子的自动扩充和发光性能参数的自助检验，提升了数据的可靠性和完备性，为新型有机电致发光二极管(OLED)材料的高通量筛选和产业研发奠定了基础。研究院将理论设计、计算模拟和实验探测深度融合，建立了光电功能材料新的研发范式，精准制备了电致发光材料和倍频晶体材料，在倍频晶体材料和显示材料的关键核心技术方面取得了突破，获得了性能优异的深紫外倍频晶体材料。研究院与企业合作，目前已成功开发了一种 OLED 器件光提取材料(PCM2)，2020 年在“信利”“天马”和“华星光电”3 家显示面板厂生产线上完成了测试，测试结果表明 PCM2 为熔融型材料，其耐热性、透光性和折射率等各项性能指标都超过了商用材料，已申请了中国发明专利，目前已在烟台显华化工科技有限公司批量生产和销售，从而打破了国外专利垄断，实现了 OLED 器件光提取材料的国产化。研究院的成立是北京师范大学积极响应国家战略、服务地方经济发展的重要举措，拟打造成集科技创新、成果转化、科技服务、人才培育、企业孵化于一体的新型创新研究机构。此举将大力推动学校产学研工作的进一步落地和深化，也将助力企业在新材料等高端产业的创新研发，加快新材料产业结构转型升级，助推地方经济发展。

第七章 放射性药物化学学科的发展

药物化学与分子工程学科具有深厚的历史积淀，是北京师范大学的传统特色专业。北京师范大学化学学院药物化学与分子工程学科以放射性药物化学作为学科的重点和优势研究方向，该学科的前身是放射化学学科。20 世纪 60 年代，北京师范大学化学系成立了第一科研室，后改称为放射与辐射化学教研室，简称放辐化教研室。教研室当时下设两部分：一为放射化学，一为辐射化学。刚成立的放辐化教研室引进了大量人才。在刘伯里院士、陈文琇教授、金昱泰教授、王学斌教授等为代表的科学家工作的基础上，经过两代人几十年的努力和发展，本学科形成了特色鲜明的产、学、研、用紧密结合的教学和科研体系，实现了国内一流、国际有一席之地的目标，在国内外放射性药物领域颇具影响。

一、放射性药物化学学科的创立与发展历史

1960 年，陈文琇教授和刘伯里教授从原子能研究院进修归来建立放辐化教研室，此时陈文琇教授任室主任和党支部书记，张聚和孙兆祥为支委，有学生 12 名。1960 年 9 月，5 名学生毕业并留教研室工作，此时教职工增加到 7 名。1960 年，北京师范大学化学系增设放射化学专业，于 1961 年开始招收放射化学专业研究生，是我国最早的研究生招生单位之一，并陆续接受国家的多项军工任务，为我国的核军工事业做出了贡献。

1961 年金昱泰从苏联留学归来，1964 年翁皓珉调入，同年，吕恭序和王学斌加入教研室，此时教研室又引进两名实验员张志明和袁国栋，1965 年，教研室在接受国家三线建设任务后将物理化学教研室孟昭兴调入，此外刘东元毕业留校，此时教研室的正式编制增加到 13 个。“文化大革命”时期，北京市在北京师范大学设立放射性化合物标记实验室，此时引进了多名研究人员，包括田美容、陆丽仪、韩俊、容军、李太华、刘正浩、韩章淑、丁绍风、齐培、包华影、忻汝平、贾海顺、张连水、岳占伟、程禾、浮吉生和唐志刚等人。“文化大革命”结束后，北京师范大学由市管回到教委直管，随后因编制等原因，学校将放辐化教研室以学校名义成立研究室，主要承接北京市科研任务，包括用中子活化分析法完成激光光导通信材料和北京市远近郊区地下水的测定等。

放辐化研究室是以科研为主，教学为辅。成立以来教学工作以培养研究生为主，正式为本科生授课仅在 1963 年为化学系 1964 届学生开过一次放射化学选修课。

陈文琇教授任室主任兼党支部书记至 1965 年，随后由孙兆祥教授担任党支部书记至 1983 年，主管放化科研和行政。期间主持完成了三线建设任务和海洋局任务，历尽千辛万苦。为了完成任务，研究室老师们三进大别山找矿石，在高强度放射性环境中不顾健康进行实验，最终不辱使命，完美解决了国家放射性废水处理排放的问题。

1970—1972 年，研究室接受国家海洋局下达的海水淡化器脱盐除放射性裂变核素污染的科研任务，用 ^{235}U 和 ^{238}Pu 经反应堆照射后产生裂片核素作指示剂配成苦咸水溶液进行实验。研究裂变产物在电渗析脱盐过程中的迁移行为和规律，取得了满意结果，为净化

核爆污染水提供了有效方法，具有实际应用价值。研究室还完成了海洋局下达的海军航空兵海上救生用的脱盐剂除裂片核素的实验测试任务，受到海洋局领导的肯定。此后，研究室又承担了核潜艇原子反应堆第一回路水中泄漏放射性核素的净化研究，为完成军工任务做出了贡献。

1978 年，研究室接受北京市光通信材料中子活化分析任务，与低能核物理所合作，完成了激光光导通信材料中痕量金属的测定，还完成了利用中子活化分析方法调查北京市近郊区地下水中元素含量及分析的任务，受到北京市环保所肯定，他们认为“此项科研就国内较大规模运用这种测试手段测定地下水中较多种元素的含量而言尚属首次，所得结论基本正确”。

1979 年，核工业部下达从动力堆废元件的排放废液中提取裂变同位素 ^{137}Cs、^{90}Sr 的研究任务。研究室经过 3 年多的工作，圆满地完成任务，并召开了由全国高校、研究院所和核工厂 50 多位专家参加的鉴定会，获得很高的评价。北京师范大学放辐化研究室较好地完成了任务书要求的内容。著名的核化工专家、中科院院士汪德熙的评价是：“所研究的复合无机离子交换剂，为国际首创，对排放废液中 ^{137}Cs 的提取率和交换容量皆达到国际先进水平。”此成果于国际原子能机构在维也纳召开的无机离子交换和吸附剂在核燃料处理和应用会议上受到肯定和好评。国家基金委 2 次给予资助，获核工业部三等奖。

经过多年艰苦奋斗，研究室高质量完成了国家三线建设任务之后，又乘胜完成了国家海洋局、核工业部和北京市下达的科研任务，展现出北京师范大学放辐化研究室是一支特别能战斗的队伍。从此，放辐化研究室在国内出了名，有了地位。这些任务的完成，奠定了今后发展的基础，使研究室成为国内一支不容小视的放射化学方面的力量。

20 世纪 70 年代以后，研究室又面临一个如何发展的问题，大家统一了认识，向民用方面发展。放辐化研究室开始致力于核技术的和平利用，将研究重点逐渐转向放射性核素在医学方面的应用，首先把核医学作为研究方向。任务明确后，研究室到医院调研，发现当时国内外有一个肾上腺扫描剂，用的是碘代胆固醇，碘在 19 位上，这个化合物合成难。在北大医院参观时发现有 6 位碘代胆固醇，合成相对简单。研究室决定从肾上腺扫描剂入手，19 位与 6 位同时上，19 位由刘伯里和刘东元负责，6 位由刘正浩和袁国栋负责，刘伯里统筹负责两组工作。实验室工作完成后，由北大医院进行人的临床试验，样品放射性标记由刘正浩老师负责完成。几次临床试验结果非常好。由研究室自行研制的 6-[^{131}I]碘代胆固醇达到国际领先水平，新的中国的肾上腺扫描剂诞生，此项成果获得 1978 年全国科技大会奖。刘伯里教授带此成果参加在美国举行的国际放药大会，报告后受到美国、日本、德国同行专家的肯定和好评。美、日两国当时邀请研究室派人开展合作研究。研究室先后派人到美国和日本。从此研究室走出国门，走向世界，研究室是国内在这一领域较早与国外建立联系和合作研究的单位，此后在放射性药物领域研究室在国内一直处于领先的地位。

20 世纪 80 年代以后，放辐化研究室进入了飞速发展时期。1981 年成为硕士学位授予点(当时放射化学为二级学科点)，1986 年成为博士学位授予点(当时放射化学为二级学科点)。

在此期间，研究室在放射性药物分子设计和应用两方面均获得了一系列创新成果，先后研制成功[^{99m}Tc]半胱氨酸乙酯([^{99m}Tc]ECD)、[^{99m}Tc]甲氧异腈([^{99m}Tc]MIBI)等国家

1类新药，获得新药证书。为促进实验室的成果转化，1996年北京师宏药物研制中心正式成立，使实验室的放射性药物研究具有鲜明的产、学、研、用特色，并因国家1类新药“甲氧异腈类药盒的研制及推广应用”而获国家科技进步二等奖。

1997年刘伯里教授被评为中国工程院院士。刘伯里院士长期从事放射化学和放射性药物研究，是我国知名的放射化学和放射性药物化学专家，是我国放射性药物领域的主要开拓者之一。他曾从事军事工业中放射性物质的研究，20世纪70年代初开始致力于放射性药物研究。他几十年来几乎没有节假日，全身心地投入研究。他承担了放射性药物领域“六五”“七五”国家攻关项目、“八五”“九五”国家自然科学基金重点项目、“211工程”项目以及多项国家自然科学基金面上项目和北京市项目，研究了15种核素和放射性药物，在放射性药物分子设计和应用两方面取得了一系列创新成果。他与合作者在国内外主要专业刊物上发表论文240多篇。

在21世纪来临之际，放射性药物化学学科也进入了辉煌的发展时期。2000年放射性药物实验室和材料化学实验室被列为北京师范大学重点实验室，2001年成立北京师范大学放射性药物工程中心，2002年被列为北京市重点学科(无机化学)，2003年12月放射性药物化学教育部重点实验室(Key Laboratory of Radiopharmaceuticals Ministry of Education, Beijing Normal University)批准立项建设，建设计划任务书于2004年9月通过专家现场论证并开始实施建设，2006年10月顺利通过教育部专家组验收，正式挂牌。2005年成为药物化学二级学科硕士学位授予点。2005年放射性药物化学教育部重点实验室作为非动力核技术平台的一部分进入“985工程”二期建设。2012年该实验室被批准为药物化学与分子工程二级学科博士学位和硕士学位授予点，并接受博士后研究人员。

值此新世纪的机遇与挑战，放射性药物学科始终紧密面向人类健康的重大需求和科学前沿，加强应用基础研究，以提高我国放射性药物和高新技术成果转化及临床应用能力，培养高水平放射性药物专业人才，积极努力建成国内的放射性药物研究基地、放射性药物人才培养基地和放射性药物成果转化基地。放射性药物学科围绕放射性药物化学的基础研究、放射性药物高新技术前沿、放射性药物应用技术研究三大领域，主要从以下4个方面开展研究工作：放射性药物化学；生物功能显像分子探针；药物分子设计与合成；药物分析与分子药理学。

作为国内放射性药物研究的主要科研单位，实验室是国内高校少数建立了本、硕、博一体化的放射性药物人才培养体系的单位之一。该学科旨在培养具有独立从事药物化学与分子工程专业教学和科学研究工作能力或具有独立担负与药物化学与分子工程专业相关的专门复合型人才，特别是能够掌握医用放射性核素标记技术，并将放射性示踪技术应用于药物化学相关研究领域的人才。该学科积极参与各项教改及课程建设项目，注重学生放射性药物基础知识和科研能力的培养，鼓励创新，支持学生进入国际学术舞台。该学科教师出版了专著《锝药物化学及其应用》并获得北京师范大学教育教学成果奖一等奖(2008年)，出版教材《医学营养学基础》，参加了基金委《无机化学学科前沿与展望》的编写工作，并负责“核化学与放射化学”部分的编写工作，参与编写教材多部如《现代化学实验方法与技术》等。该学科一直非常注重国际学术交流和人才联合培养，并分别选派博士生或硕士生到美国、德国、日本等国家进行联合培养。

二、放射性药物教育部重点实验室平台建设

放射性药物教育部重点实验室是我国唯一的以放射性药物为研究对象的重点实验室。20 世纪 60 年代，刘伯里教授和陈文琇教授等筹建放射化学与辐射化学教研室时就建造了放射性操作的专门化实验室，并在国内高校首先自己设计辐射化学专用的^{60}Co 辐射源装置。

放射性药物教育部重点实验室为"985 二期"承建单位，重点实验室承担了国家重大科技专项、"973"项目、"863"项目、国家科技支撑计划、国家自然科学基金项目(重点项目、面上项目、青年基金项目、国际合作与交流项目)、北京市自然科学基金项目等诸多科研项目的研究工作，且进展十分顺利。目前放射性药物教育部重点实验室招收药物化学与分子工程专业的硕士生和博士生，招生方向为：放射性药物化学、生物功能显像分子探针、药物分子设计与合成以及药物分析与分子药理学。

经过长时间发展，目前围绕放射性药物化学的基础研究、放射性药物高新技术前沿、放射性药物应用技术研究三大领域，建立放射性药物技术支撑平台，包括放射性药物基础研究平台、放射性分子探针标记平台、药物分子设计平台、药物分析技术平台、分子生物评价平台、技术转化平台。

(一)放射性分子探针标记平台

放射性药物教育部重点实验室拥有专门的放射性标记化合物制备实验室，实验室配有专门的放射性标记热室、防辐射手套箱、Radio-HPLC、自动合成装置、活度计、锝分析仪等设备。一方面，实验室可完全满足对各类化学小分子、纳米粒子、功能高分子，以及多肽、糖、单抗、蛋白等生物活性分子的放射性核素标记、分离、纯化和分析鉴定；另一方面，实验室的辐射防护条件可最大限度地对工作人员进行保护。这些设备可以满足实验室教学、科研过程中对各类医用放射性核素及其他示踪放射性同位素，如^{99m}Tc、^{18}F、$^{125/131}$I、^{188}Re、$^{67/68}$Ga 等核素的标记。

此外，由重点实验室放射性药物工程中心研制的具有自主知识产权的 BNU F-A2 型自动合成装置采用灵活的液体管路和加热系统及模块化的控制程序，实现了放射性药物标记的"多功能"，其结构灵活，控制软件界面友好，可进行远程控制，满足了实验室研究的需要并能最大限度地保护实验人员，已经成为实验室^{18}F 标记正电子放射性药物研究的有力工具。

(二)药物分子设计平台

放射性药物教育部重点实验室拥有计算机辅助药物分子设计(CADD)实验室，包括 1 个高性能计算机集群，1 个 SGI 工作站，数台微机和用于药物分子设计的多种软件包。

实验室拥有 1 个 19 个计算节点的高性能计算机集群和数台微机，可满足 20～30 名科研工作者的需要，为计算机辅助药物分子设计提供了良好的硬件环境。

实验室拥有大型药物分子设计软件 SYBYL7.0，能进行基于配体和基于结构的药物设计，还有用于分子对接的软件 DOCK 6.2、AUTODOCK 1.4.6，用于蛋白同源建模的 Modeller8 v2，还拥有量化软件 Gaussian09 等众多软件。

(三)药物分析技术平台

放射性药物教育部重点实验室药物分析技术平台包括质谱分析室、色谱分析室、称量室、化学分析室以及放射性测量室等，涉及的仪器包括 Radio-LC-MS，Radio-HPLC，WIZARD Gamma 全自动计数仪，Tri-Carb2900 液体闪烁分析仪，多道能谱仪，TLC scanner 薄层扫描仪及其他常规化学分析和放射性测量仪器。

实验室现拥有 2 套 Radio-LC-MS，其中一套为串联四级杆型质谱仪(Quattro micro TMAPI)，另一套为飞行时间质谱仪(LCT Premier XE)。Radio-LC-MS 是由高效液相色谱仪(HPLC)、紫外检测器(UV)、放射性在线监测分析仪(RAM)和质谱仪(MS)构成的完整的在线检测体系，集高效液相色谱的分离能力、质谱的结构分析能力及放射性检测的高灵敏性和专属性为一体，成为放射性药物分析、结构确认、药物代谢产物分析的有力工具。

该平台主要进行以下研究工作：放射性药物的鉴别及结构确认，放射性药物的质量研究及分析方法学研究，放射性药物药代动力学及代谢产物分析研究，常规药物采用放射性核素标记法进行药代动力学研究。

(四)分子生物评价平台

放射性药物是指用于临床诊断或者治疗的放射性核素制剂或者其标记药物，是现代核医学的主要基石之一，可以在分子水平上直接示踪正常人体(活体)内的病理生理、生化代谢功能全过程，为生命科学的研究，提供具有靶向性的特异分子探针，这是未来分子医学早期诊断和个性化治疗的关键性科学问题之一。伴随分子核医学的诞生，放射性药物化学已成为当前应用药物化学和核医学领域最为活跃的一个分支，成为现代医学诊断和治疗疑难疾病的不可缺少和不可替代的高新技术手段。放射性药物教育部重点实验室分子生物评价平台不仅可以在分子水平上进行特异分子探针的生物评价实验，如放射性示踪剂的正常动物体内分布和模型动物(早衰鼠、转基因鼠和荷瘤鼠等)体内分布实验、药效学、药物动力学实验，放射性示踪剂的体内放射自显影和体外放射自显影实验，microPET/CT 或 microSPECT/CT 显像实验，而且可以进行放射性配体受体结合竞争分析实验等体外生物评价实验。

此外，该平台将质谱分析方法、微透析取样技术和药物代谢研究引入放射性药物的筛选和评价中，研究放射性药物靶向分布和代谢产物分析，特别是将临床上先进的无损伤分子影像诊断方法用于药物的筛选、评价、机理研究和预后，使得药物的疗效更加确切并更接近于临床应用。

(五)技术转化平台

放射性药物教育部重点实验室的技术转化平台主要有两部分：北京师宏药物研制中心和北京师范大学放射性药物工程中心。

北京师宏药物研制中心，前身为 1986 年成立的北京回旋加速器放射性药物实验室(刘伯里为董事长)，这是国内第一家利用加速器生产供应国内放射性药物的单位，在我国核药市场具有重要地位。在此基础上，北京师宏药物研制中心成立于 1996 年。平台拥有放射性锝[^{99m}Tc] 配套药盒 GMP 生产线，为北京市高新技术企业。该平台主要从事单光子

(SPECT)锝[^{99m}Tc]放射性药物的成果转化。以师宏为平台，实验室先后承担多项科技部中小企业创新基金、北京市专利成果转化等课题。通过师宏，实验室的相关研究成果已转化为优质产品供应全国200多家三甲医院，企业目前成为国内重要的放射性药物供应厂家之一。

北京师范大学放射性药物工程中心成立于2001年。工程中心以CS-22回旋加速器为基础，建立了正电子(PET)放射性药物制备平台，主要从事^{18}F、^{11}C等正电子药物的成果转化及临床应用推广。工程中心先后承担了多项国家“973”“863”及省部级项目，申请并获国家发明专利授权10余项。工程中心成功研制出具有自主知识产权的^{18}F药物自动合成模块，并实现了对多种正电子药物临床前即时制备。

三、放射性药物部分产学研成果

(一)本学科具有良好的产学研基础

放射性药物教育部重点实验室坚持“产、学、研、用”特色，积极促进研究成果转化，推进新型放射性药物、分子探针的临床应用，使研究成果能够用于临床重大疾病的诊断，服务于患者、服务于社会。

本学科在心肌显像药物、肿瘤诊疗药物、中枢神经系统疾病分子探针等方面以及药物分布的理论预测方面的研究已取得不少进展，并得到国内外同行的广泛关注与认可，走在了国际放射性药物研究的前沿。在一系列具有国际影响的重要期刊上发表研究成果，如*Science*，*J.Nucl.Med.*，*J.Mater.Chem.*，*J.Med.Chem.*，*Bioconjugate.Chem.* 等，并且不少科研成果都具有可观的应用前景，已获得多项授权发明专利。例如，在99m-锝标记放射性药物研究方面，99m-锝标记脑灌注显像剂的研究在内的锝化学的研究及应用于1993年获国家教委科技进步二等奖。

1993年在化学系兴建了无菌药盒生产线，用国产设备和原料生产出达到国际水平的诊断冠心病的MIBI药盒，通过了原卫生部特药处、国防科工委、原卫生部药检所和北京市卫生局领导和专家组验收，获得了原卫生部颁发的生产证书，实现了我系承担的国家科技攻关实验室成果的产业化，成为继美国后，国际上独自研制生产MIBI药盒成功的第二个国家，为我国冠心病的诊治与核医学核药学的发展做出了贡献。1996年在学校的支持下，注册成立北京师宏药物研制中心，成为具有生产资质的科技成果转化平台和复合型人才培养平台，产学研取得的创新成果先后获得北京市、国家教委、原卫生部和科技部的多项表彰。良好的产品质量和售后服务，也为北京师范大学和化学系赢得了荣誉。

本学科成立的北京师宏药物研制中心是原卫生部批准的国内放射性药品定点生产厂家。目前师宏中心的产品供应全国200余家三甲医院，为临床核医学显像创造了上亿元的经济效益。依托全国唯一的放射性药品教育部重点实验室和GMP认证的放射性药品转化平台，7个原创药物进入临床前研究，实现放射性药物“中国造”。

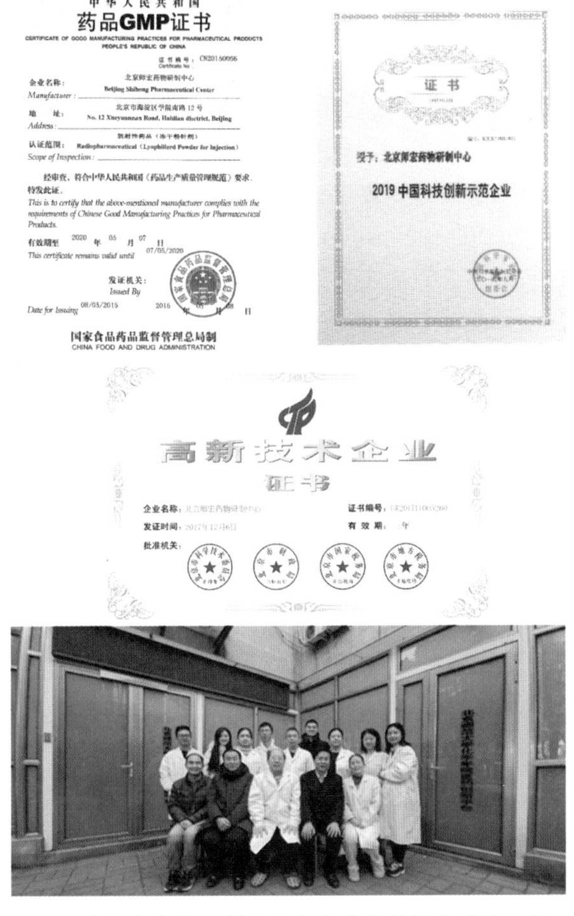

▲ 北京师宏药物研制中心部分荣誉及部分科研人员

(二)研制成功了国际先进水平的GSA冻干品药盒

GSA是半乳糖酰人血白蛋白二乙烯三胺五乙酸盐的英文缩写，是一种合成糖蛋白。由它制得的^{99m}Tc-GSA注射液，通过静脉注射后，可用于肝脏病人的肝受体显像，对于肝脏疾病的早期诊断以及对其功能状态可进行准确评价，是指导治疗和评价预后的有效依据，同时也对肝脏围手术期具有重大意义。当时，仅在日本有GSA药物注射液的临床报道，但限制对中国的供应。正是在此背景下，北京协和医院相关科室负责人主动联系本学科王学斌教授，希望双方合作开展GSA药物的研发和临床使用。张现忠任药物执行组长，对药物的合成工艺、质量的检测方法、产物的结构、药盒的组成与配方、药理与毒理等，开展了系统深入的实验探索研究，成功获得小试样品。随后在北京师宏药物研制中心进行中试规模的放大研究，研制成功了国际先进水平的GSA冻干品药盒，并获得一项国家发明专利授权。经药监部门批准，GSA冻干品药盒率先在北京协和医院进行了临床试验，获得了清晰的肝脏SPECT图像，且无任何毒副作用，GSA冻干品药盒在人体试验获得成功。为使其在全国范围进行临床研究，张现忠课题组2013年完成了新药申报资料，2016年8月获得临床批件。GSA药盒研制成功，填补了国内放射性肝受体药物GSA冻干品药盒的空白，实现了肝脏受体显像药物的“中国制造”。

(三)基于肿瘤诊断的^{99m}Tc标记葡萄糖衍生物的研制及推广

恶性肿瘤在我国已成为危害人们健康的重要杀手，对其进行早期诊断一直是国际热门研究课题。目前我国应用的肿瘤显像药物([^{18}F]FDG)依赖加速器生产，供应受限且价格昂贵(约1万元/次)。重点实验室张俊波团队成果涉及可用于肿瘤显像的系列^{99m}Tc标记葡萄糖衍生物。其中将氨基葡萄糖巧妙转化为含异腈的葡萄糖衍生物(简称CNDG)，异腈配体与^{99m}Tc配位形成稳定的^{99m}Tc-CNDG，已成功通过医院伦理委员会审查，获得科研伦理审查批件，初步临床研究结果表明其在多种肿瘤(如肺癌、脑胶质瘤、食管癌、鼻咽癌等)中有明显摄取，显示出优良的亲肿瘤性能。^{99m}Tc-CNDG可通过药盒化制备，标记方法和技术创新性强，非常有利于推广，成果与美国研制的处于三期临床的^{99m}Tc-ECDG相比，具有更优良的亲肿瘤性能。其肿瘤摄取以及肿瘤/非靶比值全面优于^{99m}Tc-ECDG，已获1类新药临床试验通知书。团队研究水平在SPECT药物领域属于国际领先水平，开发的^{99m}Tc-CNDG极有希望成为具有我国自主知识产权的原创新药。一旦获批用于临床，用该类产品进行肿瘤诊断及疗效评价检查费用不到2 000元/次，价格将是[^{18}F]FDG的1/4，将会极大减轻国家和人民的医疗负担，经济效益明显。实现放射性药物“中国制造”，为人类健康事业贡献“中国智慧”。

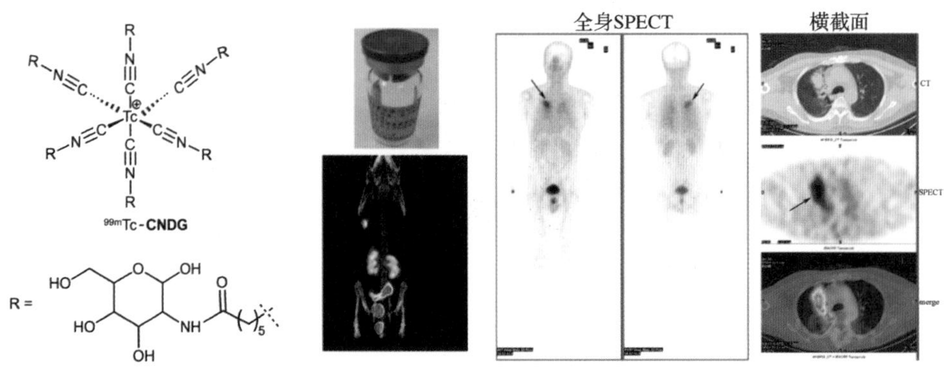

▲ ^{99m}Tc标记葡萄糖衍生物^{99m}Tc-CNDG的化学结构、临床前和临床SPECT/CT成像结果

(四)前列腺癌肿瘤探针的研制与临床应用

重点实验室崔孟超教授团队研发的新型喹啉类PSMA显像剂[^{18}F]7QL结构相比[^{18}F]PSMA-1007更加简化，前体合成简便，产率高，而且与PSMA的亲和力Ki为4.6 nM，优于在相同测量条件下的DCFPyL（Ki = 6.1 nM)。此外，由于直接一步亲核取代，^{18}F标记产率高，不校正产率为70%（时间为25 min)，实现了固相萃取分离，非常易于规模化生产。上百例人体研究显示，[^{18}F]7QL适合于原位和原位复发前列腺癌的诊断，其更高的分辨率(高特异性)有待临床进一步证实。由于[^{18}F]7QL采用亲核取代(比活度高)，快速合成和高的亲核效率，适合于商业化的生产和配送，获得国家授权发明专利1项（CN202010398870.4)，目前正处于专利转让阶段。

(五)用于阿尔茨海默病临床诊断的Aβ斑块和Tau蛋白显像剂的研制

崔孟超教授团队10年来一直致力于阿尔茨海默病临床诊断探针的研发。经过团队多年研究，筛选了110多个对称及非对称双腙类分子。这些双腙类分子与Aβ斑块具有很好的亲和性和选择性且脂溶性较低，在小鼠及灵长类动物脑部的清除率比目前FDA批准的[^{18}F]AV-45快，非特异摄取明显降低，临床应用潜力巨大。最终[^{18}F]92（Florbetazine）在解放军总医院、安徽省立医院和福州医科大学第一附属医院通过伦理审批后开展临床研究，已完成90多例临床显像，同时与[^{11}C]PIB对比研究显示，[^{18}F]92可以标记出AD脑中的Aβ斑块，与健康人呈现明显的差异，获得国家授权发明专利一项（CN201910007703.X）。目前，原子高科股份有限公司投资3 000万元，正在开展1类新药申报工作。此外，团队制备并评价了系列^{18}F标记的2-苯基喹喔啉衍生物，可以特异性识别脑中Tau蛋白沉积，其中[^{18}F]S-16通过了解放军总医院及天津医科大学总医院伦理审批，完成了200多例不同疾病及健康人脑部PET/CT显像。[^{18}F]S-16高摄取区及[^{18}F]FDG低代谢区高度重合，且均与患者的临床症状高度相关，为医生诊断AD提供了重要帮助和切实可行的工具，已作为院内制剂使用，目前专利（CN201711144219.9）已经转让。

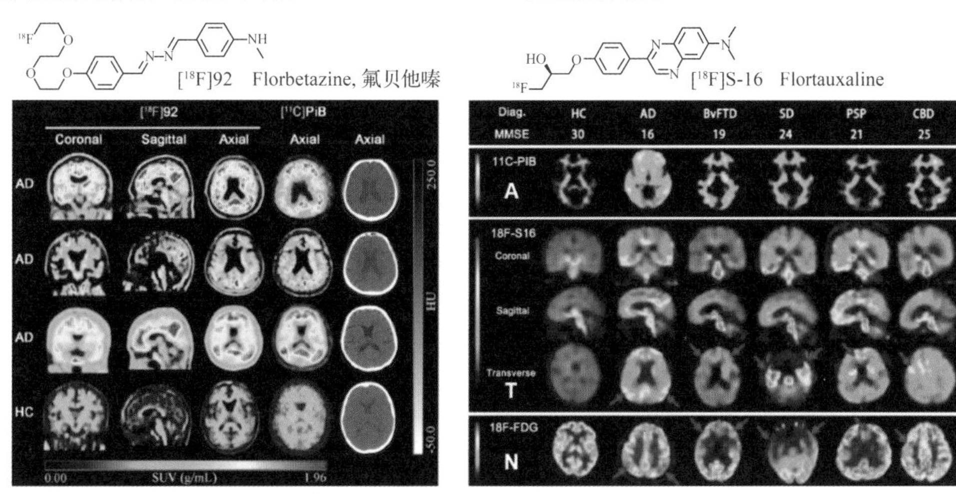

▲ 用于阿尔茨海默病临床诊断的Aβ斑块和Tau蛋白显像剂的研制

（六）^{18}F标记的sigma-1受体PET分子探针和阿尔茨海默病进程中的可视化技术

Sigma-1（σ1）受体是一种由配体调节的多功能分子伴侣蛋白，与多种疾病如肌萎缩侧索硬化、亨廷顿病、帕金森病、阿尔茨海默病、精神分裂症、抑郁症、癫痫、脑卒中、药物成瘾与疼痛等密切相关。贾红梅教授团队研制了性质优异的^{18}F标记的σ1受体分子探针，可以对上述疾病进程中σ1受体定量变化进行可视化监测，用看得清、看得准的分子影像手段定量评估上述疾病的治疗效果。团队设计合成出百余个靶向于σ1受体的配体，其中综合性质最好、最有发展前景的为^{18}F标记的σ1受体PET分子探针[^{18}F]FBFP，目前已完成猴子显像实验，正在进行临床试验。结果表明，该示踪剂具有下列优点：标记方法简单（一步法）；对σ1受体具有纳摩尔级亲和性；对脑内其他10余种受体具有高选择性；脑摄取值和脑/血比高；在猴脑内展现了合适的动力学性质；没有能进脑的活性代谢物；在σ1受体高表达的脑区有高浓集；猴脑中与σ1受体具有高特异结合（>95%受体占据率）；猴血浆游离化合物（plasma free fraction，fp）在已知的σ1受体示踪剂中为最高（70%）；在猴脑不同区域显示更高的结合势，是(S)-[^{18}F]Fluspidine BPND值的1.5～3.1倍（BPND值是反映脑内示踪剂显像特异性的最重要指标，该值越高越好）。因此，该示踪剂几乎满足了理想的σ1受体显像剂的所有条件，是目前综合性质最好的σ1受体PET显像剂。此外，动物试验结果表明，该示踪剂有望用于阿尔茨海默病的早期诊断以及疾病进程的跟踪。成果已获发明专利。

（七）定期举办放射性药品监管培训班和放射性药物制备与质量控制培训班

实验室是放射性药物人才培养基地，在国内放药人才培养方面处于领军地位。为提高放药从业人员的专业水平，发挥实验室的辐射和引领作用，实验室每年定期举办培训班，为医院和药监系统工作人员提供专业学习机会，5年来接受培训的人员达400余人次。2015—2017年，重点实验室和中华医学会核医学分会、解放军总医院连续共同主办了放射性药物的制备与质量控制培训班。2018年7月23—27日放射性药物教育部重点实验室受国家药品监督管理局委托，对全国药监系统学员进行放射性药品知识方面培训，为我国放射性药品审批流程的改革与创新做出了贡献。2021年8月16—20日受中华医学会核医学分会和北京核医学分会委托，重点实验室联合中国人民解放军总医院第一医学中心和中国同辐股份有限公司开展了第九期放射性药品制备与质量控制培训班暨国家继续教育培训班，培训内容为“新型前列腺癌PSMA PET/CT显像剂制备和应用”。

▲ 持续多年举办放射性药物制备与质量控制培训班

本学科拥有特色鲜明的放射性药物方向，在国内处于领先地位。在以后的发展中，本学科将积极培养各类人才，坚持知识创新、教育创新、研究成果创新和机制创新，争取将更多的科研成果应用到国计民生中去，为国家发展、人民幸福贡献自己的一分力量。

第八章　能量转换与存储材料北京市重点实验室

能量转换与存储材料北京市重点实验室依托于北京师范大学，2012年3月通过北京市科委专家现场认定，同年5月批准立项建设，挂牌成立。在3年(2012—2015年)绩效考评中获得“优秀”等级，顺利通过绩效考评。实验室由张希院士任学术委员会主任，薄志山教授任重点实验室主任。

一、科研平台与师资力量

实验室目前拥有科研用房总面积超过2 000平方米，2016年新增加了150平方米的实验室，用于放置隔膜涂覆中试生产线，通过扩建改造还新增加了300平方米的实验室作为洁净间，用于太阳电池器件制备。实验室具备了国际一流的太阳能电池器件的制备系统，如手套箱、真空镀膜仪、模拟太阳光源(3A级光源)、内外量子产率测试系统(IPCE)、电化学工作站、高性能数字荧光示波器、原子力显微镜(AFM)、扫描透射电镜等设备，用于制备和表征光伏器件。锂离子电池隔膜的研究和制备设备逐步得到完善，有同步双向拉伸试验机、陶瓷隔膜涂布机、隔膜分切机等设备，能够在实验室内实现隔膜成孔机制研究、复合隔膜的连续批量制备，提升了研发能力。利用重点实验室建设经费，购置精密电动对辊(MSK-MR-100A)、封装机(MSK-110)、切片机(MSK-PHI16T-10)、自动研磨机(MSK-SFM-8)、二级电池测量装置(STC24)，用于制作高质量锂电池正、负极膜及电池，以获取更精密的数据，使得锂电池正负极活性材料的研究、开发上了一个新台阶。热电性能测试平台十分完善，如单晶生长炉等用于制备新型材料，Bruker单晶X射线衍射仪及Bruker粉末X射线衍射仪能精确表征材料的结构，变温非线性光学测试系统(RADIANT)及单点非线性光学测试系统(Mini NOTS 1064/2100/1570)，放电等离子体烧结炉(SPS-211LX)及热压炉(CXZT-25-20Y)用于制备高致密度的测试样品，耐驰激光热导仪(LDA457)、霍尔效应测试系统(K2500-5RSLP)、塞贝克系数及电阻率测试系统(ZEM-3)可以获得热性能及电性能的精密数据。

在全面推进实验室建设的工作中，实行吸引人才、稳定人才的倾斜政策，从各方面建立促进优秀人才脱颖而出的宽松科研学术环境和激励机制，为各研究方向的科技团队提供良好的科研条件，创造良好的发展空间。鼓励青年人才加入实验室，实验室建设时有固定人员23人，到目前为止，固定人员已经发展到33人，其中教授20人、副教授13人，全部具有博士学位。薄志山教授、李林教授、陈玲教授曾获得国家杰出青年科学基金，薄志山教授在2014年被评为教育部长江学者特聘教授，闫东鹏教授获得北京市科技新星称号、国家自然科学基金委优秀青年科学基金项目，陈玲教授获得“万人计划领军人才”称号。

▲ 2012 年董奇副校长和北京市科委专家参加重点实验室现场认定

二、能量转换与存储材料北京市重点实验室部分研究内容与科研成果

实验室建设主要围绕着“能量转换与存储材料”的整体发展目标，具体研究内容包括：高能量转换效率聚合物太阳电池用给体材料和受体材料的设计与合成；钙钛矿太阳电池中的界面材料；锂离子电池用多孔隔膜材料的制备技术；获得较高 ZT 值的热电材料的技术研究以及新颖非线性光学晶体化合物的设计合成。重点实验室承担了包括国家自然科学基金项目(重点项目、面上项目、青年基金项目、国际合作与交流项目)、北京市自然科学基金项目等诸多科研项目的研究工作，取得了不少进展，并得到国内外同行的广泛关注。

以实验室的骨干成员为主申请获批教育部创新团队，并在 2017 年创新团队结题考核中获得优秀。

(一)有机聚合物太阳电池方向

在聚合物太阳电池领域，研究重点由之前的聚合物给体材料的研发转向非富勒烯小分子受体材料的设计与合成。这主要是因为非富勒烯小分子受体材料具有能级、带隙、吸光系数可调的优点，可以有效调节电池器件的开路电压和短路电流，进而提升器件的光电转化效率。实验室薄志山教授首次提出了利用超分子相互作用构筑非富勒烯受体的设想，开发了一种新颖的稠环小分子受体，其平面构象可以通过分子内非共价相互作用来锁定。通过构象锁定形成平面超分子稠环结构可以有效地拓宽其吸收光谱，增强电子迁移率，减少非辐射能量损失，并且小分子受体的合成更加容易，可用于开发高效聚合物太阳电池的新型受体，为设计和合成新型高效率、低成本受体分子提供了新思路。该工作发表在 *J. Am. Chem. Soc.*，并且这篇文章也入选 2019 年华北地区广泛关注学术论文。实验室首次发展了一种三元体系的聚合物光伏电池，即采用共轭聚合物为给体材料、富勒烯衍生物 $PC_{71}BM$ 和非富勒烯分子 ITIC 为受体，ITIC 可以大幅度拓宽活性层的光吸收、$PC_{71}BM$ 可以有效地调节活性层的形貌，获得了 10.4%的光电转换效率。该工作发表在 *Advanced Materials*，文章发表后，引起了国内外广泛的关注。

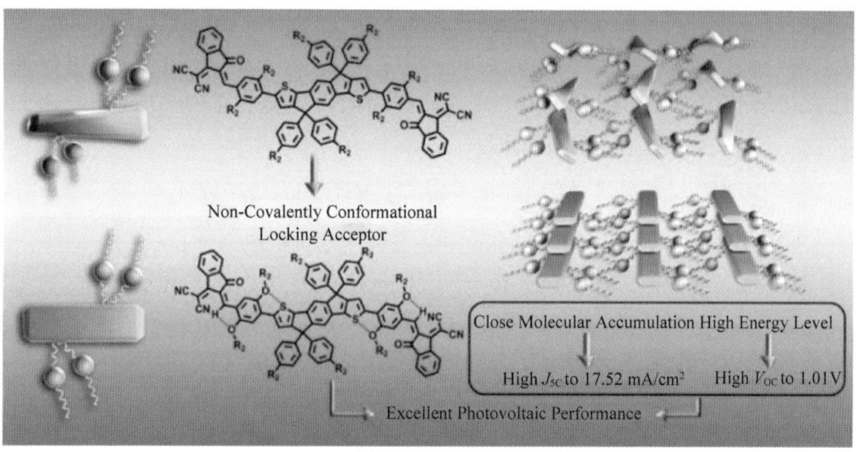

▲ 通过“构象锁定”策略构筑非富勒烯受体分子

（二）钙钛矿太阳电池方向

实验室研究人员合成了富勒烯衍生物[6,6]-苯基-C61-丁酸（PCBA），将其首次修饰在致密的二氧化钛表面，通过一步溶液法制备出高质量的 $CH_3NH_3PbI_3$ 薄膜。通过对比，PCBA 修饰前后器件的性能参数都得到提升，光电转换效率有近 80%的提升，最终制备出了效率高达 17.76%的平面异质结钙钛矿太阳电池器件，该结果发表在 *Small* 上。实验室设计合成了一系列存在分子内的 S-O 作用的聚合物。分子内的 S-O 作用可以锁定聚合物主链的平面构型，使得聚合物在薄膜中堆积紧密，从而实现聚合物本征迁移率的大幅提高，将这类聚合物用作钙钛矿电池的空穴传输层材料表现出 18.3%的能量转化效率，器件的稳定性与以 spiro-OMeTAD 为空穴传输层的钙钛矿器件相比也提高了很多，该结果发表在 *Journal of Materials Chemistry*。

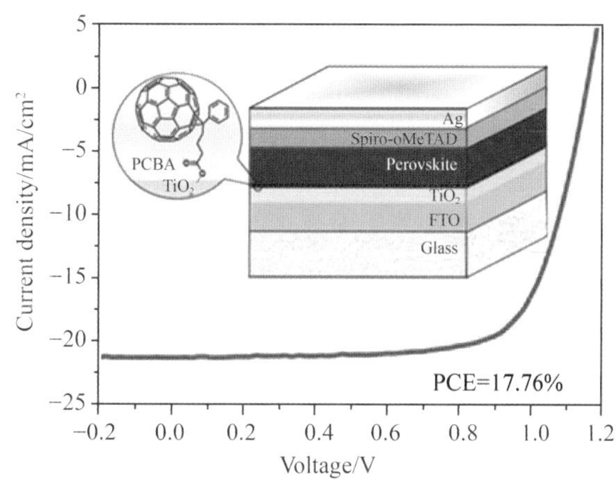

▲ PCBA 作为界面层提升钙钛矿太阳能电池光电转换效率

（三）锂离子电池功能隔膜方向

李林教授团队首次提出利用复合隔膜功能涂层与锂反应，实现涂层从隔膜向锂片表面的原位转移，在锂片表面形成保护层，抑制锂枝晶的形成，促进锂的均匀沉积这一科学理念。研究表明在聚烯烃隔膜的表面涂覆锆钛酸铅、碳酸锰等功能涂层，能够实现对锂沉积行为的调控，使锂在沉积过程中大块状沉积，不形成枝晶。涂层通过与金属锂进行反应能够原位转移到锂片表面，在锂片表面形成致密的保护层，不仅可以阻止电解液对金属锂的腐蚀，而且可以匀化界面电场和锂离子流，抑制锂枝晶的生长，从而提高锂金属电池的性能。采用碳酸锰功能涂层的隔膜锂—锂对称电池循环 5 000 h 以上仍具有很好的稳定性，锂—铜电池锂沉积/剥离的效率能维持在 98% 以上。相关研究成果发表在 *Adv. Funct. Mater.*。在此基础上，实验室开展了复合隔膜的中试研究，批量制备了功能复合隔膜，并进行了软包电池的中试研究，发现功能复合隔膜具有很好的抑制锂枝晶的效果。和采用普通隔膜的软包电池相比，采用功能复合隔膜的软包电池在低温循环时不析锂，且容量衰减缓慢，具有很好的应用前景。

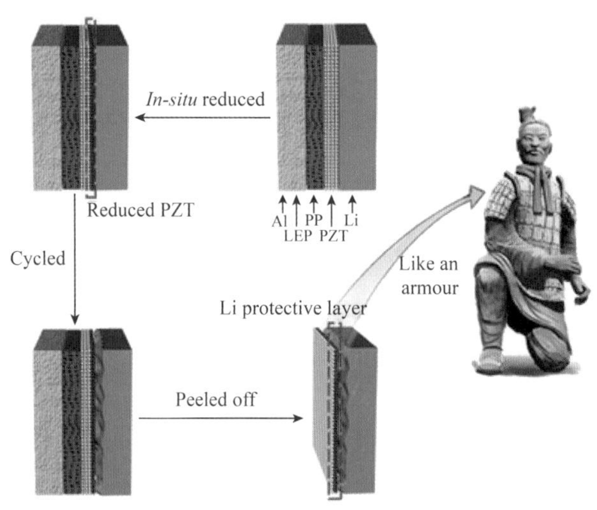

▲ 从隔膜原位转移保护层诱导无枝晶锂沉积

(四)锂离子电池固态电解质方向

实验室通过锂离子电池电解质的优化，开展凝胶电解质和全固态电解质的研究，提高锂离子电池的循环稳定性和安全性，以期在电解质研究方向取得突破。李林教授团队首次发现锂离子电池中的锂盐六氟磷酸锂能引发传统醚类液态电解质中的溶剂 1,3-二氧戊环发生聚合反应，得到线性聚醚类聚合物电解质，并提出阳离子引发的开环聚合反应机理。原位聚合得到的凝胶聚合物电解质能够在电极材料内部构筑稳定的离子传输网络，降低电极与电解质间的界面阻抗，且该凝胶聚合物电解质与金属锂的界面相容性佳，能够有效地抑制锂枝晶生长，保护金属锂负极。此外，该凝胶聚合物电解质具有很好的普适性，可以与不同类型的电极材料匹配。更值得一提的是，该体系不会引入非电解质类材料，与现有电池制备工艺兼容性强，这一简单的策略实现了对传统液态电解质的升级。相关工作发表在 *Science* 子刊(*Sci. Adv.*)上，并入选高被引论文，在《南华早报》等媒体上报道。基于前期研究工作，近期李林教授课题组利用原位聚合，开展了全固态聚合物锂一硫电池的研究，发现采用全固态的聚合物电解质可以抑制多硫化物的飞梭效应，容量衰减缓慢，显著提高了活性物质利用率和电池的循环稳定性。全固态聚合物锂—硫电池的研究为高比能量密度电池的开发提供了很好的思路。

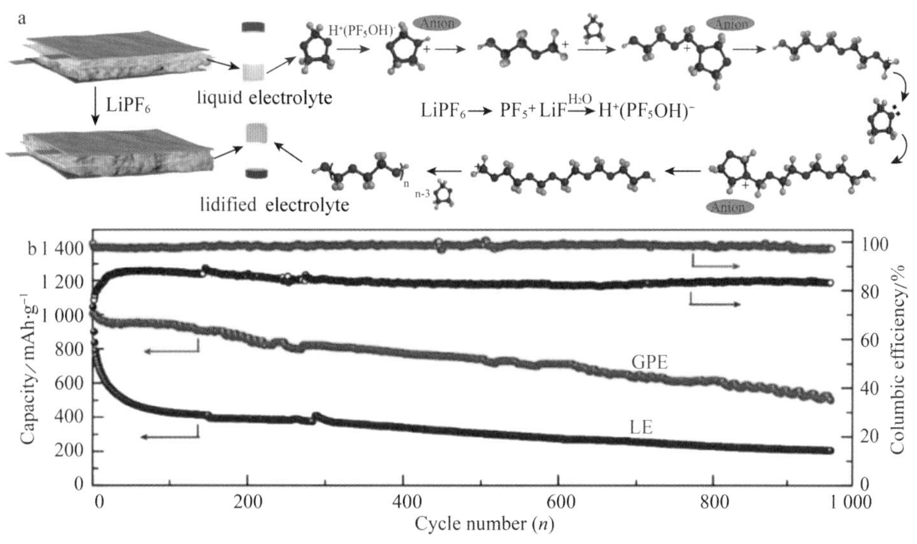

▲ 传统液态电解质的原位凝胶化机理及凝胶聚合物锂—硫电池的循环稳定性

(五)非线性光学晶体方向

非线性光学(NLO)晶体和双折射晶体是重要的光电功能材料，是全固态激光或光隔离器、环形器、光电调制器的关键组成器件，已被广泛地应用于光通信、信息处理和医学诊断等领域。随着激光技术和相关科学领域的不断发展，开发新的高性能光电功能材料迫在眉睫。实验室吴立明教授、陈玲教授课题组在非 π-共轭体系磷酸盐非线性光学材料的研究中取得了重要突破，部分研究内容于 2019 年发表在 *J. Am. Chem. Soc.*。由于$[PO_4]^{3-}$四面体较小的极化光学各向异性，这类材料一般呈现出较小的双折射和二阶非线性响应，极大地限制了其实际应用。为解决这个问题，实验室陈玲教授在首次提出高极化各向异性的基团 PO_3F^{2-} 是全新的深紫外非线性光学活性基团的基础上，又提出将氢键引入晶体中，用氢键的束缚力使高极化各向异性的 PO_3F^{2-} 离子整齐排列，显著提高了磷酸盐的各向异性。

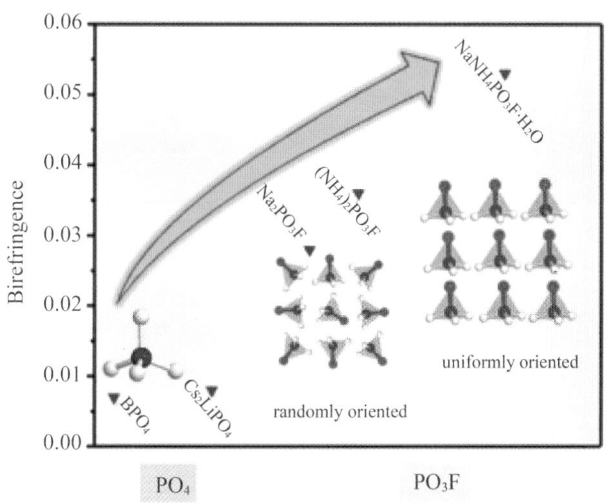

▲ 不对称非 π-共轭基团的同向排列提高深紫外非线性光学性能

(六)热电材料研究方向

热电材料是一类能利用热电效应，直接将热能(太阳能、地热、工业余热等能量)转换成电能的材料，由于热电转换技术具有的便捷、环保等优势，在车载冰箱、深空探测器电源等领域具有不可替代的地位，受到科学家们的高度重视。室温热电材料目前还比较稀缺，转换效率也有待提升。当前的商用材料 Bi_2Te_3($ZT \sim 1$)，是$[Bi_2]_m[Bi_2Q_3]_n$(Q = Se，Te)家族中 $m:n=0:1$ 的一员，但面临地壳中 Te 元素稀缺、毒性大等问题，而价廉的 Bi_2Se_3($ZT \sim 0.15$)却又由于高热导率，低电导率致使其转换效率低下。实验室吴立明课题组、陈玲课题组研究中发现，BiSe 垂直于层方向的电输运性能明显优于 Bi_2Se_3，他们认为这是一个被忽略的重要信息。由于有坚实的晶体化学和结构化学的基础，他们通过 DFT 方法研究了$[Bi_2]_m[Bi_2Q_3]_n$ 家族代表性成员，BiSe，Bi_8Se_7 和 Bi_4Se_3($m:n$ 值分别为 2∶1，5∶7，1∶1)的能带结构，发现晶体结构中 Bi^0(双铋层中零价态的 Bi 原子)和 Bi^{3+}(Bi_2Se_3 层中的 3 价 Bi 离子)的 p_x，p_y 轨道对垂直于层结构方向(布利渊区的 Γ-A 方向)的能带具有较大贡献，并在层间形成离域 π 键，从而增加了该方向上载流子的迁移率，同时他们提出可以用经验参数 $F[F = Dp_x, p_y(Bi^0)/Dp_x, p_y(Bi^{3+})]$来评估这种层间离域 π 键的强度，随后他们通过实验证实了上述理论推断。实验工作表明合成所得的 Bi_8Se_7 在 300 K 时载流子迁移为($33.08\ cm^2/Vs$)，高于 BiSe($26.19\ cm^2/Vs$)，具有较高电导率，室温下 ZT 值与 BiSe 接近。实验进一步通过 Te/Sb 共掺杂，调节导带顶部的走势和能量。表明 Bi_8Se_7 基热电材料是一种潜在的室温 n 型热电材料。该研究工作被 *J. Am. Chem. Soc.* 接收并发表。

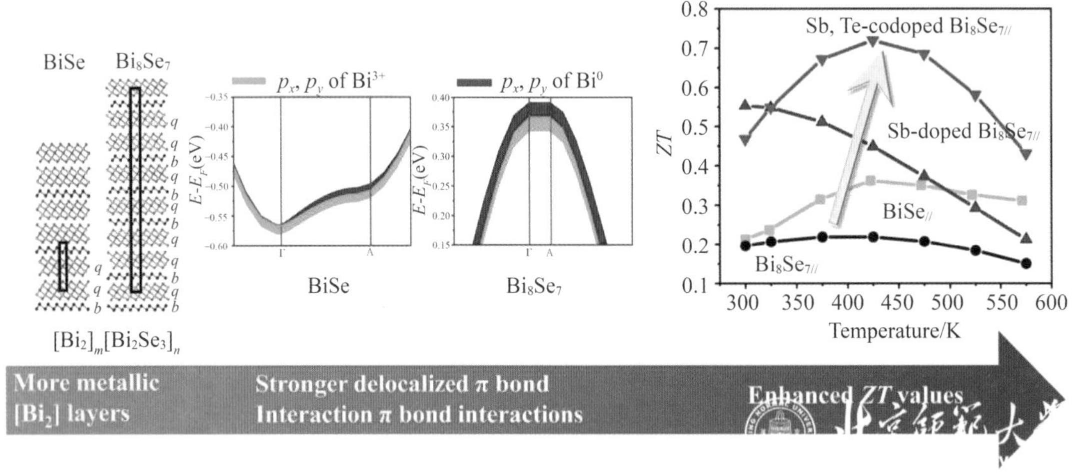

▲ 室温热电材料研究

第九章　化学教育学科的发展

在我国，化学教育学科于1865年萌芽。20世纪30年代，北京高等师范学校化学系正式开设中等学校化学教材教法课程，在其后90多年的发展历程中，北京师范大学化学教育学科在全国范围内一直发挥着引领和示范的作用。北京师范大学化学学院化学教育学科的三任学科带头人都是我国最具影响力的学者。刘知新教授是我国基础化学教育学科和化学教学论课程的开创者；何少华教授是著名的中学化学教材编写专家；王磊教授是我国21世纪基础化学教育课程改革的牵头人之一。北京师范大学化学教育团队不断探索和持续创新，为我国化学师范教育和基础化学教育的发展做出了重要贡献。

一、创建并发展化学教育学科体系，不断创新教师教育人才培养模式

（一）学科体系与人才培养模式的创立与发展

20世纪30年代，北京高等师范学校化学系正式开设中等学校化学教材教法课程。刘知新教授1953年起创立并持续主讲化学教学法等一系列本科课程。1951—1956年，教育部颁布《师范学院化学系化学教学法试行教学大纲》。受教育部委托，由刘知新教授牵头编著《化学教学法讲义》，试用2轮后于1957年由人民教育出版社出版，成为全国高等师范院校本科使用的首部化学教育学科教材。

20世纪80年代，在教育部的组织下，以北京师范大学为主编写的《师范院校化学系中学化学教材教法教学大纲（修订草案）》出台，对本学科建设与发展起到了显著的推动作用，课程名称更改为“化学教学论”。1990年，刘知新教授主编，多所高师院校合作编写的《化学教学论》由高等教育出版社出版。这是以“化学教学论”命名的第一部供本科生使用的教材，并获教育部高等教育教材二等奖。第三版获评2007年北京市高等教育精品教材，第四版于2012年成为第一批入选教育部“十二五”普通高等教育本科国家级规划的教材，至2018年该教材已经出版至第五版，获评2020年北京高等学校优秀教材。该教材一直是全国高师院校广泛选用的化学师范生专业必修课程的教材，到目前为止印数为42.5万。

从1993年开始，北京师范大学化学系在刘知新教授和何少华教授的带领下，在全国率先开设了化学教学论的教学实践配套课程“化学教学技能训练”，取得了极好的改革效果，产生了重要影响。从此，很多高师院校都配套开设了这门课程，全面增强了化学教学论课程的教学实践性。

刘知新教授、何少华教授等老一代化学教育学者自编了大量的课程讲义、学习资料，出版了一系列重要的学术著作。值得一提的是，1996年刘知新教授主编的化学教育理论丛书是化学教育研究的经典著作。

▲《化学教学法讲义》与5个版次的《化学教学论》教材

▲ 化学教育理论丛书

(二)学科与教学体系的跨越式发展与繁荣

进入21世纪以来，在王磊教授的带领下，基于推动基础教育课程改革所取得的前瞻性研究与实践成果，该学科着重进行了学科建设、课程理念和课程内容的深度改革。

2008年，王磊教授主持的“化学教学论”课程荣获北京市高等教育精品课程称号，标志着该门课程的建设进入高水平发展阶段。2009年，该课程荣获国家级精品课，成为该学科全国范围的第一门国家级精品课。2014年，“化学教学论”“中学化学教学设计”两门课程建设为“国家级精品资源共享课”和“教师教育国家级精品资源共享课”。2015年，北京师范大学率先开展MOOC课程建设，“中学化学教学设计”建设为MOOC课程。至2017年，“中学化学教学设计”和“化学教学论”两门课程分别在中国大学MOOC和爱课程平台上完成MOOC课程建设，系统升级了两门课程的内容和网络呈现形式，建设了丰富的网络学习资源。“中学化学教学设计”2019年获评国家精品在线开放课程，2020年获评国家级线上线下混合式一流课程。

另一门实践课“中学化学实验及教学研究”对于师范生的化学教学素养和基本的化学教学能力培养发挥着重要的奠基作用。2009 年，王磊教授主编了该课程的配套教材《中学化学实验及教学研究》，成为该课程的支撑教材，将课程推向了系统化建设的新阶段。目前该课程已经成为北京师范大学校级示范课程。

▲ 实践类课程所获荣誉及出版的教材

2010 年，王磊教授主持“新课程背景下化学教师培养模式创新和教学资源建设”，荣获教育部全国首届基础教育课程改革教学研究成果奖一等奖。2017 年，王磊教授主持“能力导向实践定位的化学教师职前教育课程·教学·评价体系”荣获北京师范大学高等教育教学成果奖二等奖。魏锐教授参与建设的“面向未来的三维度·一体化卓越教师培养实践研究”荣获 2018 年北京市高等教育教学成果奖一等奖和国家级高等教育教学成果奖二等奖。

二、参与国家基础化学教育决策，推动我国基础化学教育改革

(一)主持或参与研制相关国家标准

2001 年开始，王磊教授作为负责人之一主持教育部“面向 21 世纪教育振兴计划重大课题——义务教育化学课程标准和普通高中化学课程标准研制与实施”。2001 年和 2003 年，初中和高中化学课程标准相继颁布。

近年来，王磊教授和胡久华教授主持教育部全日制义务教育初中化学教师培训课程标准研制(2015—2018 年)，王磊教授和魏锐教授参与教育部高中课程标准修订(2015—2018 年)，王磊教授作为负责人之一、胡久华教授作为核心成员承担教育部初中课程标准修订(2018)，魏锐教授参与研制教育部初中和高中化学教学装备配置标准(2016)。这些都是基础教育化学课程改革、教师专业发展和教学装备方面的纲领性文件。此外，化学教育学科还承担教育部委托基础教育阶段化学教材使用情况跟踪调研，下一代课程标准和教材的国际比较研究等课题。

在推进基础教育课程改革的进程中，我院毕业生也发挥了核心作用。华东师范大学王祖浩教授、华南师范大学钱扬义教授、山东师范大学毕华林教授作为主持人或核心成员参与教育部初中和高中化学课程标准研制与修订。海淀区教师进修学校罗滨校长担任教育部

基础教育课程教材专家委员会委员等职务，是教育部初中教师教育标准制定的主要负责人之一。

（二）编写并持续修订中学化学教材

刘知新教授主持的《十二年一贯制教材化学教科书》于1960年由人民教育出版社出版。从1983年起，刘知新教授与何少华教授先后担任主编，主持了“五四”学制初级中学《化学》（山东教育出版社）的编写和实验。1987年，国家教委将这套教材作为全国规划教材之一，后经全国中小学教材审定委员会审查通过，供各省、自治区、直辖市选用。自20世纪70年代起，何少华教授一直全力参加人民教育出版社中学化学教材的编写工作，参与或负责了从甲种本起多套教材的编写和修订。

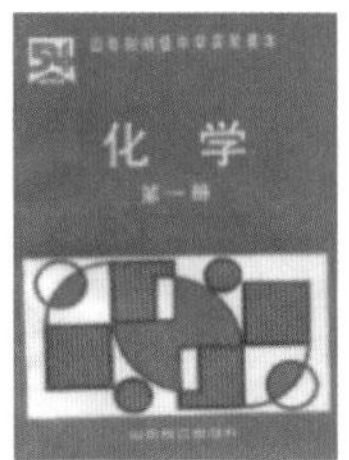

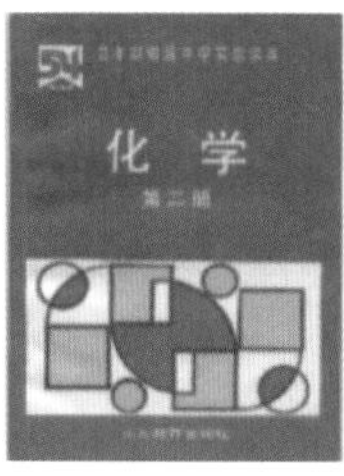

▲ “五四”制化学教材

2004年，王磊教授和陈光巨教授主编的高中化学课标教材出版（共8册，山东科技出版社），进入全国实验区使用。这一系统成果直接影响甚至决定了新一轮的高师院校化学教学论学科建设和课程改革的方向和进程。由王磊教授主编的高中化学教材于2019年依据新修订的高中化学课程标准进行了系统的修订升级（全套共5册），在落实立德树人、发展学生核心素养、融入项目式学习先进教学方式等方面表现出突出的优势，获得了专家和实验区教师的赞赏。2018年王磊教授主编、胡久华教授和魏锐教授副主编的初中化学项目式实验教材，由山西教育出版社出版，成为我国第一套理科项目式教材。此外王磊教授主编了中等职业学校教材，胡久华教授作为模块主编编写了初中科学教材等。建设了丰富多样的中学教材体系。

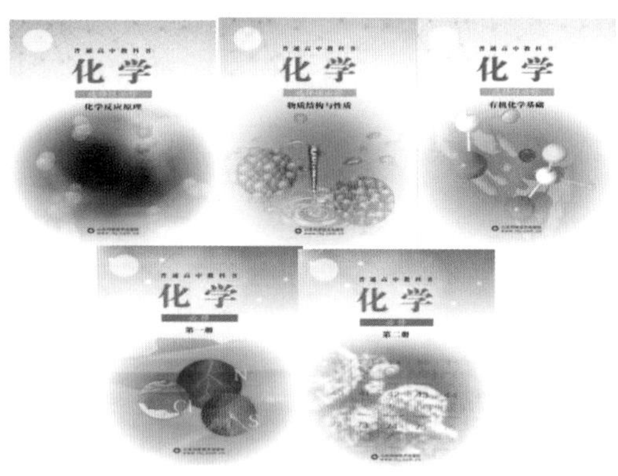

▲ 主编的2004版（左）与2019版（右）高中化学国家教材

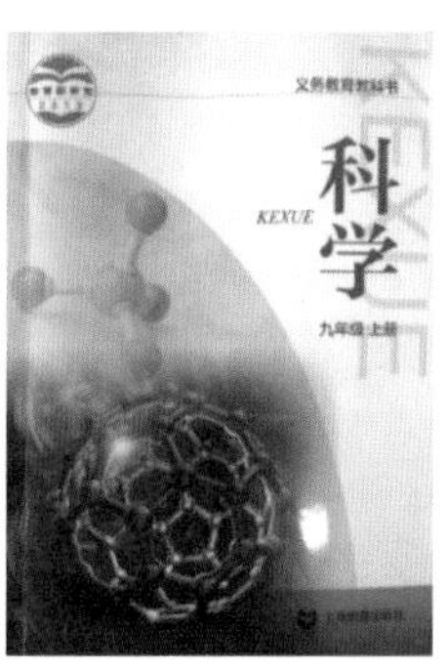

▲ 主编的多样化初高中教材

三、教育研究与实践转化双轮驱动，引领我国化学教育发展方向

(一)引领“学科核心素养”与“核心素养”研究新方向

2011 年，王磊教授主持承担国家社科基金教育学重点课题“中小学生学科能力表现研究”，协同九学科教育团队开展了持续 7 年的深入系统的理论、评价和实践研究，取得了系列成果：构建了基于核心素养的学科能力构成及其表现的理论模型和指标体系；依据 RASCH 模型开发了学科能力表现系列测评工具，基于大数据建立了学生学科能力表现的水平及影响因素模型，并诊断了学生的现状；构建了促进学科能力素养发展的教学改进理论和程序方法，建设了系列化教学改进案例资源；开发了互联网＋学科能力素养评学教一体化“智慧学伴”测试和资源平台；构建了多学科、跨地区、大学—区域—学校的协同研究和实践创新机制。截至 2018 年年底，该成果已在 100 余所学校对学生和教师进行实证测试。在北京海淀、朝阳、丰台、房山、石景山、通州、昌平、大兴，山东潍坊、青岛，及山西太原 11 个地区的 107 所学校指导 500 余名一线教师，开展了近千课时的实践研究，通过教学改进约 30 000 名学生实质性获得能力和素养提升。

出版基于核心素养的学科能力研究丛书，其中《基于学生核心素养的化学学科能力研究》获得北京市第十五届哲学社会科学优秀成果奖一等奖和教育部第八届人文社会科学研究成果奖二等奖。2018 年，“基于核心素养的学科能力诊断评价和教学改进系统”获北京市和国家级基础教育教学成果奖一等奖。

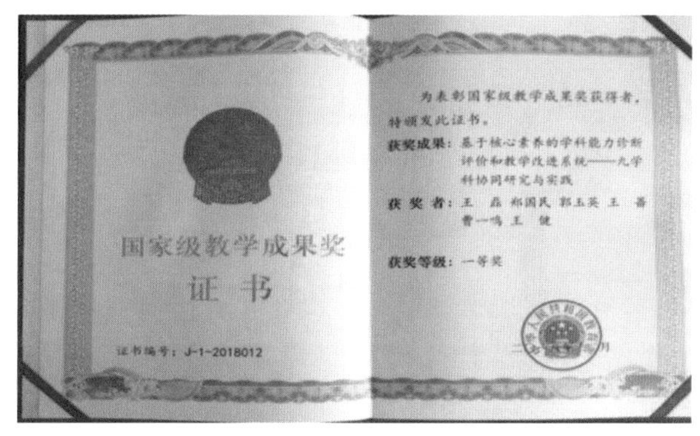
国家级教学成果奖

证 书

证书编号：J-1-2018012

为表彰国家级教学成果奖获得者，特颁发此证书。

获奖成果：基于核心素养的学科能力诊断评价和教学改进系统——九学科协同研究与实践

获 奖 者：王 磊 郑国民 郭玉英 王 蔷 曹一鸣 王 健

获奖等级：一等奖

▲ 国家级教学成果奖及代表性的著作

魏锐教授作为共同主持人参与北京师范大学中国教育创新研究院与世界教育创新峰会组织（WISE）联合研制《面向未来：21世纪核心素养教育的全球经验》研究报告。该报告在WISE网站以中文、英文、阿拉伯文3种语言发布。魏锐教授作为共同主持人与美国21世纪学习联盟（P21）联合研制并发布《21世纪核心素养5C模型》报告。这两份报告的主要成果收入《5C核心素养：教育创新指南针》一书。

（二）开创“高端备课”教学研究与教师培养新模式

王磊教授团队开创基于“高端备课”的教师专业发展项目。“高端备课”项目经过10余年的探索和发展，已经成为在北京乃至全国都颇有影响力的教学研究项目。至今，已有160余所课题学校与我院合作，打造了970余节优质课例。2013年，“基于‘高端备课’促进课堂教学改进和教师专业发展的研究与实践”获第四届北京市基础教育成果奖二等奖。

2019年以来，“高端备课”积极探索网络研讨和直播活动，开创了新的模式，产生了更加广泛的影响。至2022年4月，针对5本高中化学新教材成功开展了40余场全国直播培训活动，展示了来自北京、山东、山西、安徽、福建、广东、海南等省份的28个区域，共计90余所学校的300节优质课例，累计观看人数达24.3万人次。

（三）打造“项目学习”育人方式变革新高地

北京师范大学化学教育团队探索项目学习，起始于2004年王磊教授主持翻译美国著名教育学者Joseph S. Krajcik等编著的《中小学科学教学——基于项目的方法与策略》第2版（高等教育出版社出版）。由王磊教授主持翻译的该书第5版，于2021年由北京师范大学出版社出版。

2018年，由王磊教授任主编，胡久华教授和魏锐教授任副主编，开发了国内第一部化学项目式学习教材，包括10个大项目。2019年，由王磊教授和陈光巨教授担任总主编，编写了高中化学新教材，基于《普通高中化学课程标准（2017年版）》设计了15个微项目，引领高中化学课程素养导向的教育改革。2019年至今，魏锐教授主持的高中化学项目式选修课程“面向可持续发展的未来——促进学生学会思考的高中项目式课程”，建设了5个系列20个专题共80个项目的课程体系，成为高中选修课程建设的标志性成果和教师成长新模式。

与此同时，化学教育学科进行项目式教学的教学改进实践。至2021年，开展项目式教学的实验学校共30所，累计进行300多场指导，指导项目140多个，参与项目教师600多人次，受益学生7 000多人。

2016年9月化学项目式学习专刊《教育》集中发布了课题组19篇研究文章，2019年11月化学项目式教学专刊《教育·项目学习》集中发布了课题组14篇研究文章。

（四）扩延“深度学习”提升区域教育质量，提升新格局

胡久华教授主持承担教育部基础教育课程教材发展中心深度学习初高中化学教学改进项目，经过5年多的研究与实验，已有全国15个实验区90余所实验学校上千名教研人员、校长和教师深度参与。代表性研究与实践成果汇集在胡久华教授主编的《深度学习：走向核心素养（学科教学指南·初中化学）》一书中，目前正在主持开发高中化学学科教学指南。

▲ 深度学习著作

（五）探索“微型化”实验方式，变革新手段

魏锐教授主持研发的中学化学实验创新仪器、教具等，先后获得多项实用新型和发明专利，设计发明小型化的电解水装置“一分钟水电解器”，设计发明中学化学实验盒（实用新型专利，2014），开发配套初、高中化学的实验活动百余项，通过给学生提供“微型实验套餐”的方式，推动学生分组实验和探究教学的日常化。这些实验创新仪器、教具在许多师范院校和超过 100 所中学应用。

（六）建设“教师研修”与“成果交流”新生态

2005 年受教育部课程教材发展中心委托，王磊教授主持建设的中国化学课程网周访问量超过 120 万。王磊教授主持研发高中化学新课程远程研修课程，并连续主持 2007—2011 年初、高中化学新课程国家级远程与面授培训，山东和海南等省级培训任务。王磊教授每年还对高中教材实验区的所有地市进行全员面授式培训，足迹遍布全国各地。

化学教育学科联合中国化学会化学教育委员会，每年举办一届“中学化学新课程实施成果交流大会”，至 2021 年已经成功举办 15 届，目前已经出版《核心素养导向的化学教学实践与探索（2016—2018）》《核心素养导向的化学教学实践与探索（2018—2020）》。

化学教育学科参与设计与组织举办中国教育创新成果公益博览会（简称教博会），目前已经成功举办 5 届。教博会已经成为服务我国基础教育实践、完全公益性质的教育盛会。部分优秀教育创新案例汇编入《中国教育创新案例报告》。

化学教育学科于 2015 年成功举办“东亚科学教育学会 2015 年会”，主持建立北京师范大学教育学部科学教育研究国际中心，2018 年和 2019 年举办两届“京师科学教育国际论坛”，创办国内首部科学教育研究英文期刊（*Disciplinary and Interdisciplinary Science Education Research*），将我国化学教育研究进一步推向国际。

四、课程示范和人才输出同步辐射，培养师范教育与基础教育的中坚力量

北京师范大学化学教育学科作为我国化学师范教育创立与发展的策源地，为我国师范院校化学教育学科建设乃至我国化学教育事业发展不断发挥重要的推动作用。特别值得一提的是，该学科为知名师范院校及澳门大学培养了化学教育学科的带头人或科学教育知名学者，分别是华东师范大学王祖浩教授、北京师范大学王磊教授和王建成教授、山东师范大学毕华林教授、华南师范大学钱扬义教授、陕西师范大学张宝辉教授和澳门大学魏冰教授。这些人均是我国新课程改革的设计者和推动者。此外，还为 11 所师范院校化学教育学科培养了 4 位教授、9 位副教授、7 位讲师，成为我国化学师范教育的中坚力量。

作为基础化学教育人才的摇篮，服务国家基础教育发展战略，为国家输送大批卓越的中学化学教师，其中包括百余位特级教师、数千位优秀中学化学教师。仅以 2018 年为例，除了北京师范大学王磊教授获得国家级教学成果奖一等奖之外，北京师范大学实验中学杨文芝、海淀教师进修学校罗滨、北京师范大学第二附属中学相红英均获得国家级教学成果奖一等奖，宁夏石嘴山三中马翠玲老师、河北秦皇岛一中张英锋老师等获得国家“万人计划”教学名师。

▲ 2019 年教师节，在人民大会堂受到习近平总书记接见的学院毕业生(4 位国家级教学成果奖一等奖获奖人和 1 位万人计划教学名师)，左起：相红英(90 级)、杨文芝(82 级)、王磊(81 级)、罗滨(87 级)、马翠玲(87 级)

2007 年国家实行公费师范生政策，其中大部分为中西部地区生源，他们毕业后回到所在省工作，通过这种方式为西部基础化学教育输送了大批的优秀毕业生。之后，这些毕业生又按照计划完成教育硕士阶段的学习，通过各种途径实现个人的专业成长。例如，2011 届师范生韦薇、陈潇潇、蒋艳云在中学教育一线工作 10 年，履约了基础教育领域工作 10 年的协议后，分别又考取了香港教育大学和北京师范大学珠海校区教育方向的博士。在北京师范大学本硕深厚训练和一线工作丰富经验的基础上，他们开启了对教育理想的新

追求、新征程。

80 多年来，化学教育团队齐心协力，经过艰苦卓绝的努力，在许多领域开拓创新，形成化学学院人才培养的鲜明特色，为我国基础化学教育质量的整体提升建设了一套系统解决方案并全面推广，不仅有效促进中学化学职前与职后教师成长，提高了我国基础教育教学水平，而且引发了师范院校化学教育方向研究范式的转型，产生了极大的社会影响力。

当前，化学教育学科已经成为化学学院重点培育的学科方向。化学学院正在整合全院力量，依托一流教学科研团队和国家级平台，积极开展化学科普教育，提高公民科学素养，正在策划推进基于项目式学习的基础化学教育与高等师范教育育人方式变革，以期谱写新时代基础与高师化学教育的壮丽篇章。

第十章 实验教学体系的建设

一、化学国家级实验教学示范中心的建设与发展

(一)实验教学中心发展历程

1. 北京师范大学化学基础实验教学中心成立

1998 年，化学系将原分属于各教研室的教学实验室和大中型测试仪器室整合，成立了化学基础实验教学中心(现更名为化学实验教学中心，以下简称实验教学中心)。实验教学中心负责化学学院、生命科学学院、环境学院、资源学院 4 个学院本科生的化学实验教学以及继续教育学院本科、专科学生的基础化学实验教学和全校文理科本科生的化学实验选修课。实验教学中心统一安排实验教学课程和聘任实验教师，实现了教师队伍、仪器药品、实验室的集中管理。

在学校的支持下，经过“211 工程”“985 工程”项目及世行贷款项目的建设，中心的综合实力得到加强。1999 年，对原有的实验教学体系做出了较大改革，在我校“综合性、有特色”的办学思想指导下，打破了原来实验课依附于理论课的“教辅”模式，在化学一级学科的平台上，实验课程以“一体化、多层次”的形式独立设课，建立了以培养学生全面科学素质、综合实验能力和创新精神为主的理论结合实际的实验教学新体系。在实验室建设方面，成立了“化学基础实验室”“化学合成实验室”“化学综合实验室”等集中管理的实验室，建立了大中型仪器测试室——中级仪器实验室，实现了资源的统一配置和共享，提高了实验室和仪器设备的使用效率，为培养具有全面科学素质的人才提供了良好的实验环境和设备保障。实验教学中心积极引进高学历人才充实到实验工程人员队伍中来，鼓励吸引知名教授担任实验课教师。经过几年的运行，实验教学中心建立了一支高素质的实验教学队伍和实验室管理队伍，建立了科学、规范的管理体制。

2002 年，在总结已有经验的基础上，实验教学中心进一步深化实验教学改革，每学年开设教学实践周，进一步开放实验室。实验教学中心将教师的科研项目转化为本科生的实验课内容，让学生参与到教师的科研工作中，使学生的科研能力得到了训练和提高，增加结合科研前沿的综合实验，开设绿色化学实验，并给予大力支持，对低年级学生实行课内外结合的方式，鼓励学生自己设计实验，充分发挥学生的自主能动性。

在全体人员的共同努力下，实验教学中心于 2001 年通过了北京市教委组织的“北京高等学校基础课实验室评估”，被专家认定为“合格实验室”。实验教学中心严格按照教育部“示范中心”的要求建设，教学实验室总面积达 4 260 平方米，实验教学中心实验环境和条件面貌一新。实验教学中心于 2006 年被评为北京市“实验教学示范中心”，2007 年被评为国家级实验教学示范中心建设单位。实验教学中心的建设得到了快速发展，教学改革取得了一系列显著成果，2008 年被北京市总工会授予工人先锋号优秀班组先进集体，2009 年 6 月，北京市科学技术委员会授予实验中心首都科技条件平台开放实验室称号。中心教师为主要完成人的实验教学改革成果先后获 2009 年北京市教育教学(高等教育)成果奖一等奖、国家级教学成果奖二等奖。

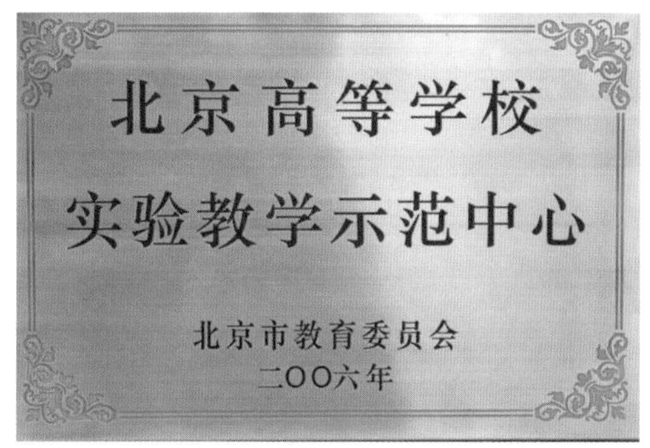

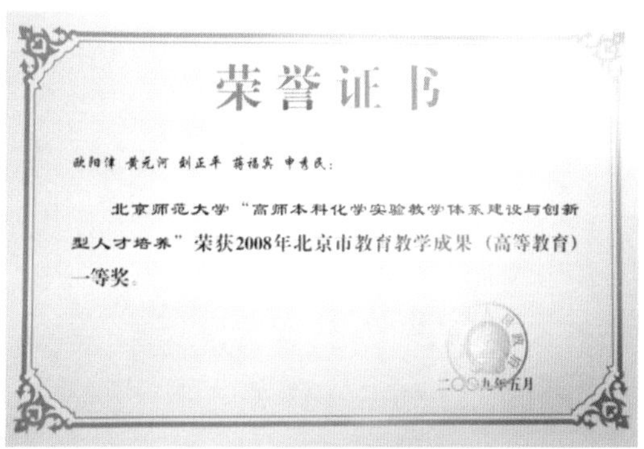

荣誉证书

欧阳津 黄元河 刘正平 蒋福宾 申秀民：

北京师范大学“高师本科化学实验教学体系建设与创新型人才培养”荣获2008年北京市教育教学成果（高等教育）一等奖。

二〇〇九年五月

▲ 北京高等学校实验教学示范中心和北京市教育教学成果一等奖证书

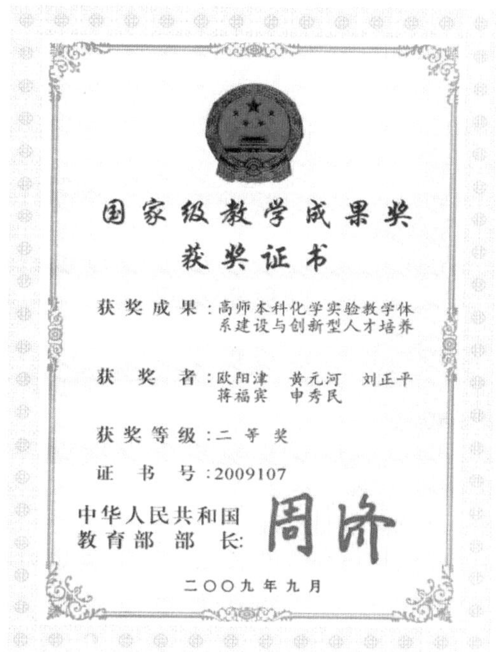

国家级教学成果奖

获奖证书

获奖成果：高师本科化学实验教学体系建设与创新型人才培养

获　奖　者：欧阳津　黄元河　刘正平　蒋福宾　申秀民

获奖等级：二　等　奖

证　书　号：2009107

中华人民共和国
教育部部长：周济

二〇〇九年九月

▲ 国家级教学成果奖二等奖证书

2. 实验教学中心被评为国家级实验教学示范中心

2012 年，实验教学中心以优异的成绩通过国家级实验教学示范中心的评估验收，正式成为化学国家级实验教学示范中心(北京师范大学)。实验教学中心进入了一个高速发展的新阶段，在学校和学院的支持下，不断改善办学条件。

为了提升创新人才培养能力，进一步规范和加强国家级实验教学示范中心的建设和运行管理，2017—2022 年，实验教学中心每年召开教学指导委员会会议，对实验教学工作进行梳理总结，对下一年度工作进行讨论和部署。每年一次的教指委会议对推动实验教学改革发展，提高本科实验教学水平，发挥了重要作用。

▲ 化学实验教学指导委员会会议

(二)实验教学改革与成效

1. 实验教学体系的改革

1999 年、2002 年和 2006 年，实验教学中心对教学计划进行了 3 次大的修改，本着“厚基础，宽口径，求创新”的原则，加强了综合型实验的建设力度，促进了人才培养模式从专业教育到通识教育基础上的宽口径教育模式的转变。实验课实行独立设课模式，实现了实验课的融合贯通，分 3 个层次建设实验课程。

改革后的实验教学体系从基本操作训练开始就注重各二级学科间的交叉融合，通过合成实验和综合实验，提高学生分析问题及解决问题的能力，逐渐培养学生的综合能力，特别是经过“化学综合设计实验”，使学生的整体素质获得了很大提高。

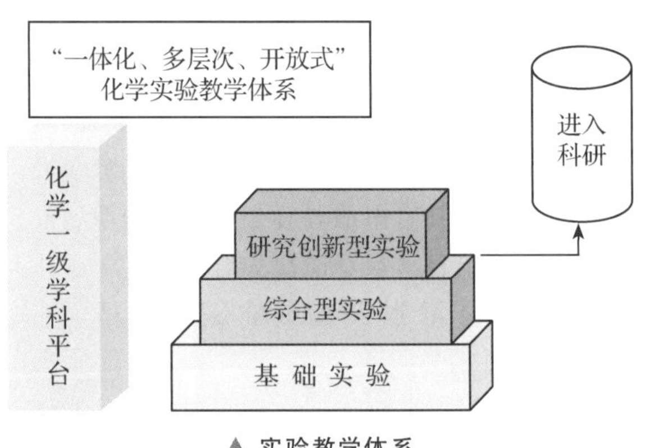

▲ 实验教学体系

2. 实验教学环境的改善

为确保实验教学改革顺利进行，在学校的支持下，实验教学中心于 2006 年年底完成化学基础实验室、化学合成实验室、化学综合实验室的实验室改造。2009 年，实验教学中心重点对三楼化学基础实验室重新进行了规划和调整，合并改造 309 和 311 实验室为教学实验室(80 平方米)。2008 年，在二楼 3 间教学实验室安装多媒体教学设备。2011 年，重点进行三楼、四楼和六楼部分实验室的通风和下水道改造。2012 年，改造 601 室为教学实验室。2013 年以来，对大型仪器实验室进行了装修和改造，更换了基础实验室台柜和通风柜，并增加试剂柜。2014 年，开始分阶段对实验室门窗和下水道进行了维修，实验教学条件有所改善。

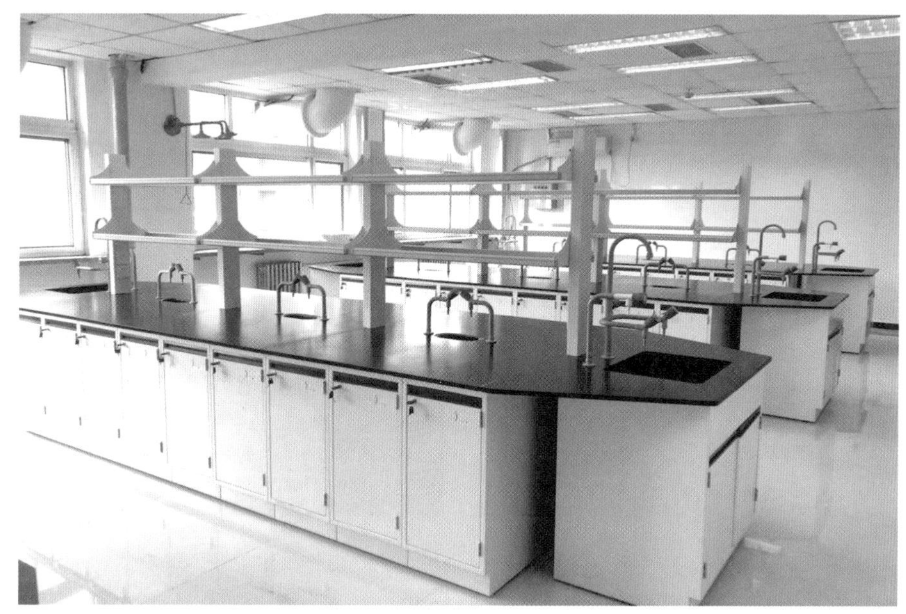

▲ 基础实验室

2007 年后，学校先后投入 4 000 万元购置和更新了一批先进的仪器设备(400 MHz 核磁共振仪、Bruker SMART APEX Ⅱ 型 X 射线单晶衍射仪、MALDI-TOF-MS、ICP、GC-MS 等)。2013 年，学校购置了原子吸收光谱仪等大型仪器，用于实验教学。2014 年以来，化学实验教学中心完成了高效液相色谱、手套箱、微机热分析天平、超纯水机等中小型仪器的采购，安装了大中型实验室的门禁系统。实验中心整体水平有了极大提高。

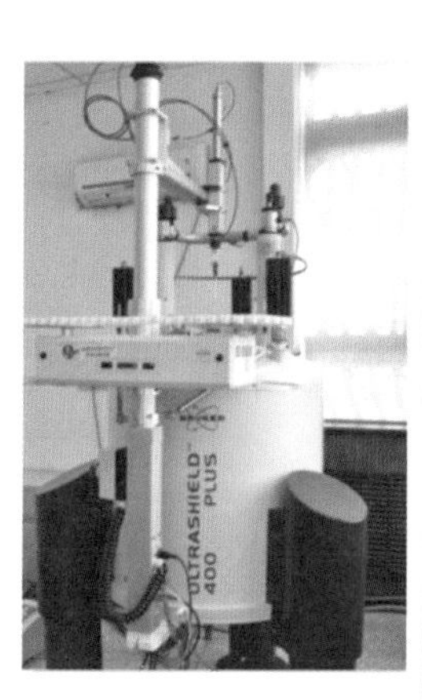

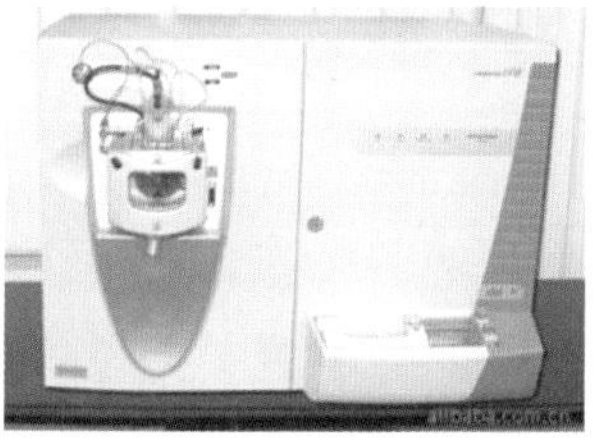

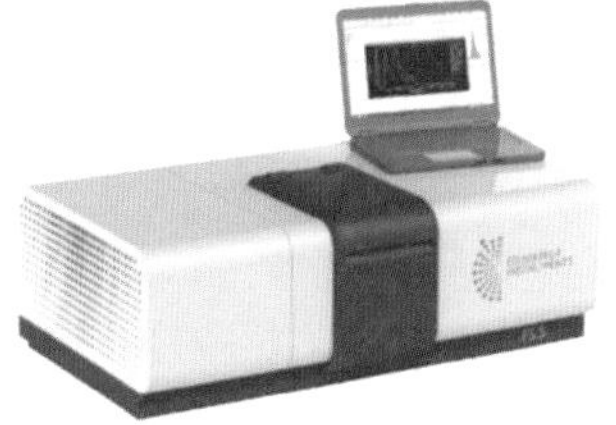

▲ 部分大型仪器

3. 实验教学水平的提高

实验教学中心以国家级实验教学示范中心的标准严格要求，多措并举提高学生的综合素质。

2 年一届的“食品分析大赛”是实验教学中心主办的特色活动，至 2022 年已经举办了 9 届。大赛由实验教学中心提供场地和仪器设备，让学生自选题目，自定方案，自己动手实验，创造了多途径、多层次的开放实验室的模式。实验教学中心每年还与学生会联合举办化学文化节，其中“化学实验一条街”等吸引了众多同学参加。

▲ 化学实验一条街和食品分析大赛

▲ 化学创新实验设计大赛颁奖仪式

实验教学中心还鼓励本科生参与科研训练与创新创业项目，2007 年以来，本科生发表科技论文的质量与数量大幅增加，学院本科生在各项实验竞赛中获奖，如全国大学生化学实验邀请赛、全国大学生化学实验创新设计竞赛、全国高等师范院校大学生化学实验邀请赛、北京市大学生化学实验竞赛等，并且多次获得“挑战杯”中国大学生创业计划竞赛金奖及特等奖，以及在国际比赛中获奖。

▲ 部分学生在系列化学实验竞赛中获奖照片

荣誉证书

荣誉证书

北京师范大学 张町竹 魏苒 苏少钦 同学：

荣获首届北京市大学生化学实验竞赛一等奖。

北京市教育委员会

二〇〇九年十二月

荣誉证书

北京师范 大学 杜蕾 同学：

荣获第六届全国大学生化学实验邀请赛 二 等奖，

特发此证，以资鼓励。

奖状

▲ 部分学生在系列化学实验竞赛中获奖证书

4. 实验教学经验的辐射示范作用

实验教学中心积极服务社会，发挥我校“师范”特色，实验教学中心是“北京市青少年活动基地”，每年接待多批次北京市中小学生来实验教学中心参观、做实验。实验教学中心和北京化学会举办中学生相关培训，多名队员在国际、国内化学竞赛中获得金牌。

实验教学中心通过“走出去”的方式分享示范中心建设的经验，通过“请进来”的方式扩大中心的辐射范围。实验教师多次在北京国际化学教育大会、首届中国大学教学论坛、大学化学化工基础课程报告论坛、全国大学化学教学研讨会、全国师范大学化学教学研讨会和北京市高校实验室教学研讨会上发言或做分会报告。实验教学中心先后接待了北京大学、清华大学、新加坡国立大学、厦门大学、中山大学、华中师范大学、福建师范大学、陕西师范大学等 50 余所兄弟院校访问团，广泛交流实验教学改革经验。实验教学中心的教改经验为一些高校所采用。

▲ 部分实验教学交流场景

二、国家级教学团队——化学实验教学团队

北京师范大学化学实验教学团队由化学实验课教师和专职实验技术人员组成，团队依托国家级实验教学示范中心，经过多年努力，建设成一支高素质的实验教学团队。2008年，团队被北京市总工会授予工人先锋号优秀班组先进集体，2009年，团队负责人欧阳津老师为第一完成人的实验教学改革成果先后获得北京市高等教育教学成果奖一等奖和国

家级教学成果奖二等奖。2010 年，实验教学团队先后获得了北京市优秀实验教学团队及国家级教学团队称号。

▲ 实验教学团队

实验教学队伍建设是实现实验教学改革的关键，北京师范大学化学实验教学团队始终坚持高素质、高水平，以能够承担综合型、设计型和研究型实验为标准工作，各实验课实行主讲实验教师负责制，采取多项激励政策，积极鼓励更多的学术带头人承担实验课教学、实验教学改革与建设项目。目前，学院大量杰出人才承担本科生实验教学工作，充分发挥了知名教授的科研优势，促进了实验教学水平的提高以及科研成果转化为实验教学项目。

团队积极引进具有博士学位的实验技术人员，提高实验教学队伍的整体水平，加强实验技术队伍的培训工作。团队加强专职实验技术人员队伍建设，目前团队专职技术人员中有教授级高级工程师 5 名。

三、化学国家级虚拟仿真实验教学中心的建设与发展

伴随着当前信息技术及互联网技术的快速发展，虚拟现实技术在教育教学领域中的应用正在逐步深入，有力促进了教育模式、教学方法和学习方式的深刻变革。为了顺应教育信息化的发展趋势和适应化学虚拟仿真实验教学改革的需要，2000 年起，在国家级实验教学示范中心建设的基础上，实验教学中心以我校信息化平台为基础，联合我校虚拟现实应用教育部工程研究中心，架构建成了北京师范大学化学虚拟仿真实验教学中心。2014 年，被评为国家级虚拟仿真实验教学中心。实验教学中心结合我院学科优势，秉承“能实不虚，虚实结合”的原则，依托我院国家级重点学科和教育部重点实验室，针对放射性、高危险、高污染、学生难以理解的抽象理论和概念，以及中学化学实验中有毒有害、易燃易爆等真实实验难以开展的实验项目，围绕 4 个主题和 8 个模块，设计开发了 96 个化学

虚拟仿真实验项目，并通过虚拟仿真实验教学平台开放，实现了网络化、智能化在线教学。以实验教学中心教师为主要完成人的“注重学科优势和特色的化学虚拟仿真实验教学体系的建设与实践”实验教学项目获得2017年北京市高等教育教学成果奖一等奖。

经过多年的建设，化学国家级虚拟仿真实验教学中心已经积累了丰富的虚拟仿真网络实验教学资源，实现了网上辅助教学和网络化、智能化管理。中心拥有具有红外位置追踪的虚拟仿真实验大型3D交互系统、移动式的3D虚拟仿真实验交互系统和90台高性能虚拟仿真工作站，以及性能良好的戴尔对偶八核服务器集群，硬件设施先进，形成虚拟仿真实验与真实实验互相补充的化学实验教育新体系，为大规模开展线上实验教学开辟了途径。

(一)依托放射性药物学科优势，设计开发针对危险性强、高污染的虚拟仿真实验项目

我院放射性药物实验室是国内唯一一个以放射性药物为研究对象的教育部重点实验室，多年来承担本科生、研究生的放射化学和放射性药物化学的教学任务。由于放射化学实验的特殊性、场地限制及辐射安全风险等因素，作为传统实验教学的一种有效补充，中心开发了由教师的科研成果转化而来的一系列放射化学虚拟仿真实验项目：^{99m}Tc-葡庚糖酸盐(GH)的制备及小鼠生物分布研究、[^{125}I]IMPY的体外放射自显影实验等。2019年，中心申报的具有自主软件著作权的虚拟仿真项目“放射化学实验防护及应用实例”获得国家级虚拟仿真实验教学项目，2020年，该项目获批国家级一流本科课程。放射化学虚拟仿真实验项目的建设，既有效地解决了真实实验面临的问题，又保证了虚拟项目的创新性和先进性，具有示范作用。

通过与开放高校共享教学资源，建立高校间相关实验教学项目的成绩互认、学分转换机制，为全国医院和药监系统工作人员提供进修机会，为广大学生和放射性从业人员提供了线上学习平台。国家级虚拟仿真实验教学项目“放射化学实验防护及应用实例”在实验空间国家虚拟仿真实验教学课程共享平台上线以来，实验浏览量达到了67 690，做实验的人数近万人，实验通过率为99.7%，实验评价为5.0分，点赞上万次。

(二)依托理论化学学科优势，建设针对难以理解和掌握的抽象概念的虚拟仿真实验项目

我院理论及计算光化学教育部重点实验室依托物理化学国家重点学科，为我国理论化学的发展做出了突出贡献。由于化学反应是在微观水平上发生，许多化学反应的发生可能只有几微秒，学生对抽象的理论、用传统实验手段无法描述的反应过程很难理解，限制了学生对化学反应本质的掌握。为此，针对化学反应和分子结构微观性的特点，2001年起，在刘若庄院士的组织下，为本科生开设了计算机模拟分子间化学反应、分子几何构象以及异构化学反应的“计算化学实验”，并编写了《计算化学实验》教材。近年来，在方维海院士的带领下开发的系列计算化学虚拟仿真实验项目，利用理论方法与计算技术，模拟和仿真分子运动的微观行为，将反应体系放大，使学生看到了更丰富、更真实的化学世界，从而认识化学反应的复杂性，加强学生对相关理论知识的理解。

“计算化学实验”系列虚拟仿真实验项目引导学生进入原子水平的微观世界。例如，“分子振动计算虚拟仿真实验”中运用计算机模拟可视化展示分子内部结构，以及化学键的

振动模式，使学生对微观过程进行交互式体验，掌握微观世界分子中化学键相关的结构理论知识。真实的化学反应过程中，过渡态存在的时间极短(飞秒量级)，“过渡态的优化虚拟仿真实验”则运用虚拟仿真实验技术模拟出反应的过渡态构型及其反应路径，可视化展示出反应的详细微观状态，使学生看到了更丰富、更真实的化学世界，更好地掌握抽象的理论知识。

(三)依托化学教育学科优势，设计具有先进性和示范性的中学虚拟仿真实验项目

实验教学中心对部分易燃易爆、有毒有害的危险性中学化学教育类实验以及错误实验操作造成的危害研发了虚拟仿真实验项目。通过人机交互，可视化模拟，使学生从感观上对相关知识和实验加深理解，拓展了针对师范生的《中学化学实验及教学研究》实验课程的教学资源，这些资源还作为化学教师远程培训和研修的课程。例如，“氢气的制备”实验为中学化学基本的重要知识点之一，通过实验可使学生掌握利用酸与金属反应制取氢气的反应原理，理解置换反应的概念及应用。由于氢气为易燃易爆的气体，其爆炸极限宽泛，在真实实验过程中，存在着很大的安全隐患。为此，中心开发了该虚拟仿真实验项目，可视化仿真模拟实验过程，模拟启普发生器制备氢气的安全操作及注意事项，并对错误操作引起的危险予以警示。“化学实验中的错误操作造成的危害”虚拟仿真实验为学生演示正确实验操作的同时，也模拟了错误实验操作可能带来的危害的仿真效果。

2019年，实验中心开发的28个针对基础化学教育的虚拟实验项目成功转让至西北师范大学，实现资源共享。此外，我们的虚拟仿真实验项目还推广到北京、四川、山东等地的多所中学，发挥了国家重点师范院校实验教学示范和成果辐射作用。

第四篇

新时代发展

第十一章　学院基本概况

化学学科始建于1912年，历经110年的发展历程，涌现出刘若庄、刘伯里、方维海等院士和刘知新等化学教育家，形成门类齐全、特色鲜明、优势突出、产学研成效显著，具有重要影响的北京师范大学化学学科。

截至2022年3月，学院现有教职工130余人，院士1人，国家部委人才项目支持杰出人才16人，优秀青年人才19人，教育部基础教育和化学教指委委员4人，国家和北京市教学名师5人；拥有基金委分子科学中心、创新群体，以及“111”引智基地；教育部创新团队2个，重点实验室2个，北京市重点实验室，国家级化学实验教学示范中心、国家级化学虚拟仿真实验教学中心；物理化学国家重点学科，无机化学和有机化学北京市重点学科。主办《化学教育》核心期刊，是北京化学会和亚洲辐射固化协会挂靠单位。学院与烟台开发区共建京师材料基因组工程研究院，在珠海校区成立先进材料研究中心，在昌平建立科技创新与转化中心。

北京师范大学化学学院坚持内涵式发展，以卓越化学教师和拔尖创新人才培养为目标，是国家一流专业建设点，进入强基计划和国家基础学科拔尖学生培养计划；连续3届获得国家级教学成果奖一、二等奖；拥有国家级教学团队，国家一流课程5门。2016—2020年共招收269名博士和541名硕士。北京师范大学化学学院在化学基础教育、化学学科发展等领域取得了突出的成绩，是我国培养高水平化学教育和科研人才的重要基地。

一、组织结构

学院组织结构

类别	名称
学术机构	教授委员会
	学位委员会
	学术委员会
	教学指导委员会
学科及教学科研平台	无机化学
	分析化学
	有机化学与化学生物学
	理论和物理化学
	高分子化学与物理
	化学教育

续表

类别	名称
学科及教学科研平台	放射性药物化学
	应用化学研究所
	国家级实验教学示范中心
	国家级虚拟仿真实验教学中心
	放射性药物教育部重点实验室
	理论及计算光化学教育部重点实验室
	能量转换与存储材料北京市重点实验室
党政机构	学院办公室
	党委办公室
	工会
	本科教务办公室
	研究生教务办公室

二、党建思政和制度建设

加强学习，强化思想引领。学院深入学习宣传习近平新时代中国特色社会主义思想和党的十九大及历次全会精神，以习近平新时代中国特色社会主义思想武装师生头脑。学院认真贯彻全国教育大会和全国高校思想政治工作会议精神，以立德树人为根本任务，探索化学学科思政教育新特色，全力抓好"三全育人"综合改革。学院创新二级党校、团校模式，开展"听党课、说党史、读党章、写心语"等活动，每年举办纪念"一二·九"运动合唱晚会。

党政配合，凝聚人心共奋斗。学院党政班子精诚团结，将党建工作和学科建设落到实处，不断增强"四个意识"，坚定"四个自信"。行政部门在经费、场地、活动等方面积极支持党委工作。党委在师生党建、师德学风、消防安全、和谐稳定方面努力工作，为学院和学科快速发展提供坚强的政治保证、思想保证和组织保证。另外，将支部建在学科上，党建和学科发展互融互促，充分发挥支部书记"双带头人"作用。

师生融合，围绕中心抓党建。学院规范支部生活，落实"三会一课"，引导师生树立正确的价值观。学院开展以结对子的方式促进师生党支部共建和党委委员进支部的党建活动，实现党委委员、教师支部与学生支部"双对接"，结对子的活动方式也较为多样，有关活动为师生交流提供了平台，创造了条件。

课程思政，推动协同育人。学院以学科金课为示范，深入挖掘专业课程育人元素，将思政元素贯穿专业课程教学中，充分发挥课堂育人主渠道作用。第二课堂实行"2+5+7"模式：人才培养方案设置2学分，德智体美劳五育并举，从新生入学导航、学生党建夯实、学业学风促进、专业能力提升、就业实践拓展、未来教师培育、成长发展护航7个方面协同育人。以辅导员队伍为骨干，以导师、任课老师为抓手，学院将全院教师纳入思政队伍，形成"网格化"工作体系。学院成立生活指导室和学业辅导室，专任教师担任新生导师等。

实践育人，培育卓越教师。学院组织百余名师生参与中华人民共和国成立70周年庆祝活动和中国共产党成立100周年庆祝活动，积极鼓励学生参加国内外学术竞赛和实践活动。实施“四有”好老师能力提升计划和启航计划，全方位培育卓越教师。

健全机制，重视师德养成。学院加强教育学习，开展多样活动。近5年，学院教师欧阳津荣获国家级教学名师、国家“万人计划”教学名师，陈玲获国家“万人计划”科技创新领军人才，卢忠林、范楼珍、邢国文、王磊获北京市教学名师，方维海获北京市优秀共产党员、北京市教学成果奖一等奖，范楼珍获“北京市三八红旗奖章”，王磊获国家级教学成果奖一等奖，方维海、尹冬冬、刘知新获评“感动师大”新闻人物，欧阳津、卢忠林和王磊获北京师范大学“四有”好老师金质奖章荣誉称号，卢忠林、范楼珍、那娜等教师获北京师范大学最受本科生和研究生欢迎的十佳教师，刘伯里获校“教书育人模范党员教师”，尹冬冬获校“老有所为标兵”，韩娟在庆祝中华人民共和国成立70周年活动中获校级突出贡献个人等。

加强宣传，弘扬传播正能量。党的十八大以来，学院在党建思政、工会团学各方面的规章制度建设不断完善，定期的党政联席会议、党委会议、教授委员会会议等把关学院和学科发展方向。学院制订《宣传工作条例》，实施意识形态监管和报备机制，严格审核教材、讲座、项目和新闻报道内容，加强意识形态阵地管理。完善学院官网、“京师化学”公众号、“师研化语”公众号等管理，扩大学科和思政教育影响力。强调学术研究无禁区、课堂讲授有纪律。

▲ **2021年12月，化学学院纪念“一二·九”运动歌唱比赛教师代表队**

集思广益，加强统战保民主。每年年终党政领导述职大会和暑期工作研讨会上，学院会邀请校内外知名专家和职能部处人员做报告，提高认识，凝聚发展；同时也组织研讨会，让广大教师热烈讨论。每年的二级教代会是学院发扬民主、加强沟通的重要渠道。学院党委加强统战工作，每年专门举办统战工作座谈会，民主党派教师积极交流，为学院工作建言献策。

成效显著，党建成果优秀。近5年，刘若庄院士、王学斌教授获“庆祝中华人民共和国成立70周年”纪念章。学院参与获评北京市先进班集体4个、首都大中专学生暑期社会实践优秀团队2个。获校“先进分党委”荣誉称号、校先进党支部9个。学工团队3次获“学生工作先进集体”，卢忠林书记获校优秀党委书记，贺利华副书记获北京高校优秀德育工作者，“践行‘四有’好老师标准，助力第二课堂人才培养”项目获校优秀党建创新成果奖。韩娟副书记获校学生工作先进个人，杜德健获北京市筹备和服务中华人民共和国成立70周年庆祝活动先进个人，李希涓、刘广建、徐娜获首都大中专学生暑期社会实践先进工作者。学院学生平均每年获校级以上奖励50余项。

三、师资力量

化学学院加强引进人才和培养人才，杰出的人才队伍为学院快速可持续发展做出了贡献，也为诸多成绩的取得奠定了基础。学院现有教授(含教授级高级工程师)75名，副教授(含高级工程师)40名。在强大师资的基础上，学院重视科研团队和教学团队建设，组建以强有力的带头人和有梯度的人才队伍构成的科研与教学团队。另外，我们还通过讲授课程等方式，柔性引进知名学者和业界精英参与教学工作等。

化学学院在职教师

姓名	简介
薄志山	1967年生，博士，教授，博士生导师，长江学者奖励计划特聘教授，获国家杰出青年科学基金资助，研究领域：高分子化学与物理。
陈光巨	1957年生，博士，教授，博士生导师，北京师范大学原副校长，研究领域：物理化学、理论化学。
陈玲	1971年生，博士，研究员，博士生导师，国家万人计划入选者，获国家杰出青年科学基金资助，主持国家基金委重大项目。担任 *Angew. Chem. Int. Ed.* 杂志编委，美国化学会 *Cryst. Growth Des.* 杂志副主编。
陈雪波	1972年生，博士，教授，博士生导师，获国家杰出青年科学基金资助，教育部新世纪优秀人才支持计划入选者，研究领域：理论与计算化学。
成莹	1961年生，博士，教授，博士生导师，获国家杰出青年科学基金资助，教育部新世纪优秀人才支持计划入选者，研究领域：有机化学。
崔刚龙	1981年生，博士，教授，博士生导师，长江学者奖励计划特聘教授，国家青年高层次人才，研究领域：物理化学、理论及计算化学。
崔孟超	1984年生，博士，教授，博士生导师，国家青年高层次人才，研究领域：放射性药物化学。
董永强	1975年生，博士，教授，博士生导师，研究领域：高分子化学与物理。
段新方	1966年生，博士，教授，博士生导师，研究领域：有机化学。
范楼珍	1964年生，博士，教授，博士生导师，化学学院院长，北京市教学名师，研究领域：物理化学。
方德彩	1964年生，硕士，教授，博士生导师，教育部新世纪优秀人才支持计划入选者，研究领域：物理化学、理论化学。
方维海	1955年生，博士，教授，博士生导师，中国科学院院士，973项目首席专家，研究领域：物理化学、理论化学。
高靓辉	1972年生，博士，教授，博士生导师，研究领域：理论与计算化学。
龚汉元	1981年生，博士，教授，博士生导师，国家青年高层次人才，研究领域：有机化学。

续表

姓名	简介
郭静	1988年生，博士，教授，博士生导师，国家青年高层次人才，研究领域：物理化学。
韩梅	1962年生，博士，教授，博士生导师，研究领域：药物化学。
侯国华	1978年生，博士，教授，博士生导师，研究领域：有机化学。
呼凤琴	1979年生，博士，教授，研究领域：无机化学。
胡劲波	1965年生，博士，教授，博士生导师，研究领域：分析化学。
胡久华	1974年生，教育学博士，教授，博士生导师，研究领域：化学教育。
胡少伟	1985年生，博士，教授，博士生导师，国家青年高层次人才，研究领域：有机化学。
黄元河	1954年生，博士，教授，博士生导师，研究领域：理论化学。
贾红梅	1971年生，博士，教授，博士生导师，研究领域：药物化学。
贾志谦	1969年生，博士，教授，博士生导师，研究领域：无机化学。
江华	1968年生，博士，教授，博士生导师，获国家杰出青年科学基金资助，研究领域：有机化学。
江迎	1986年生，博士，教授，博士生导师，国家青年高层次人才，研究领域：分析化学。
柯贤胜	1987年生，博士，教授，博士生导师，国家青年高层次人才，研究领域：有机化学。
李林	1966年生，博士，教授，博士生导师，获国家杰出青年科学基金资助，研究领域：高分子化学与物理。
李晓宏	1973年生，博士，教授，博士生导师，研究领域：物理化学。
李运超	1975年生，博士，教授，博士生导师，研究领域：物理化学。
李振东	1987年生，博士，教授，博士生导师，国家青年高层次人才，研究领域：理论化学。
李治	1991年生，教授，博士生导师，研究领域：无机化学。
刘楠	1984年生，博士，教授，博士生导师，*ACS Applied Nano Materials* 杂志副主编，国家青年高层次人才，研究领域：物理化学。
刘亚军	1969年生，博士，教授，博士生导师，获国家杰出青年科学基金资助，研究领域：理论及计算化学。
刘颖	1974年生，博士，教授，博士生导师，研究领域：物理化学。
刘正平	1965年生，博士，教授，博士生导师，《化学教育(中英文)》主编，研究领域：高分子化学与物理。
龙闰	1979年生，博士，教授，博士生导师，国家青年高层次人才，担任 *J. Phys. Chem. Lett.* 副主编，研究领域：理论与计算化学。

续表

姓名	简介
卢忠林	1968年生，博士，教授，博士生导师，化学学院党委书记，北京市教学名师，教育部新世纪优秀人才支持计划入选者，研究领域：有机化学。
马淑兰	1969年生，博士，教授，博士生导师，研究领域：无机化学。
毛兰群	1967年生，博士，教授，博士生导师，国家万人计划入选者，获国家杰出青年科学基金资助，担任 *ACS Sensors* 副主编，研究领域：分析化学。
那娜	1980年生，博士，教授，博士生导师，国家青年高层次人才，研究领域：分析化学。
欧阳津	1957年生，博士，教授，博士生导师，国家万人计划入选者，国家级教学名师，研究领域：分析化学。
秦卫东	1968年生，博士，教授，博士生导师，研究领域：分析化学。
邵久书	1965年生，博士，研究员，博士生导师，长江学者奖励计划特聘教授，获国家杰出青年科学基金资助，研究领域：物理化学、理论化学。
申林	1985年生，博士，教授，博士生导师，国家青年高层次人才，研究领域：理论与计算化学。
苏红梅	1970年生，博士，教授，博士生导师，获国家杰出青年科学基金资助，研究领域：物理化学。
孙豪岭	1978年生，博士，教授，博士生导师，研究领域：无机化学。
宛岩	1981年生，博士，教授，博士生导师，国家青年高层次人才，研究领域：物理化学。
汪辉亮	1970年生，博士，教授，博士生导师，研究领域：高分子化学与物理。
王克志	1962年生，博士，教授，博士生导师，研究领域：无机化学。
王磊	1963年生，博士，教授，博士生导师，北京市教学名师，教育部基础教育教学指导委员会委员，中学化学专委会主任，研究领域：化学教育。
王文光	1982年生，博士，教授，博士生导师，国家青年高层次人才，研究领域：有机化学。
魏锐	1981年生，教育学博士，教授，博士生导师，研究领域：化学教育。
吴立明	1973年生，博士，研究员，博士生导师，研究领域：物理化学。
邢国文	1973年生，博士，教授，博士生导师，北京市教学名师，研究领域：有机化学。
徐新军	1979年生，博士，教授，博士生导师，研究领域：高分子化学与物理。
闫东鹏	1984年生，博士，教授，博士生导师，国家青年高层次人才，研究领域：无机化学。
杨清正	1976年生，博士，教授，博士生导师，化学学院副院长，获国家杰出青年科学基金资助，国家青年高层次人才，研究领域：有机化学。
杨晓晶	1963年生，博士，教授，博士生导师，研究领域：无机化学。
岳文博	1979年生，博士，教授，博士生导师，研究领域：无机化学。
张聪	1959年生，博士，教授，博士生导师，研究领域：有机化学。

续表

姓名	简介
张华北	1964 年生，博士，教授，博士生导师，研究领域：无机化学、药物化学。
张俊波	1971 年生，博士，教授，博士生导师，北京市科技新星计划入选者，化学学院副院长，研究领域：无机化学、药物化学。
郑积敏	1971 年生，博士，教授，博士生导师，研究领域：化学生物学。
郑向军	1976 年生，博士，教授，博士生导师，研究领域：无机化学。
朱霖	1962 年生，博士，研究员，博士生导师，研究领域：无机化学、药物化学。
朱重钦	1988 年生，博士，教授，博士生导师，国家青年高层次人才，研究领域：理论与计算化学。
自国甫	1972 年生，博士，教授，博士生导师，教育部新世纪优秀人才支持计划入选者，研究领域：有机化学。
邹应全	1964 年生，博士，教授，博士生导师，研究领域：无机化学、应用化学。
祖莉莉	1967 年生，博士，教授，博士生导师，教育部新世纪优秀人才支持计划入选者，研究领域：物理化学。
蒋福宾	1964 年生，博士，教授级高级工程师，化学学院工会主席，化学实验教学中心副主任，研究领域：物理化学。
乔晋萍	1971 年生，博士，教授级高级工程师，研究领域：药物化学。
孙根班	1979 年生，博士，教授级高级工程师，博士生导师，研究领域：无机化学。
张媛	1977 年生，博士，教授级高级工程师，研究领域：物理化学。
赵云岑	1963 年生，博士，教授级高级工程师，研究领域：无机化学、核药物化学。
艾林	1964 年生，博士，副教授，研究领域：有机化学。
丁万见	1975 年生，博士，副教授，博士生导师，研究领域：理论化学。
方遒	1983 年生，博士，副教授。
贺昌城	1972 年生，博士，副教授，研究领域：高分子化学与物理。
黄俐研	1965 年生，博士，副教授，研究领域：高分子化学与物理。
霍红	1978 年生，博士，副教授，研究领域：高分子化学与物理。
蒋亚楠	1987 年生，博士，副教授，研究领域：分析化学。
焦鹏	1976 年生，博士，副教授，研究领域：有机化学。
李晨阳	1990 年生，博士，副教授，研究领域：理论化学。
李翠红	1980 年生，博士，副教授，研究领域：高分子化学与物理。
李君	1968 年生，博士，副教授，研究领域：高分子化学与物理。
李敏峰	1972 年生，博士，副教授，研究领域：有机化学。
李文华	1982 年生，博士，副教授，研究领域：高分子化学与物理。
李熙琛	1983 年生，博士，副教授，研究领域：理论化学。
刘红云	1977 年生，博士，副教授，研究领域：分析化学。

续表

姓名	简介
刘坤辉	1979 年生，博士，副教授，研究领域：物理化学。
刘丽虹	1987 年生，博士，副教授，研究领域：理论化学。
刘睿	1984 年生，博士，副教授，研究领域：有机化学。
陆洁	1974 年生，博士，副教授，研究领域：药物化学与分子工程。
门毅	1963 年生，博士，副教授，研究领域：无机化学。
米学玲	1980 年生，博士，副教授，研究领域：有机化学。
牛丽亚	1984 年生，博士，副教授，研究领域：有机化学。
任佳骏	1990 年生，博士，副教授，研究领域：理论与计算化学。
邵娜	1979 年生，博士，副教授，研究领域：分析化学。
谭宏伟	1976 年生，博士，副教授，研究领域：理论化学。
王力元	1964 年生，博士，副教授，研究领域：高分子化学与物理。
王颖	1980 年生，博士，副教授，研究领域：有机化学。
魏朔	1975 年生，博士，副教授，化学学院副院长，研究领域：无机化学。
武英	1981 年生，博士，副教授，研究领域：高分子化学与物理。
延玺	1962 年生，博士，副教授，研究领域：无机化学。
张站斌	1967 年生，博士，副教授，研究领域：有机化学。
赵常贵	1985 年生，博士，副教授，研究领域：有机化学。
周建军	1973 年生，博士，副教授，研究领域：高分子化学与物理。
邓学彬	1977 年生，博士，高级工程师。
韩娟	1984 年生，博士，高级工程师，化学学院党委副书记。
贺勇	1981 年生，博士，高级工程师。
李会峰	1977 年生，博士，高级工程师，博士生导师，研究领域：无机化学、应用化学。
南彩云	1985 年生，博士，高级工程师。
张家新	1966 年生，博士，高级工程师。
朱玉军	1979 年生，博士，副编审。
付化龙	1989 年生，博士，讲师，研究领域：药物化学与分子工程。
节家龙	1988 年生，博士，讲师，研究领域：物理化学。
陶海荣	1969 年生，博士，讲师，研究领域：有机化学。
张洋	1983 年生，博士，讲师，研究领域：物理化学。
沈晓彤	1990 年生，博士，讲师。
唐权	1990 年生，博士，讲师。
袁昶	1994 年生，博士，讲师。

续表

姓名	简介
李玉峰	1981 年生，博士，工程师。
司书峰	1967 年生，博士，工程师。
李希涓	1988 年生，教育学硕士，助理研究员。
刘广建	1990 年生，博士，助理研究员。
徐娜	1986 年生，教育学博士，助理研究员。
蔡健敏	1982 年生，学院工作人员。
郭佳	1980 年生，学院工作人员。
郭少师	1980 年生，学院工作人员。
韩纺	1960 年生，学院工作人员。
刘洋	1973 年生，学院工作人员。
全燕苹	1986 年生，学院工作人员。
任立群	1970 年生，学院工作人员。

第十二章　学院教学、科研和社会服务工作

2012 年以来，全院师生员工在学院党政班子的领导下团结一致，共谋发展，推动学院进入了全面快速发展的新时期，在人才培养和科学研究方面取得了丰硕成果，学科实力明显提升，进一步彰显了办学特色，提升了办学品位，提高了学院声誉，促进了学院发展。

一、教学工作

(一)学院高度重视人才培养，一直把本科教学工作摆在学院发展的中心地位

学院建设有 8 个教学团队，以团队力量加强配合，积极开展教育教学改革，将教学工作落到实处，取得了一批优秀的、得到广泛推广的教育教学研究和实践成果。近年来，学院获国家级教育教学成果奖一等奖 2 项、二等奖 2 项，获北京市教育教学成果奖一等奖 6 项；主持国家级教改项目重点项目 1 项、国家级一般项目 3 项、北京市教改项目 4 项。学院拥有国家级优秀教学团队、北京市优秀教学团队，主持国家级一流本科课程 5 门，国家级精品课程 3 门和国家级双语示范课程 1 门，国家级精品资源共享课程 4 门，上线慕课课程 7 门；拥有教育部课程思政示范课程、教学名师和团队，主持北京市精品课程 5 门，北京高校优质课程重点建设项目 2 项；拥有国家级教学名师 1 人、国家万人计划教学名师 1 人、北京市教学名师 4 人；编写本科生教材 30 余部，其中面向 21 世纪教材 4 部、“十五”规划教材 3 部、“十一五”规划教材 6 部、“十二五”规划教材(第一批)2 部、国家级精品教材 1 套和北京市精品教材 6 部以及北京市精品教材立项项目 7 项。

近 10 年的代表性教材(部分)

教材名称	主要作者/译者	署名情况	出版/再版时间	出版社	版次	备注
化学教学论	刘知新	主编	2018 年 9 月	高等教育出版社	第 5 版	国家级规划教材，是经典权威的化学教学论教材，总印数为 42.5 万册。在高等院校被广泛选作教材，也被众多化学教育工作者和研究人员选作参考书。入选“十二五”普通高等教育本科国家级规划教材及面向 21 世纪教材。
液相色谱检测方法	欧阳津、那娜、秦卫东、云自厚	主编	2020 年 1 月	化学工业出版社	第 3 版	分析化学领域精品图书，入选“十三五”重点出版物出版规划项目，对色谱技术普及、分析人员技能提高做出贡献。共印 23 500 册，被北京师范大学等学校化学和相关专业选作研究生教材，使用人数上万。

续表

教材名称	主要作者/译者	署名情况	出版/再版时间	出版社	版次	备注
无机化学（上册）	吴国庆、魏朔	主编	2020 年 9 月	高等教育出版社	第 5 版	第四版、第五版总印数 46.5 万册，是多所高校化学专业教材，尤其在高师院校中广受认可和好评。是教育部“高等教育面向 21 世纪教学内容和课程体系改革计划”的研究成果。
分子发射光谱分析	晋卫军	主编	2018 年 2 月	化学工业出版社	第 1 版	集成分子发射光谱领域的新进展。累计印数 2 500 册，被多所大学化学和相关专业选作研究生教材，使用人数千余人。获中国石油和化学工业优秀出版物奖·图书奖二等奖。
基础化学实验操作规范	李华民、蒋福宾、赵云岑	主编	2017 年 3 月	北京师范大学出版社	第 2 版	系统介绍基础化学实验的操作规范，内容被多部化学实验教材在编写过程中引用。是高等师范院校和综合性大学化学及相关专业的本科生和研究生选用教材。入选北京师范大学出版社“新世纪高等学校教材”。
材料化学	李奇、陈光巨	主编	2010 年 10 月	高等教育出版社	第 2 版	本教材第 1 版 2004 年出版后经多次印刷，第 2 版自 2010 年出版以来，又重印多次，被多所院校选作教材或教学参考书。是“十二五”国家级规划教材。
分析化学（化学分析部分）	胡乃非、欧阳津、晋卫军、曾泳淮	主编	2010 年 6 月	高等教育出版社	第 3 版	“十二五”国家级规划教材，北京师范大学化学学院本科生使用。
分析化学（仪器分析部分）	曾泳淮	主编	2010 年 12 月	高等教育出版社	第 3 版	“十二五”国家级规划教材，被多所师范大学选作教材。
中学化学教育实习行动策略	刘克文	主编	2007 年 10 月	东北师范大学出版社	第 1 版	本教材是中学化学教育实习专著，已被教育部师范司列为高等师范院校新课程教育实习指导丛书，被多所师范大学选用。是“十二五”国家级规划教材。

（二）注重研究生培养质量和学科内涵式发展，推进学生综合素质全面提升

学院改革课程体系，建设核心课程，打破二级学科限制，加强核心基础课程和前沿课

程的建设，在一级学科平台上建设5门核心课程，形成“双层次、重核心，必修与选修结合”的研究生课程体系。方维海院士的“深化化学专业博士学位课程改革，提升博士生综合素质和创新能力”教改成果，获北京市高等教育教学成果奖一等奖。研究生课程注重学科前沿，强化研究方法。“化学前沿与挑战”课程由国内外知名专家讲授，主讲各自科研方向的重要进展与挑战。设置研讨课，解决研究生课题中遇到的科研问题。“现代化学研究方法学”围绕科学研究和科学方法，强化研究生科研诚信教育，重点讲解如何提出和凝练关键科学问题，如何设计解决问题策略，如何撰写论文、专利和项目申请书，加强研究生掌握科学研究的方法和技能。“现代化学实验方法与技术”课程紧密结合科研进展，注重现代先进仪器的工作原理和使用方法。学院强化教学督导，组织教师参加观摩课并开展讨论，组织和培训青年教师参加教学基本功大赛。学院构建全过程闭环式教学质量监测体系，建立包括党政领导、教学督导、教学团队“三位一体”的管理体制。学院通过专家评议、学生评教等方式，保障研究生课程教学质量。

(三)加强实验教学平台建设，显著提升学生综合实验技能和科研能力

2007年，化学实验中心顺利升级为国家级化学实验教学示范中心建设单位。2012年，实验中心通过验收正式成为化学国家级实验教学示范中心(北京师范大学)。2014年，化学虚拟仿真实验教学中心被评为国家级虚拟仿真实验教学中心。平均每年招收博士生54人和硕士生108人。在校研究生年均以第一作者发表高水平学术论文200余篇；申请国内外发明专利50余项，多项专利已转化或进入临床前研究。学生获校级以上各类奖项年均50余项。以2021年“第13届北京市大学生化学实验竞赛(2021)”为例，学院有11项作品获奖。

(四)开展多项高质量的国际交流项目，培养学生国际视野

学院注重与国际知名高校间的交流，不断加快国际化进程，提升国际化水平。疫情发生以前，组织本科生开展理论课程学习项目、科研训练项目等。学院每年近全额支持60位左右本科生参加此类项目。理论课程的暑期项目持续50天，从7月份到8月份，学生将在国外大学中修读理论课程。科研交流项目持续时间为3个月左右，从5月底到8月份，学生将在国外大学的化学相关实验室中独立完成1个科研项目。在研究生培养方面，每年有多名优秀研究生，以学校、学院或课题组资助的形式，赴海外参加多种形式的短期学术交流与培训活动，或进行联合培养。

(五)毕业学生受到社会的热烈欢迎和用人单位的高度认同

除公费师范生需直接就业外，疫情前本科生得到全额奖学金资助出国深造的学生比例约10%，免试或考取国内硕士或直博研究生的比例达60%，其余多数到政府部门、高新技术企业和重点中学等单位就业。化学学院毕业的学生中不仅有一大批成长为优秀的中学化学教师，也有一批成长为知名的科研人才，如中国科学院北京化学研究所所长张德清研究员和中国科学院理化与技术研究所党委书记张丽萍研究员等。2005年以后毕业的本硕博学生中，已经有很多成长为杰出人才和业务骨干。例如，陈雪波入选国家杰出青年科学基金人才支持项目并担任烟台京师材料基因组工程研究院院长，崔刚龙入选长江学者奖励计划并获国家优秀青年科学基金项目资助，那娜获国家优秀青年科学基金项目资助并获中

国化学会青年科学化学奖，蒋尚达获国家优秀青年科学基金项目资助并入选中国科协青年人才托举工程，李阔获国家优秀青年科学基金项目资助并获中国化学会青年化学奖，崔孟超获国家优秀青年科学基金项目资助并担任放射性药物教育部重点实验室主任，孙业乐入选国家级人才支持计划，徐江飞入选国家级人才支持计划和中国科协青年人才托举工程，张强入选国家高层次人才和江苏省“双创人才”计划，申林、汪洋、汪铭等入选高层次人才青年项目，郭海勋、张健源、李安寅、吴杰、王欢等在国外大学入职并担任助理教授或以上职务，邹应全享受国务院特殊津贴并担任湖北固润科技股份有限公司首席科学家，孙国星实现两项科技成果转化生产并接受中央电视台采访，许明炎是海普洛斯生物科技有限公司创始人，陈跃担任烟台显华化工科技有限公司 OLED 材料总监和海森大数据有限公司总经理，张锦明是解放军总医院文职二级，刘特立的科研成果转化金额 2 500 万元，黄俭根担任井冈山大学副校长，张兴赢担任第十三届全国政协委员和国家卫星气象中心卫星气象研究所所长、风云四号气象卫星工程地面系统副总指挥，张宇蕾任中关村科技园区管理委员会副主任，汪长征任北京建筑大学研究生院副院长并挂职北京通州区建委副主任，宋万琚任贵州师范学院化学与材料科学学院院长，张礼聪、支瑶等获特级教师等。

二、科研工作

(一)科研平台建设取得积极进展

科研平台对化学学科发展至关重要，近几年化学学院的发展势头良好。2003 年建立放射性药物教育部重点实验室，2014 年放射性药物教育部重点实验室顺利通过评估。2008 年建立理论及计算光化学教育部重点实验室，在历次评估中均获优秀。2012 年建立能量转换与存储材料北京市重点实验室，2016 年能量转换与存储材料北京市重点实验室被评为优秀。学院拥有高性能计算服务器集群、超高真空低温矢量磁场扫描隧道显微系统、多尺度时间分辨激光光谱系统、小动物 PET/SPECT/CT 活体影像系统、透射电子显微镜等重大仪器设备。同时学院拥有理论及计算光化学创新引智基地(2016 年批准)、“理论及计算光化学”国家自然科学基金委创新群体(2015 年批准)、两个教育部创新团队等。这些平台的建设和发展为北京师范大学化学学院的科学研究、人才培养以及社会服务奠定了坚实基础，为未来发展提供了有力保障。

(二)学院教师主持了一批重大或重点项目，2016—2020 年纵向经费到账约 1.43 亿元

学院教师主持的经费在 100 万元以上的部分科研项目

来源	类型	项目名称	负责人	开始年份
国家自然科学基金	重点项目	有机合成中的活泼中间体研究	成莹	2009
国家自然科学基金	重点项目	结构精确共轭大分子的可控制备与功能研究	薄志山	2009
国家自然科学基金	重大研究计划	晶态薄膜材料及其全固态杂化太阳能电池的研究	王克志	2010

续表

来源	类型	项目名称	负责人	开始年份
国家973计划	民口973	激发态电子结构理论和溶液光化学反应机理的计算模拟	方维海（首席科学家）	2011
国家973计划	民口973	仿生纳米通道功能分子及结构单元的制备	薄志山	2011
国家973计划	民口973	多尺度化学动力学理论和数值计算	邵久书	2011
国家973计划	民口973	重要生理功能和重大疫病相关蛋白质研究公共资源库建设	欧阳津	2011
国家973计划	民口973	帕金森病预警、早期诊断与干预的新策略研究	朱霖	2011
国家科技重大专项	课题	深紫外光刻胶专用光致产酸剂	王力元	2011
国家自然科学基金	重点项目	溶液及核酸环境中分子光化学反应机理的理论计算模拟和Raman光谱研究	方维海	2011
国家自然科学基金	国家杰出青年科学基金	超分子有机化学	江华	2012
国家973计划	民口973	碳纤维表界面的物理化学结构及失效机制	李林	2012
国家973计划	民口973	UPS等修饰分子机制的结构	贾宗超	2012
国家863计划	民口863	帕金森病分子分型和个体化诊疗技术	朱霖	2012
国家自然科学基金	重大项目	聚合物太阳电池材料、界面与器件	薄志山	2012
国家自然科学基金	重点项目	多功能调控蛋白AceK的磷酸酶反应机制及调控的物理化学研究及应用	贾宗超	2012
国家自然科学基金	国家杰出科学青年基金	无机固体材料	陈玲	2013
国家973计划	民口973	分子纳米磁体的设计合成、可控组装与器件基础	孙豪岭	2013
国家科技重大专项	科技部课题	基于生物可降解高分子电纺丝技术的战伤救治药物体	李林	2013
国家自然科学基金	重大项目	有机刚性大环分子的可控自组装及相关纳米管的结构与功能研究	龚兵	2013
国家自然科学基金	重大项目	聚合物光伏材料结构与性能关系的研究及高性能太阳电池的制备探索	薄志山	2013
国家自然科学基金	重点项目	干细胞与荧光碳纳米材料相互作用的物理化学实验研究	范楼珍	2013
省部级及重要横向科研项目	教育部国家级创新团队项目	能量转换与存储材料科研创新团队	薄志山	2014

续表

来源	类型	项目名称	负责人	开始年份
国家自然科学基金	国家杰出青年科学基金	生物发光的理论研究	刘亚军	2014
国家科技重大专项	重大项目	用于重大疾病诊治的创新放射性药物研制	张华北	2014
国家自然科学基金	重点项目	基于新型合成主体有机超分子体系的设计与功能	江华	2014
国家自然科学基金	创新群体基金	理论及计算光化学	邵久书	2015
国家973计划	民口973	碗烯类分子的可控自组装与多级拓扑结构	江华	2015
省部级及重要横向科研项目	教育部长江学者奖励计划特聘教授科研配套经费	聚合物光伏材料与器件	薄志山	2015
国家自然科学基金	国家杰出青年科学基金	自由基、激发态的分子反应动力学研究	苏红梅	2015
国家自然科学基金	重点项目	仿生纳米通道智能隔膜的能量转换特性研究	李林	2015
国家自然科学基金	国家优秀青年科学基金	阵列分析及成像检测新方法研究	那娜	2015
国家自然科学基金	重大项目	单线态氧的产生机理和动力学	方维海	2016
国家自然科学基金	国家杰出青年科学基金	超分子光化学	杨清正	2016
国家重点研发计划	青年项目	挥发性有机物形成光化学烟雾的分子机理	崔刚龙	2016
国家自然科学基金	重点国际(地区)合作研究项目	QM/MM激发态方法及其在蓝光受体光化学中的应用	方维海	2016
国家自然科学基金	国家优秀青年科学基金	理论及计算光化学	崔刚龙	2016
国家自然科学基金	基础科学中心项目	动态化学前沿研究	方维海	2017
教育部	项目	理论及计算光化学学科创新引智项目	方维海	2017
国家重点研发计划	课题	PET显像药物的综合质量规范与临床应用研究	韩梅	2017
国家自然科学基金	国家杰出青年科学基金	理论和计算光化学	陈雪波	2018
国家自然科学基金	国家重大科研仪器研制项目	飞秒时间分辨红外吸收光谱装置(紫外激发——宽带红外探测)研制	苏红梅	2018

续表

来源	类型	项目名称	负责人	开始年份
国家自然科学基金	重点项目	基于多维芳酰亚胺非富勒烯受体的有机太阳能电池材料与器件	薄志山	2018
国家自然科学基金	重点国际（地区）合作研究项目	分子模拟导向的光电化学水解研究：掺杂和表面缺陷在提升廉价光吸收金属氧化物效率的机理性角色	龙闰	2018
国家自然科学基金	国家优秀青年科学基金	插层化学与晶态光功能材料	闫东鹏	2019
国家部委、省厅局部门项目	项目	帕金森病早诊早治的新靶点和新方法	朱霖	2019
国家自然科学基金	重点项目	新型超分子与不对称稠环受体：分子结构、光学性质与光伏器件的能量损失	薄志山	2020
国家自然科学基金	重点项目	核酸分子激发态反应动力学研究	苏红梅	2020
国家自然科学基金	联合基金（重点支持项目）	用于AD早期诊断的^{18}F标记氟硼二吡咯和吩嗪类Tau蛋白显像剂研究	崔孟超	2020
国家重点研发计划	课题	物化协同降解污染土壤中高浓度卤代POPs反应机制	那娜	2020
北京市自然科学基金	杰出青年科学基金	具有逻辑特性的金属卤化物延时发光材料：组装、微纳结构及光子学应用	闫东鹏	2020
国家重点研发计划	课题	全原子分子动力学模拟程序在原型系统上的测试和实际应用(李国辉)	申林	2020
国家自然科学基金	国家优秀青年科学基金	阿尔兹海默病早期诊断放射性药物研究	崔孟超	2021
国家自然科学基金	国家优秀青年科学基金	仿生“金属—配体协同”催化	王文光	2021

(三)多个科研方向达到了国内或国际领先水平

近几年化学学院方维海院士带领的理论化学团队取得大量重要研究成果，受到国内外的关注。同时，能量转换和存储材料、超分子、仿生化学等领域研究在国际上崭露头角。仅以近年来5个方面的研究为例介绍如下。

光化学、光生物和发光材料的基础研究。学院发展了电子结构理论和动力学方法，在精确有效计算模拟的基础上，开辟了相对论量子化学新的应用方向，揭示了钙钛矿的延迟热荧光新机制；理论和实验结合，修正了热活化延迟荧光产生的判据；制备了广谱靶向肿瘤碳量子点，实现肿瘤精准诊疗；首次得到高色纯度、窄发射碳量子点，将替代传统量子点制备高性能QLED。

基于分子组装的新型发光材料研究。基于自组装原理构筑了分子发光材料及微纳米结构研究平台，解决了材料组装过程中结构有序化及性能调控中的关键问题，揭示了材料空间拓扑结构及其发光特性的构效关系，推动了发光分子的智能化和器件化研究，实现了在分子影像和信息安全及加密领域的实际应用。

高效能源转化与存储器件性能调控及机理研究。学院率先发展了三元有机太阳能电池，构筑了非共价稠环及非富勒烯受体，大幅提升了光电效率和稳定性，推进了低成本、高性能有机光伏电池发展；首次采用非绝热动力学方法研究钙钛矿太阳能电池光生载流子动力学，提出缺陷钝化策略，建立了降低非辐射能量损失新机制；首次报道了原位凝胶技术控制电解质液固转化，解决了能源存储安全问题。

基于分子工程的新型物质精准构筑及性能研究。学院发展了多种高效和高对映选择性过渡金属催化反应体系，开拓了精准合成系列新型特定分子的策略和方法，原创性构筑了多种新型锕系金属有机化合物、手性膦配体催化剂、超分子主体分子和自组装体系，首次阐明了电子轨道与反应性能新机制，实现了系列目标分子的精准构筑、分子探测、储存和运动调控，推动了金属有机与超分子化学领域的发展。

新颖非线性光学材料创制及其构效关系研究。学院在非线性光学(NLO)材料研究中创新性地提出不对称化学键的结构设计思想；预测发现了深紫外NLO单氟磷酸盐新体系；利用化学键定向排列、氢键调控、结构匹配度调控等策略实现材料双折射率、二阶极化系数、相匹配波长、激光损伤阈值等关键性能提升；获得有实用前景的新一代“中国牌”晶体。

近年来化学学院部分教学科研获奖情况

序号	获奖等级	获奖项目	获奖人	获奖年份
1	国家级基础教育教学成果奖一等奖、北京市教学成果奖一等奖	基于核心素养的学科能力诊断评价和教学改进系统——九学科协同研究与实践	王磊、郑国民、郭玉英、王蔷、曹一鸣	2018
2	国家级基础教育教学成果奖一等奖	深度构建观念与能力：化学学科育人二十年探索	倪娟、任红艳、孟献华、唐敏、朱玉军、许亮亮	2018
3	国家级高等教育教学成果奖二等奖	高师本科化学实验教学体系与创新型人才培养	欧阳津、黄元河、刘正平、蒋福宾、申秀民	2009
4		免费师范生化学教学体系建设与创新型化学教育人才培养	范楼珍、王磊、欧阳津、刘正平、方维海	2014
5		面向未来的“三维度·一体化”卓越教师培养实践研究	郑国民、王洛忠、李艳玲、魏锐等	2018
6		基于全国教师网联公共服务平台的教师教育课程共享创新与实践	钟秉林、包华影、杨宗凯、张为群、刘革平、张昭理、韩震、陈光巨等	2018
7	国家自然科学基金委创新研究群体	理论及计算光化学	邵久书等	2014

续表

序号	获奖等级	获奖项目	获奖人	获奖年份
8	国家级教学团队	化学实验教学团队	欧阳津等	2010
9	全国优秀教材(基础教育类)一等奖	普通高中教科书《化学》必修第一册	王磊、陈光巨	2021
10	北京市教学团队	化学实验教学团队	欧阳津等	2010
11	国家级高等学校教学名师奖	教学名师奖	欧阳津	2011
12	国家级一流课程	有机化学	卢忠林	2020
13		物理化学	范楼珍	2020
14		中学化学教学设计与教学能力实训	王磊	2020
15		放射化学实验防护及应用实例	崔孟超	2020
16		中学化学教学设计与实践	王磊	2018
17	国家级双语示范课程	基础有机化学	卢忠林	2009
18	国家级精品资源共享课	材料化学	李奇	2013
19		中级无机化学	王明召	2013
20		化学教学论	王磊	2013
21		中学化学学科教学设计	王磊	2013
22	“十三五”国家级规划教材建设项目	《液相色谱检测方法》	欧阳津、那娜等	2020
23	“十二五”国家级规划教材建设项目	《化学教学论》(第五版)	刘知新	2018
24	教育部科技进步二等奖	新型超分子智能响应发光材料与防伪应用技术	闫东鹏、王克志、马淑兰、董永强、魏朔等	2019
25	教育部创新团队	能量转换与存储材料	薄志山等	2013
26		量子化学生物学	方维海等	2006
27	教育部课程思政示范课程/团队	物理化学	范楼珍、祖莉莉、李运超、李晓红、高靓辉、方维海	2021
28	北京市高等教育教学成果奖一等奖	深化化学专业博士学位课程改革，提升博士生的综合素质和创新能力	方维海、卢忠林、刘正平、王艳、黄元河	2018
29		注重学科优势和特色的化学虚拟仿真实验教学体系建设与实践	欧阳津、孙根班、韩娟、张媛、赵云岑、崔孟超等	2018
30		实践本科科研国际化模式促进创新型化学人才培养	范楼珍、卢忠林、魏朔、欧阳津、方维海	2018

续表

序号	获奖等级	获奖项目	获奖人	获奖年份
31	北京市高等教育教学成果奖二等奖	有机化学教材内容、体系的改革与创新(教材)	尹冬冬、谢孟峡、张站斌、秦卫东、郭建权	2013
32		基于“高端备课”促进课堂教学改进和教师专业发展的研究与实践	王磊、支瑶、胡久华、陈颖、黄燕宁	2013
33	北京市基础教育教学成果奖二等奖	感性与理性融合多层次提升中学生化学知识素养的教学模式探索及实践	卢忠林、韩娟、欧阳津、孙根班、范楼珍	2018
34	北京市自然科学奖二等奖	铁系吸波材料微结构调控与电磁性能	孙根班、曹敏花、胡长文、马淑兰等	2019
35		多硫基主客体复合吸附剂的构筑及用于海水提铀和重金属高效捕获性能	马淑兰、袁萌伟、李会峰、孙根班、刘迎春、于梓洹	2020
36		分子固态发光调控的多晶型与共晶组装策略	闫东鹏、晋卫军、董永强、崔刚龙、卫敏	2020
37	北京市高等学校教学名师奖	教学名师奖	李奇(2007)、欧阳津(2010)、范楼珍(2014)、卢忠林(2017)、邢国文(2018)、王磊(2019)	
38	北京市哲学社会科学优秀成果奖	基于学生核心素养的化学学科能力研究	王磊	2019
39	湖北省科技进步一等奖	磷酰氧系光引发剂制备关键技术和产业化	邹应全	2020
40	第十届中国技术市场协会金桥奖二等奖	新型超分子智能响应发光材料及防伪应用关键技术	闫东鹏	2020
41	中国专利奖优秀奖	一种具有湿度敏感特性的荧光响应薄膜材料及其制备方法	闫东鹏	2018
42	中国科技创新发明成果奖	^{99m}Tc标记含异腈的葡萄糖衍生物及制备方法和应用	张俊波	2019
43	中国石油和化学工业优秀出版物奖·图书奖二等奖	《分子发射光谱分析》	晋卫军	2019
44	北京市优质课程(重点项目)	有机化学Ⅱ	邢国文等	2020
45		物理化学	范楼珍等	2019

续表

序号	获奖等级	获奖项目	获奖人	获奖年份
46	北京高校优质教材	《无机化学》(上)	魏朔	2021
47	甘肃省药学发展奖一等奖	19氟核磁共振定量技术在非法添加含氟药品中的应用研究	卢忠林	2019
48	全国科学实验展演会演大赛二等奖	化学人——七彩人生	孙根班等	2018
49	中国轻工业联合会科技发明奖二等奖	高效可见光及近红外光引发剂的关键制备技术及应用	李治全、邹应全等	2018

三、产学研和社会服务工作

近几年，学院依托学科优势，在新材料、新能源和新医药领域深化产学研用，在珠海校区建立先进材料研究中心，在昌平建设科技创新与转化中心，服务国家战略需求和发展大局。学院强化化学教育特色，服务教育强国战略和教育脱贫攻坚，取得了一批产学研成果。

(一)理论化学优势助推关键技术突破创新

方维海院士领衔的研究团队充分发挥理论与计算化学研究优势，结合数据驱动机器学习先进技术，合作开展量子计算研究，与烟台开发区和显华公司共建京师材料基因组工程研究院，为地方经济发展和行业科技创新做出了贡献。

近年来数据驱动的机器学习技术与电子结构理论和动力学方法紧密结合，显著提升了发光材料计算模拟的效率和精度。依托本学科解决发光材料实际应用问题的能力，合作建立了烟台京师材料基因组工程研究院。针对OLED显示材料的需求，研究院建立了OLED相关材料的大数据库，发展了基于机器学习的数据挖掘技术，同时与高精度的电子结构计算和动力学模拟结合，设计出数十种候选OLED材料，指导企业合成的蓝光和红光材料，各项指标均达到或超过商用材料，正在3家面板厂生产线上测试。设计合成的OLED器件光提取材料已在显华公司批量生产和销售，为地方经济发展和行业科技创新做出了贡献。

(二)基于重大疾病诊断的“中国造”放射性药物

放射性核素标记的肿瘤显像剂在肿瘤的诊断和疗效判断上具有重要的临床应用价值。学院张俊波教授团队围绕^{99m}Tc标记葡萄糖类衍生物用作肿瘤SPECT显像剂开展了系列创新性工作，肿瘤显像药物1.1类新药“锝[^{99m}Tc]异腈葡萄糖注射液”已获国家临床试验批件。

另外，放射性药物学科团队还研制出多个用于阿尔茨海默病早期诊断、具有自主知识产权的放射性药物，通过多家医院伦理审批，完成数百例人体研究。

(三)光刻胶、印刷感光材料和光固化关键材料的研发与产业化

北京师范大学化学系感光高分子研究方向，是1972年陈光旭先生、余尚先先生开创

的，先后承担国家“六五”“七五”“八五”攻关项目及一次国务院重大专项，为我国感光印刷版材发展和光刻技术在国防及民用领域应用做出了贡献。余尚先是第六届毕昇印刷技术杰出成就奖获得者，彰显了他在印刷领域的贡献。目前，王力元和邹应全是该研究领域的继承者和发展者。邹应全研究团队在感光印刷版材、光刻胶和辐射固化涂层材料研发方面具有坚实的基础和突出的研发与产业化能力。邹应全课题组与湖北固润科技股份有限公司建立了产学研深度合作，打造了一个行业领先的高新技术企业。2016 年，固润科技在北京新三板挂牌，是专精特新小巨人企业。团队开发的技术于 2020 年获得湖北省科技进步一等奖。团队与泰兴市东方实业公司合作开发 PS 版感光胶 10 年，合作期间公司的技术水平和盈利水平处于最好状态。团队与深圳容大感光股份有限公司合作开发平板显示和触摸屏用光刻胶，为容大感光材料企业创业板上市做出贡献。团队与乐凯新材合作，开发印刷电路版材行业先进的干膜光刻胶，独立自主的专利技术打破了日立等外资公司的技术垄断。团队与中科院理化所合作，成立浙江乾景新材料有限公司，开发出新型热敏免处理印刷版材，为我国计算机直接制版技术中免处理版材国产化创造了条件。团队还与荆门市昱奎化工有限公司合作，正在研发光固化 3D 打印新材料、光固化地坪涂料以及先进的光固化复合材料等新产品。

(四)树立教师教育标杆，倾情服务教育强国战略和教育脱贫攻坚

化学教师教育是学科特色方向。王磊教授团队主持或作为核心成员参与制定初高中化学课程标准、初高中装备标准、教师培训标准，是国家基础化学教育政策制定和实践体系建构的主要设计者，引领我国基础化学教育方向。学科教师或毕业生作为主编完成了鲁科、人教、苏教高中教材修订(2017—2020)，主编了我国首套项目式学习初中教材(2018)。

学院持续为基础化学教育输送并培育高端人才。学院通过搭建高校与地区教研部门整体合作的平台，开展化学教研员研究式培训、化学骨干教师主题工作坊培训，推进课程改革深入开展，提高区域整体教育教学水平。学院承担中学名师工程项目，开创并发展高校与中学合作教学研讨的“高端备课”模式，在 13 个区域的 100 余所学校实践应用。学院开发了按照实验教学课时标准化配置的实验盒。学院为高校化学教育输送大量骨干人才，每年举办“全国化学新课程实施成果交流大会”，在甘肃、新疆、西藏、贵州举办“关注西部化学教育发展论坛”“全国化学教育高峰论坛”。学院创新应用互联网模式开展新教材、新教学培训，2020 年组织的网络研修参与人次达 20 余万。

(五)为化学执言，建设科普基地，开展行业培训

学院开展科普宣传，深入全国 30 多所中学及北京科技馆举办“化学的魅力”“化学与食品安全”等活动，与北京电视台合作，推出“地沟油转变为生物柴油”节目，观众超过 43 万。学院面向北京高校开设“化学与生活”系列课程，获北京市教育教学成果奖二等奖，主办《化学教育》中文核心期刊，纸质版年发行量 12 万册。

2018—2022 年，学院举办全国高中生化学核心素养提升研学营。学院在山东、北京建立“化海扬帆”名师培训基地，培训中学教师 260 余名。孙根班、邢国文主持北京市科协“科学思想方法进课堂(化学)”项目，在北京市中学得到推广。学院建立北京市初中生开放实验实践基地，服务中学生 1 300 多名。

▲ 北京师范大学化学学院分别与北京市海淀区教师进修学校、山西省阳泉市教育局、山西省晋城教育局、北京大兴区第一中学开展合作

▲ 2021 年暑假，化学学院举办北京师范大学化学核心素养提升研学营

学院助力中西部高校化学学科建设和基础教育质量提升，组织教师赴新疆开展培训等教育扶贫工作，开展“名师陇上行”“党员教师红色小分队赴西部支教活动”等。学院派教师赴云南挂职服务，向云南永德一中捐献设备(价值 30 万元)。作为北京化学会挂靠单位，学院建立青少年化学培养基地和青年学者托举平台，为培养化学创新拔尖人才倾情奉献。学院参与中国科协中学生英才计划和北京市翱翔计划。学院连续举办广受关注学术成果报告会，线上线下超 200 万人次参与。孙根班获中国化学会先进工作者荣誉称号。蒋福宾、邢国文和李会峰获北京市科协特别贡献奖。

(六)加快新能源研发，创新高性能锂空气电池体系

本学科李林教授课题组根据聚丙烯结晶过程中 β 和 α 晶型不同相态间密度的差异拉伸成孔，形成了具有自主知识产权且不同于国外路线的成熟工艺，同时还实现了隔膜生产关键设备的集成，解决了隔膜产业化过程中的关键技术问题，与多家企业签订了电池隔膜研发合同。2015 年 9 月，李林教授课题组获得了北京市教委支持的中央在京高校重大成果转化项目。

孙根班教授课题组开展了低成本、长寿命、高比容量锂空气电池单元产业化技术，实验验证显示获得的锂空气电池比容量为 17 600 $mA \cdot h \cdot g^{-1}$，500 $mA \cdot g^{-1}$ 下稳定循环 1 200 次，1 000 $mA \cdot g^{-1}$ 下稳定循环 700 次，采用实际的空气为正极的锂空气电池也很稳定。

(七)加强企业交流，多项研究成果助力新医药研发

北京师范大学在创新药物研发方面具有基础和优势：研发新型高水溶性靶向 LAT1 碳点及其负载化疗药物，特异性地识别并标记 20 余种不同类型的肿瘤细胞；合成系列含大环多胺的多功能非病毒基因载体，部分项目已完成细胞层面的基因转染研究；经过合理的结构改造，以天然产物为基本原料筛选出了具有广谱抗肿瘤活性的目标化合物；设计了多种基于核酸扩增技术的纳米材料，实现肿瘤标志物的灵敏成像；开发基于常压质谱离子化技术的在线快速分析技术；发明了固液摩擦和界面组装等多种药物共晶工艺，构建了药物晶体生长和纳米粒子生长机理的完善表征技术。

另外，为响应创新型国家发展战略，坚持科技事业发展的“四个面向”，融合政府—高校—企业优质资源，学院与原子高科、新领先医药科技发展有限公司、上海皓元医药股份有限公司、诚济制药股份有限公司等药企广泛合作和交流。珠海校区成立后，为促进京

师—大湾区的校企在创新医药领域的深入交流，化学学院于 2021 年 10 月 20—22 日在珠海召开了 2021 年京师—大湾区新医药研发产学研论坛。

▲ 原子高科股份有限公司与北京师范大学化学学院合作并捐赠奖学奖教金

▲ 北京新领先医药科技发展有限公司、上海皓元医药股份有限公司与北京师范大学化学学院合作并捐赠奖学奖教金

▲ 北京诚济制药股份有限公司与北京师范大学化学学院合作并捐赠奖学奖教金

（八）系列新材料应用前景广阔

学院将紫外阻隔性能更好的 Ti 元素引入层状双金属氢氧化物(LDHs)主体层板，推动高效安全的化妆品用紫外吸收剂的研究。学院开发多种高机械强度水凝胶，在力学性能参数(压缩强度、拉伸强度、模量、伸长率、回复率)方面处于领先水平。其中，高含水量水凝胶可用作医用眼罩(已在一家企业投产)、退热贴、超声检查覆盖材料；形状记忆水凝胶可作为一种理想外科固定装置，用于包裹和支撑各种形状的肢体结构；凝胶线可用作医用缝合线。学院开发了新型固相萃取膜，具有过滤速率快、回收率和富集倍数高、材料稳定性好等优点，目标化合物回收率 99.6%～100%，浓缩比大于 100。开发了系列渗透汽化膜，用于有机溶剂脱水、水中少量有机溶剂脱除等，渗透通量和选择性高、性能稳定，产品为系列平板式渗透汽化膜，可满足脱水、脱有机物等不同应用领域需要。

第十三章　未来展望

110 年来，北京师范大学化学学科一直为培养化学教育和研究人才默默奉献、勤奋耕耘。今天的化学学院已经形成一个学科分布合理、富有特色的教学和科研体系，拥有一支高素质的教学和科研队伍，成为综合实力雄厚、在我国具有重要影响的化学教育和研究机构，是我国培养高水平化学教育和科研人才的重要基地。

为进一步走好基础学科人才自主培养之路，坚持面向世界科技前沿、面向经济主战场、面向国家重大需求、面向人民生命健康，学院要全面贯彻党的教育方针，落实立德树人根本任务，遵循教育规律，加快建设高质量基础学科人才培养体系。北京师范大学化学学科进一步凝练了学科发展定位：特色鲜明、优势突出、产学研成效显著，具有重要影响的北京师范大学化学学科。明确了未来的总体目标：坚持化学教师教育特色，加强理论计算化学优势，发展新医药、新能源、新材料，落地产学研成果转化，建成一流化学学科。

一、人才培养

建立能源化学、药物化学、化学生物学等专业。创新育人体系，推动人才培养不断升级，注重研究生创新能力培养，真正提升高等化学教育质量。

(一)思想政治教育体系建设

深入贯彻党的十九大精神，以学科“双一流”建设为主线，以立德树人为根本任务，深入开展社会主义核心价值观教育、习近平新时代中国特色社会主义思想教育，深化“三全育人”综合改革，营造全员育人氛围，推进一二课堂协同育人机制，全面提升学生综合素质。大力开展化学学科学业辅导工作，打造优良学风，加强学术道德和学术规范教育，帮助学生激发学习动力、提高学习能力、顺利完成学业。建设实践育人体系，打造社会实践、科研实践、海外实践、学术竞赛等实践平台。打造“精准就业”服务体系，支持学生到祖国需要的地方就业创业。

(二)本科生创新能力培养

实施个性化本科生培养方案。立足“面向现代化，面向世界，面向未来”的拔尖创新人才和卓越教师的培养目标，持续改进本科生培养方案：以基础学科拔尖人才培养计划 2.0 基地建设为契机，构建国际化人才分类培养体系。深入实施强基计划，全面升级拔尖人才培养体制机制，形成富有特色、符合人才成长要求的拔尖创新人才培养模式。以三级师范认证为契机，建立健全基于产出的人才培养体系和运行有效的质量持续改进机制，全面保障和提升师范类专业人才培养质量。打造一流质量标杆，提升教师教育的国际影响力和竞争力，为培养党和人民满意的高素质专业化创新型教师队伍提供有力支撑。

全面提升本科教学质量。全面推进课程思政，把思想政治教育体系和专业知识教学体系充分贯通起来，完善教学专业负责人制度，持续提升师资水平，教授为本科生上课比例达到 100%，在科教融合中培养学生的知识创新能力。做好新一轮本科教学审核评估工作，优化学生评教方案、完善督导工作，进一步提高优质教学业绩奖励力度。加大自主学习在课程考核中的比重。突出新生导师、助教和班主任在学生个性化发展和创新能力提升中的指导作用。

增加一流课程和教材数量。继续建设一批优质的线下、线上及混合课程，在现有国家级一流本科课程的基础上(5门)，再增加5门左右的优质课程，大力推进教材建设，规划新增一批优质教材(5部)，争取入选国家级规划教材，争取获评国家级优质教材。

形成具有特色的教学成果。培育正直诚信、追求真理、勇于探索、团结合作的优秀人才，发挥学校"一体两翼"办学格局和"高标准、新机制、国际化"的特色优势，利用现代化手段促进教育教学过程，实现对数字化教学资源、对线上线下教学各环节的有力支撑，促进教学效率、教学质量的提升，有效开展个性化培养。

新增特色化学相关专业。发挥珠海校区特色和化学学科优势，推进化学生物学、能源化学和材料化学的新专业建设，构建适应社会发展需求的专业体系，培养造就多样化、复合型创新人才，为我国药物、能源和材料领域的发展和国际竞争提供智力和人才支撑。

(三)研究生创新能力培养

根据教育部有关文件，加快研究生教学改革，培养研究生创新能力。建设系列研究生精品课程和开放灵活的课程体系，增强研究生个性化培养和创新能力培养，加强研究生教学课程的督导和评估以及教学津贴绩效措施。优化研究生实践课程内容，加强研究生动手能力的培养。加强研究生进展课程建设，聘请校内外知名教授、院士共同上课，让研究生不仅了解学科内所有导师的研究方向，掌握其研究方法，还要拓展他们的视野。完善研究生的奖助体系，努力提高研究生待遇。加强研究生培养的过程管理，抓实研究生开题、中期考核、预答辩等过程考核，从入手抓好研究生学位论文质量，保证培养质量。加大研究生毕业就业辅导，拓宽研究生就业渠道。

(四)国际化育人成效体系建设

"十四五"期间，进一步完善"多层次、个性化、重实效"的本、硕、博国际化育人体系，力争通过多种层次、多种形式的"走出去"(出国参加课程学习、科研训练与社会实践、国际会议、联合培养等)"请进来"(聘请国际著名学者开设全英文课程、全职引进外籍教师、开展基于慕课的中外合作混合教学、开设励耘大讲堂等)国际化育人项目，培养具有国际视野、国际竞争力的卓越化学教师和拔尖创新人才。

二、科学研究

进一步加强科研创新团队建设，聚焦国家重大需求，在方维海院士领军的大团队和大平台的基础上，再增加1～2位领军人物，继续搭建组织3～4个大平台和大团队，在学术论文发表、专著编撰、科研奖励申报以及科研平台建设方面取得突破性发展。

(一)持续推进科研创新团队建设

根据学校总体要求，进一步整合化学优势科研资源，培养和打造一批水平领先、特色鲜明的优秀科研群体。打破原有二级学科框架，全面实行团队负责人制度。加强科研团队建设，完善团队考核制度，明确团队负责人和团队成员的责任和义务，实行目标管理制度，推动化学科学研究的快速发展。在学校相关政策、经费等方面的支持下，拟采取具体措施鼓励团队建设，在学科资源分配方面给予适当倾斜，力争在“十四五”期间能够树立3～5个领军人物带领的大团队标杆，围绕国家倡导的“四个面向”，承担国家重大研究项目和人才项目，在原创性科研成果及国家级科研奖励方面取得突破。

(二)努力提高学科研究水平

研究方向瞄准国家重大战略需求和国际科研前沿，注重基础研究和应用研究的共同发展。在加强传统优势方向和特色研究方向基础上，深入拓展高精度理论计算指导的新材料设计制备研究方向，加快放射性药物临床前研究，加快新材料、新能源研究方向的布局和发展。加强二级学科间、创新科研团队间的交叉融合，培育新的重要研究方向，注重原创性成果数量提高，摒弃唯论文发表的跟踪式成果研究。通过团队建设和研究方向凝练，形成几个重要创新研究团队，争取承担国家大科研项目。在“十四五”期间，化学学科拟充分利用过去多年的科研成果积累优势，积极组织创新科研团队申报国家级及省部级的科研奖项。

(三)推进珠海校区先进材料研究中心发展

拓展化学学科发展空间和资源，学科在珠海校区成立了先进材料研究中心。今后5年学科将大力支持该研究中心的发展，围绕先进材料研究中心“十四五”期间拟发展的6个研究方向等，开展研究，努力打造具有一定规模和影响力的研究中心。

三、队伍建设

以习近平总书记提出的“四有”好老师标准为指导，完善师德建设与监督委员会制度，严格落实监督责任。完善引进教师的政治审核机制和师德评价标准，严把教师思想政治入口关。细化师德师风作为教师聘用、绩效考核、职称(职务)评聘、人才推荐、评优评先、年度考核、干部选任的重要指标的评分机制。深入实施青年教师导师制，发挥名师大家的示范引领作用，完善传帮带机制。打造一支政治素质过硬、化学专业能力精湛、育人水平高超的高素质创新型教师队伍。

根据“一体两翼”发展布局，统筹珠海校区的建设和发展，扩大化学学科教师队伍规模。根据“坚持化学教师教育特色，加强理论计算优势，发展新医药、新能源、新材料”的发展方向，专任教师队伍由目前130人左右增加到160人，增加实验工程系列人才规模，引育并举，增加具有国际影响力的学科领军人才和青年学术英才，形成一支高水平教师队伍。教学团队和科研团队相互融合，造就3～4支具有国际影响力的教师团队。

继续完善“走出去、引进来、倡交流、重合作”的国际化师资培育机制，进一步提升师资队伍的国际竞争力。鼓励和支持教师积极开展国际交流与合作，大力支持教师“走出去”(出国参加国际会议、交流访问)，“引进来”(邀请国际著名学者来访、全职聘请外籍专任教师)，博采众长、合作共赢，通过高水平的国际交流与合作(科研合作、项目合作、合作发表论文、联合培养学生、举办国际会议等)，提升我院教师的原始创新能力和国际竞争力。

四、社会服务

化学学科将依托学科优势和特色，抓住“一体两翼”发展机遇，进一步加大在新材料、新能源和新医药领域产学研用的工作局面，充分发展珠海校区先进材料研究中心和昌平科技创新与转化中心，积极服务国家科技创新战略，同时升级化学教育特色，服务教育强国战略和乡村振兴战略。

促进产学研融合，在现有的 3 个应用转化平台的基础上，继续创建科学成果转化平台，落地 2～3 个临床药物，转化应用成果。争取形成大成果，为我国科技发展做出大贡献。

扩大社会服务规模，保持年均 200 人以上的各类培训人数，使社会服务到账经费实现千万元的突破；编写或修订中小学教材，建设科学思想方法(化学)示范课程并进中学课堂；建设专业智库，在咨询报告被采纳方面取得突破；广泛开展化学知识传播及宣传，宣传化学在国民经济及人民生活中的重要作用。

目前北京师范大学化学学院正处于一个新的历史发展阶段，全院师生正团结一致，努力拼搏，发挥优势，强化特色，为建设一流学科、培养优秀人才和满足社会重大需求做出新贡献。

后　记

本书是北京师范大学化学学院第一部院史类文集，本书的出版将为北京师范大学化学学科留下珍贵的历史资料，为深入开展校史教育提供素材，为弘扬北京师范大学化学学科“崇德、敬业、探微、创新”的院训精神注入新鲜活力。

本书是集体劳动的成果，由化学学院党政班子组织编写，书稿经过多轮征求意见和修改，得到了学院全体教职工、历届校友、北京师范大学出版社(集团)有限公司等的大力支持和帮助。另外，在本书编纂与出版过程中，参考了庆祝北京师范大学化学学科百年庆典时的资料，在此一并致谢。

在本书出版之际，谨向为本书出版做出贡献的所有师生、校友等致以我们最诚挚的谢意！感谢所有人的辛苦付出！在此就不一一列出。

受编者的水平和能力所限，在时间紧、任务重的情况下，虽然我们追求“全面准确、兼顾平衡”，书中仍存在疏漏和不足之处，敬请广大师生、校友和读者批评指正，以期今后继续完善。此书如能成为“引玉之砖”，也是我们真诚所愿。

北京师范大学化学学院

2022 年 6 月